關於咖啡的一切

800 年祕史與技法

All About Coffee

窺探咖啡的起源、流佈、製備、風俗和器具發展，
一本滿足嗜咖者、咖啡迷、業餘玩家、專家達人！

威廉‧H‧烏克斯 William H. Ukers ／著

華子恩／譯

Tasting.06

關於咖啡的一切・800年祕史與技法
窺探咖啡的起源、流佈、製備、風俗和器具發展，
一本滿足嗜咖者、咖啡迷、業餘玩家、專家達人！

原書書名	All About Coffee
作　　者	威廉・H・烏克斯（William H. Ukers）
封面設計	林淑慧
譯　　者	華子恩
特約編輯	王舒儀
主　　編	高煜婷
總 編 輯	林許文二

出　　版	柿子文化事業有限公司
地　　址	11677臺北市羅斯福路五段158號2樓
業務專線	（02）89314903#15
讀者專線	（02）89314903#9
傳　　真	（02）29319207
郵撥帳號	19822651柿子文化事業有限公司
E-MAIL	service@persimmonbooks.com.tw

業務行政	鄭淑娟、陳顯中

一版一刷	2021年06月
二刷	2021年06月
定　　價	新臺幣450元
I S B N	978-986-5496-08-1

國家圖書館出版品預行編目(CIP)資料

關於咖啡的一切.800年祕史與技法：窺探咖啡的起源、流
佈、製備、風俗和器具發展,一本滿足嗜咖者、咖啡迷、
業餘玩家、專家達人！/ 威廉.H.烏克斯(William H. Ukers)
著；華子恩譯. -- 一版. -- 臺北市：柿子文化事業有限公司,
2021.06
　　面；　　公分. --（Tasting；6）
譯自：All about coffee.
ISBN　978-986-5496-08-1（平裝）
1.咖啡

427.42　　　　　　　　　　　　　　　110006483

1922
～
1935

向這世界最非凡的飲料致敬！

讀者迴響

★是一本傳奇的書。

★您不會在書中讀到最新的咖啡資訊，但卻會了解世界各地咖啡飲用的歷史，並看到一些老照片經典重現。

★從咖啡傳播的歷史考證到它的各種發展變化，寫得十分的詳細，還有很多有趣的歷史故事。

★這本書有許多的古代地名和古代表達，但如果你喜歡喝咖啡，或者想瞭解更多咖啡的事，這本書絕對值得一讀。

★很不錯，可以考研究所參考用⋯⋯

Preface
第二版前言

　　30 年前，為了撰寫一本以咖啡為主題的書，本書作者開始了他的首次異國素材收集之旅。隨後的一年之中，他的足跡遍布各咖啡生產國。在初步調查結束後，多位特派員被委派到歐洲各主要圖書館及博物館進行研究；此一階段的研究工作一直持續到 1922 年 4 月。

　　與此同時，相同的研究也在美國的圖書館及歷史博物館中進行，一直持續到 1922 年 6 月最終考據回傳到出版社為止。

　　《關於咖啡的一切》初版在 1922 年 10 月發行。書中素材的整理和分類，就花費了整整 10 年的光陰，而稿件的撰寫時間則是長達 4 年。至於與此次第二版發行相關的修訂，則持續了逾 18 個月的時間。

　　本書共參考了逾 2000 位作者及專題的參考書目，以及逾 1 萬篇參考文獻，並收錄了一分囊括了 562 個具歷史重要性日子的大事年表。

　　過去關於這個主題中，最權威的作品是 1893 年於倫敦發行，由羅賓遜所著之《英國早期咖啡店發展史》；以及 1895 年於巴黎發行，由賈丁所著之《咖啡店》。本書作者希望能藉由這本著作，對上述兩位先驅所提供的啟發與指引，表達自己發自內心的感謝之情。

　　其餘以阿拉伯文、法文、英文、德文及義大利文所寫成，分別探討此一主題特定方面的作品也盡數收錄在內。無論如何，在盡可能做到的情況下，關於史實的描述都已通過獨立研究加以核實——當中需要花費數月進行追蹤去確認或證明為非的項目，確實為數頗多。

葉門咖啡梯田的山坡剖面圖。

　　自 1872 年休依特的《咖啡：它的歷史、種植與利用》，以及 1881 年特伯的《咖啡：從農場到杯中物》出版之後，美國便再未出現關於咖啡的嚴謹作品。上述兩本書籍現今皆已絕版，同樣已經絕版的還有於 1893 年沃爾什的《咖啡：它的歷史、分類與性質》。許多關於咖啡的著作都偏重於某一特定方面的介紹，而且有些還夾帶著宣傳伎倆在其中。《關於咖啡的一切》是全方位完整涵蓋咖啡此一主題的獨立著作，本書的目標族群不僅止於普羅大眾，同時也針對直接與咖啡產業相關的人士。

　　最後，本書作者希望對所有在準備《關於咖啡的一切》一書時伸出援手的人士表達感謝之意。來自咖啡貿易及工業業界內外的許多人對我們在咖啡知識的科學研究都有所貢獻，這些善意且無私的合作讓本書有了成書的可能。

1935 年 10 年 3 日寫於紐約

Preface
序

　　咖啡不僅僅只是一種飲料，世間男女飲用咖啡，是因為咖啡能增加幸福感——它的療癒力主要是來自其獨特的風味和香氣！

　　在文明的進程當中，僅僅發展出三種非酒精性的飲料——茶樹的萃取物、可可豆的萃取物，以及咖啡豆的萃取物。

　　葉片與豆類種子，是全球最受歡迎非酒精性飲料的植物性原料來源。在這兩者當中，茶葉在整體消耗上居於領先的地位，咖啡豆次之，可可豆位居第三。然而，在國際貿易方面，咖啡豆所佔據的地位，遠比其餘兩者中的任何一種都要來得重要——非咖啡生產國的咖啡豆進口量為茶葉的兩倍之多。

　　儘管每個國家的情況不盡相同，但是茶葉、咖啡豆和可可豆皆屬全球性消費的原料。在三者當中，無論是咖啡豆或茶葉，只要其中一種在特定國家中取得一席之地，另一種能獲得的注意力相對來說便會較差，而且通常很難有改善的空間，至於可可豆，它在任何一個重要的消費國家中都未達到廣泛受到歡迎的程度，因此並未如同它的兩位競爭對手那般，出現嚴重對立的情形。

　　為了達到迅速「爆發」之目的，人們仍會訴諸於酒精性飲料及通常以毒品和鎮靜劑等形式存在的偽興奮劑。茶、咖啡和可可對心臟、神經系統和腎臟而言，都是貨真價實的興奮劑；咖啡對大腦的刺激性更大，對腎臟也更為刺激，而茶的作用則介於兩者之間，對我們大多數的生理功能都有溫和的刺激性。

　　這三種飲料必然都曾被認為與合理的生活方式、更為舒適的感受與更好的振奮效果有所關連。

　　咖啡的吸引力是全球性的，所有國家都對它推崇備至。

　　咖啡已經被認可為人類生命的必需品，不再只是奢侈品或一種愛好，它能直接轉化為人們的精力與效率——咖啡因其雙重功效（令人愉悅的感受及它所帶來的效率增長）而為人們所熱愛。

　　咖啡在所有普世文明人群的合理飲食中佔據了重要地位。它是大眾化的——不僅是上流社會的飲品，也是全世界無論勞心或勞力工作的男男女女最喜愛的飲料，並被讚譽為「最令人愉快的人體潤滑劑」和「自然界中最令人愉快的味道」。

　　然而，從未有任何一種食用飲品像咖啡那般，曾遭受過如此多的反對。儘管咖啡是經由教會的引進而面世，並且還受到醫學專業的背書，它仍舊遭受來自宗教的盲目恐懼（1600 年代有些天主教修道士認為咖啡是「魔鬼飲料」，慫恿當時的教宗克勉八世禁喝，但教宗品嚐後認為可飲用，並祝福了咖啡，讓咖啡得以在歐洲逐步普及）和醫學上的偏見。

在咖啡發展的數千年過程當中，它遭遇過猛烈的政治對立、愚蠢的財政限制、不公平的稅則與令人厭煩的關稅，但皆安然度過，大獲全勝地佔據了「最受歡迎飲料」目錄中最重要的位置。

然而，咖啡的內涵遠比僅是一種飲料更深，它是全世界最重要的輔助食品之一，其他的輔助食品沒有任何一種在適口性和療癒效果上能超越咖啡，而療癒效果的心理學效應則是來自咖啡獨特的風味和香氣。

世間男女飲用咖啡，是因為咖啡能增加他們的幸福感。對全人類來說，咖啡不僅聞起來氣味美妙，嚐起來也十分美味，無論未開化或是文明社會的人們，對其神奇的激勵特性都會有所反應。

咖啡精華中最主要的有益因子，是它所含有的咖啡因與咖啡焦油。

咖啡因是主要的興奮劑成分，它能提升體力勞動和心智活動的能力，而且不會有任何有害的反作用力。咖啡焦油則為咖啡提供了它的風味與香氣，那種令人無法形容的、讓我們透過嗅覺緊緊追隨的來自東方的芬芳氣味，是構成咖啡吸引力的主要成分之一。此外還有一些其他的成分——包括咖啡單寧酸，它與咖啡焦油的組合，賦予了咖啡極佳的味覺吸引力。

1919 年，咖啡獲得針對它的最高讚譽。一位美國將領說，咖啡身為三大營養必需品的一員，與麵包和培根同樣享有協助同盟國贏得世界大戰的榮譽。

和生命中所有美好的事物一樣，喝咖啡這件事也有被濫用的可能。對生物鹼特別敏感的人，對茶、咖啡或可可的攝取確實應該有所節制。在每個高生活壓力的國家中，都會有一小群人會因為自身特定的體質而完全無法飲用咖啡，這一類人屬於人類族群中的少數——就像有些人不能吃草莓，但這並不能成為給草莓全面定罪之令人信服的理由。

已故的湯瑪斯·A·愛迪生曾說，吃太飽可能導致中毒；荷瑞斯·傅列契相信過量飲食是導致我們所有疾病發生的元凶；過分沉溺於食用肉類很可能對我們之中最健壯的人都預示著麻煩的到來……但咖啡被誣告的機率可能比被濫用的機率高多了，全都要視情況而定。多給一點包容吧！

利用人們因疑神疑鬼而導致的輕信和對咖啡因過敏的問題，近年來在美國及美國境外出現了大批稀奇古怪的咖啡替代品。這些東西真可說是不倫不類！大部分這類事物都被政府官方的分析證明缺乏食用價值——也就是它們宣稱的唯一優點。

一位對咖啡成為國飲很有意見的抨擊者，為了沒有一種美味熱飲能夠取代咖啡地位的事實而哀嘆。造成這種情況的原因其實並不難找——咖啡就是無可取代的！已故的哈維·華盛頓·威利為此做出了出色的結論，「替代品應該要能夠履行真品的主要功能，戰事的替補兵員必須要有作戰的能力。入伍後領取津貼而開小差的人無法被視為替補。」

　　本書作者的目標在為廣大的讀者講述完整的咖啡相關故事，然而技術上的精確性讓本書亦具有極高的商業價值。本書的目的，是希望成為一本涵蓋所有關於咖啡的起源、種植、烘製、沖煮及發展等各方面重點的有用的參考書目。

　　好的咖啡，在經過精心烘焙和適當的沖泡後，會得到 1 杯甚至連做為老對手的茶和可可都無法勝過的、帶有滋補效果的天然飲品。這是一種 97% 的人都覺得無害且有益身心健康的飲品，而且少了它的日子確實會變得單調無趣——咖啡是「大自然實驗室」中純粹、安全而且有益的興奮劑化合物，也是生命中最重要的樂趣之一。

Contents

目錄

| Part1 |

最激進的飲料，最香醇的黑苦歷史！

在咖啡竄紅的歷史當中，

最有趣的一點是，

它到哪裡都會招來革命，

也常常「咖」紅遭忌，

所幸「黑紅」之後總會加倍翻紅！

| **Part 1** |

最激進的飲料，
最香醇的黑苦歷史！

在咖啡竄紅的歷史當中，

最有趣的一點是，

它到哪裡都會招來革命，

也常常「咖」紅遭忘

所幸「黑紅」之後總會加倍翻紅！

Chapter 1
咖啡樹來自何方？

淡水已經嚴重匱乏，以至於我必須將分配給我、那少得可憐的飲水配給，與承載了我最幸福願望的根基及喜樂之源的咖啡樹分享。

咖啡生長繁衍的歷史與早期飲用咖啡的歷史緊密交織在一起，但本章節的意圖僅在於講述產出製成咖啡飲品的果實（咖啡漿果）的咖啡樹（咖啡灌木）如何開始種植與成長的故事。

詳細的研究揭露，咖啡這種植物是阿比西尼亞、還有可能是阿拉伯地區的原生植物，咖啡的栽種則是由這些區域擴展至遍布熱帶地區。

人工繁衍咖啡樹的起源

第一筆關於咖啡特性與使用的可靠記錄出現在基督紀年第九世紀末，由一位阿拉伯醫生所寫下，而且我們可以合理的推測，當時被發現的尚未經過馴化之野生咖啡生長於阿比西尼亞、或許還有阿拉伯地區。

▶ 阿拉伯人暗地裡做手腳

如果確實如魯道佛斯所寫，由阿拉伯地區向外遷徙的阿比西尼亞人是在中世紀初進入衣索比亞，那麼他們很可能是帶著咖啡樹一同遷徙的；不過，阿拉伯人仍然應該因為發現和推廣咖啡的飲用而獲得讚揚，同樣地，即便他們是在阿比西尼亞發現咖啡樹並引進葉門，阿拉伯人對咖啡種植的推廣也功不可沒。

部分權威人士認為，葉門咖啡種植的濫觴可追溯至西元 575 年，當時波斯帝國的入侵，終結了阿克蘇姆之王卡列巴從 525 年征服衣索比亞後的統治。

毫無疑問，因為咖啡這種飲料的發現，使得阿比西尼亞及阿拉伯地區開始種植這種植物，但直到十五世紀和十六世紀時（當時咖啡似乎在阿拉伯的葉門行政區廣泛地運用），種植的進展都十分緩慢。阿拉伯人小心守護著他們的新發現和有利可圖的咖啡產業，除非先以沸水浸泡或曬乾的方式破壞掉種子的萌芽能力，否則禁止任何一顆寶貴的咖啡漿果離開國境；就這樣，他們成功地在一段時間內阻止咖啡傳播到其他國家。這很有可能是早期在其他地區推廣咖啡種植失敗的原因——他們後來便發現種子很快就失去了萌芽能力。

▶ 朝聖者偷渡咖啡生豆至印度

然而，在每年都有數以千計的朝聖者旅行往返麥加的情況下，監視每一條運輸通路是不可能的；也正因如此，在印度傳說中關於巴巴布丹這位朝聖者早在西元 1600 年便將咖啡種植引進印度南部的說法（巴巴布丹到麥加朝聖偷偷帶回葉門的 7 顆咖啡生豆）是有其可信度的——儘管在更可靠的官方說法中，這件事發生的時間是在 1695 年。

印度傳說講述到，巴巴布丹在位於麥索爾山區的契克馬加盧為自己建造的茅草屋旁種下了咖啡種子。短短數年，傳說的撰寫者就發現到，這些第一批咖啡植株的後代，在當地已存活數世紀之久的原生叢林樹種的樹蔭下，蓬勃地生長。寇爾格和麥索爾原住民種植的咖啡植株，有很大一部分應該就是來自巴巴布丹所帶來植株的後代。英國人則是直到 1840 年才開始在印度種植咖啡的。現今印度的咖啡農莊分布，由麥索爾最北部一直延伸到杜蒂戈林。

▶ 荷蘭人成為歐洲種植咖啡的先驅

十六世紀後半葉，德國、義大利和荷蘭的植物學家及旅人從黎凡特帶回大量關於咖啡這種全新植物和飲料的資訊。1614 年，銳意進取的荷蘭貿易商人開始考察咖啡種植及咖啡貿易的可能性。1616 年，一棵咖啡植株成功地從葉門摩卡港口移栽到荷蘭。儘管據說阿拉伯人在 1505 年之前就已經將咖啡引進錫蘭島，但在 1658 年時，荷蘭在斯里蘭卡開始了咖啡的種植。

1670 年，有人試圖在歐洲的土地上種植咖啡，但這項在法國第戎的嘗試不幸地以失敗收場。

1696 年，在當時擔任阿姆斯特丹市長的尼古拉斯‧維特森的鼓吹煽動下，印度馬拉巴地區的指揮官亞德里安‧凡‧歐門促成了咖啡植株首次從馬拉巴坎努爾運送到爪哇群島。

這些咖啡植株是由從阿拉伯地區傳入馬拉巴的阿拉比卡種咖啡的種子發育

生長而來的。將這些植株種下的是雅加達附近之克達翁邦的總督威廉‧凡‧奧茨胡恩，但這些植株因隨後發生的地震及洪災而消失。

1699 年，亨德里克‧茨瓦德克魯將一些咖啡枝條從馬拉巴引進爪哇。這一批植物的種植較為成功，讓這一批咖啡成為所有荷屬東印度地區咖啡植株的祖先；荷蘭人也因此取得了種植咖啡的先驅地位。

1706 年，阿姆斯特丹植物園收到第一份爪哇咖啡的樣品，還有第一棵在爪哇長成的咖啡植株。此後由阿姆斯特丹植物園產出的咖啡種子繁殖出許多咖啡植株，有部分被分給了歐洲各地的知名植物園及私人溫室。

狄克魯船長的浪漫

在荷蘭人將咖啡的種植擴張到蘇門答臘、蘇拉威西島、東帝汶、峇里島及其他荷屬東印度群島時，法國人正試圖將咖啡種植引進自家的殖民地。

數次將咖啡植株由阿姆斯特丹植物園移植到巴黎植物園的嘗試全都以失敗告終。1714年，經過法國政府與阿姆斯特丹市政府的協議，一株年幼而健壯、約154公分高的咖啡植株，被阿姆斯特丹市市長送給當時在馬利宮的路易十四世。隔天，這株咖啡樹便在經過隆重儀式後被移植到由植物學教授安東尼‧德‧朱西厄主持的巴黎植物園中——這棵咖啡樹注定會成為大部分法國殖民

地，以及南美、中美及墨西哥所有咖啡的祖先。

把由進獻給路易十四世的咖啡樹所結種子培育出的植株移栽到安地列斯群島（美洲加勒比海中的群島）的兩次嘗試，都沒能夠成功；最終勝利的榮耀，被加百列・馬修・狄克魯這位年輕的諾曼紳士所贏得，他是一位海軍軍官，當時在駐紮於馬丁尼克（至今仍為法國的海外大區，位於加勒比海）的步兵團服役，領上尉軍銜。

狄克魯先生所達成的成就，是咖啡種植歷史中最浪漫的篇章。

▶ 將救命水分給咖啡樹

狄克魯因為一些私人事務需要前往

花朵盛開優雅美麗的咖啡樹。

法國，因此有了利用回程將咖啡種植引進馬丁尼克的構想。他所面臨的第一個難關，是如何取得數棵當時種植在巴黎的咖啡植株，最後是藉助皇家御醫 M・迪・希拉克的手段，或者根據狄克魯本人寫下的信件內容，是透過一位 M・迪・希拉克無法拒絕的名媛貴婦仁慈的協助，而獲得解決。被篩選出來的咖啡植株，由羅什福爾地區代表 M・貝根保管在羅什福爾當地，直到狄克魯起程前往馬丁尼克。

關於狄克魯帶著咖啡植株（或者說咖啡植株們）抵達馬丁尼克的確切時間，有許多不同的說法。有些專家將時間訂在 1720 年，其他人則認為是 1723 年。賈丁認為，這些年代上的不一致可能是狄克魯先生造成的，因為憑藉著值得稱頌的堅持不懈精神，狄克魯先生總共經歷了兩次移植咖啡之旅。

根據賈丁的說法，第一次旅程運回的咖啡植株枯萎而未能存活；於是第二次啟航前，狄克魯在離開巴黎時便將種子種下，而這些種子「據他們說，是因狄克魯將自己僅有的淡水配給供應給它們保持溼潤」而得以存活。然而，除了一封在 1744 年寫給《文學月刊》的一封信以外，狄克魯自己並沒有對前一趟旅程留下任何佐證。

此外，針對狄克魯抵達馬丁尼克時究竟帶回的是一株或三株咖啡樹，也有不同主張。不過，在上述信件中，狄克魯先生自述所帶回來的是「一株」。

根據最為可靠的資料顯示，狄克魯是在 1723 年由法國南特登船。他將珍貴

的植株安放在蓋著玻璃框的盒子裡——
玻璃框的目的在吸收日光，好在多雲的
陰天裡保持熱量。

　　一位同在船上的乘客對這位年輕軍
官十分嫉妒，用盡一切手段想強佔成功
移植咖啡樹的榮光，所幸他卑劣的意圖
沒有產生預期的效果。

　　「要盡述在這段漫長的航行過程中
我不得不為這株嬌嫩的植物所做的一切，
以及為了避免一位卑劣人士對我即將因
對國家所做出之貢獻而感受到的喜悅產
生嫉妒，而扯下一根咖啡樹的枝椏，我
保護這株咖啡樹不遠離我身邊所遭遇的
艱難，是毫無意義的。」狄克魯在給《文
學月刊》的信中這麼寫著。

　　狄克魯搭乘的是一艘商船，乘客及
船員都被同樣的困境所包圍。在勉強躲
過被突尼斯海盜俘虜的命運、狂暴的暴
風雨所帶來且似乎要將他們徹底毀滅的
滅頂威脅之後，總算迎來風平浪靜的日
子，但後來證明，他們緊接著面臨的危
機比海盜和暴風雨更加駭人：

　　船上的飲用水幾乎完全消耗殆盡，
所有剩餘的水都必須在接下來的航程中
定量配給。

　　「淡水已經嚴重匱乏，」狄克魯說，
「以至於我必須將分配給我、那少得可
憐的飲水配給，與承載了我最幸福願望
的根基及喜樂之源的咖啡樹分享。它因
為生長極度遲緩——不比一根石竹的枝
條粗大多少——而正處於亟需救助的境
地。」人們寫了許多故事和詩文記錄、
稱頌了這樣的犧牲精神，使得狄克魯先
生的名望更高了。

▶ 首批咖啡豆收穫

　　抵達馬丁尼克後，狄克魯將他寶貝
的枝條栽種在馬丁尼克島的行政區之一，
也就是自己位於普雷切爾的莊園中；根
據雷納爾所述，咖啡樹在普雷切爾莊園
內「生長繁殖得特別迅速且成功」——
大多數分布在安地列斯群島的咖啡樹，
都是從這株咖啡樹繁殖出的幼苗長成的。
第一批咖啡豆的收穫則是在 1726 年。

　　根據狄克魯先生的自述，抵達的情
形如下：

狄克魯船長將飲用水分給咖啡樹，他正要把它
帶往馬丁尼克。

到家以後，我首先關心的便是將我的植株以最悉心的態度移栽到花園中最適宜它生長的區域。儘管我將它放在眼皮底下照看著，我仍然無數次害怕它被人強取豪奪；最後，我不得不用帶刺的灌木將它圍住，並安排一位守衛在旁看守，直到它完全成熟……這株植物因為它曾經歷過的危機及我對其所付出的關愛而讓我更為重視。

因此，這位小小的陌生來客就在這片遙遠的土地上，由忠心的奴隸日夜看守著成長茁壯。相對於日後遍布西印度群島各個富庶行政區及墨西哥灣鄰近地區的咖啡種植區來說，這株咖啡樹是如此的嬌小而微不足道啊！你無法想像，這個被託付給一位具備卓越遠見和纖細同理心、並因對它懷抱真實熱愛而充滿激情之人所照護的小小天賦之物，竟能帶來如此的享受及未來的愜意舒適與喜悅！這實在是一項史無前例、由法國人所做下、雖偷偷摸摸見不得光卻為人類帶來絕大好處的善行。

狄克魯是如此描述將咖啡引進馬丁尼克後，迅速引起的一系列事件，其中特別著墨於發生在 1727 年的地震：

獲得的成功遠超過我所希望的。我收集了約 900 公克的種子，分別交給了所有我認為最能夠給予這種植物繁衍興盛所需之關愛的人士。

第一批收穫相當充足；隨著第二批種子的收穫，擴大規模、大量種植也成為了可能。然而，特別有助於咖啡繁殖

的是，隨後的兩年中，當地民眾賴以為生的重要資源——可可樹，全都被可怕的暴風雨及伴隨暴風雨一同出現、淹沒其生長地的洪水給連根拔起、徹底摧毀。這些種植地立刻被本地人改為種植咖啡的莊園。這的確妙極了，而且讓我們得以將咖啡植株送到聖多明哥、瓜德羅普，以及其他鄰近島嶼，從那時開始，咖啡的種植獲得了最大的成功。

▶ 船長之逝

到了 1777 年，馬丁尼克已經有 1879 萬 1680 棵咖啡樹。

狄克魯是在 1686 年或 1688 年出生於濱海塞納省（諾曼第）一個名為安格斯基維爾的小鎮。1705 年，他在某艘船上擔任掌旗官；到了 1718 年，他受封為聖路易騎士團的騎士；1720 年，狄克魯被任命為步兵團上尉；1726 年被拔擢為步兵團少校；1733 年在一艘船艦上擔任海軍上尉；1737 年，狄克魯成了瓜德羅普總督；1746 年成為聖路易騎士團麾下一艘船艦的艦長；1750 年，他被授以聖路易騎士團榮譽指揮官的稱號；1752 年時，狄克魯帶著 6000 法郎的退休金退休；1753 年他重歸海軍行伍服役；而 1760 年，他帶著 2000 法郎的退休金再次退役。

到了 1746 年，已經回到法國的狄克魯被海軍大臣魯伊勒・朱，以「一位使法屬殖民地及法國本土、還有總體商業貿易都受惠良多的傑出軍官」的身分被引薦給路易十五世。

1752 年及 1759 年對國王陛下的報

告令人回想起狄克魯將第一株咖啡樹帶去馬丁尼克的事蹟，以及他始終如一的熱誠和公正無私。1744 年 12 月，以下這則訃文刊登在《風雅信使》雜誌上：

加百列・德奇尼・狄克魯先生，前任聖路易騎士團所屬船艦艦長及榮譽指揮官，於 11 月 30 日在巴黎去世，享壽 88 歲。

1744 年 12 月 5 日，狄克魯先生去世的訃文也同樣出現在《法藍西公報》上，這兩則訃文的刊登可謂殊榮——據說，狄克魯先生也因此而再次被眾人交口稱譽。

一位名為西德尼・達尼的法國歷史學家的記錄顯示，狄克魯先生在 97 歲時一貧如洗地在聖皮耶去世；儘管無處可確認在狄克魯先生去世時手中是否有任何資產，但這記錄必然是謬誤的。達尼的說法是這樣的：

這位慷慨男士的高貴作為所獲得的唯一的報酬，是親眼見證自己奉獻如此多心力進行保存的這株植物在安地列斯群島欣欣向榮所帶來的成就感。馬丁尼克地區虧欠包括傑出的狄克魯先生在內的先賢們一份輝煌的補償。

達尼也講述了 1804 年馬丁尼克在狄克魯種下第一株咖啡樹的地點為他豎立雕像的運動，但這項任務並未獲得成功。

帕登在他所著《馬丁尼克地理誌》中說：

向這位勇者致敬！他值得兩個半球的人民都讚譽他的勇敢。他的名字足以與將加拿大的馬鈴薯引進法國的巴曼迪耶並列。

這兩位先生為全人類的福祉做出了巨大的貢獻，而且他們應該被永遠紀念、永不忘懷——但老天啊！現在還有誰記得他們呢？

圖薩克在他所著《安地列斯群島植物誌》中描寫狄克魯的文字寫道：「儘管沒有為這位仁善的旅行家建立的紀念碑，但他的名字應永遠鐫刻在所有殖民地人民的心中。」

1744 年，《文學月刊》刊登了一篇向狄克魯致敬的長篇詩作。1816 年 4 月 12 日的《法蘭西公報》小品專欄中，我們可以看到 M・當斯（一位富有的荷蘭人兼咖啡鑑賞家）試著藉由在彩繪瓷餐具組上勾勒出狄克魯航程的完整細節和快樂結局來向他致敬的報導。

「我有幸觀賞了其中的杯子！」這篇報導的作者這樣寫道，並描述了大量的細節和其上的拉丁文銘刻。

航海吟遊詩人艾斯門納德曾用以下詞句描繪狄克魯的犧牲奉獻：

勿忘狄克魯如何用他的小舟航行，帶來遙遠摩卡國度的餽贈——那羞怯孱弱的小樹苗。

驚濤駭浪倏忽而至，青澀的西風消逝不再。

穿過巨蟹座猛烈的火焰之下，看見的是龐大的泉源。

精疲力竭、一切失靈；而今無可變更的窘境構築出她無情的律法──只能服從限量配給的救濟。

如今，所有人都懼怕成為首先驗證坦達羅斯所受折磨之人。

只有狄克魯一人挺身反抗：在乾渴的致命威脅依舊之時，如此殘酷且令人窒息，日復一日，他的高貴情操被逐漸吞沒，而儘管如此，黃銅色的天空讓煎熬的時刻更火上加油，帶來如此與眾不同、無法令他感到振奮欣喜的人生藍圖，但一點一滴，他讓日益放在心頭關愛的植株恢復生機。

他已然在夢境中見其長出繁茂枝幹，他所有的苦難哀傷只消注視他珍愛的植株便能得到緩解。

馬丁尼克唯一紀念狄克魯的紀念館是一座位於法蘭西堡的植物園，這座植物園在 1918 年開幕並題獻給狄克魯，「關於他的記憶已經被湮沒太久了。」

從歐洲種到美洲去

1715 年，咖啡種植首先被引進海地和聖多明哥。隨後是從馬丁尼克引進較為耐寒的植株。1715 年到 1717 年，法屬東印度公司一位聖·馬洛出身、名叫杜福吉·格雷尼爾的船長將咖啡植株的栽種引進現今的留尼旺島。咖啡在當地適應極為良好，讓留尼旺島在引進咖啡的九年後開始可以出口咖啡。

荷蘭人在 1718 年把咖啡種植帶入蘇利南。巴西的第一個咖啡莊園是在 1727 年於帕拉省建立，種植的是由法屬圭亞那帶來的咖啡植株。英國人在 1730 年將咖啡帶進了牙買加。西班牙傳教士則在 1740 年將咖啡種植由爪哇引進了菲律賓群島。1748 年，唐·荷西·安東尼奧·吉列伯特將咖啡種子由聖多明哥帶到了古巴。荷蘭人在 1750 年將咖啡的種植擴展到了西里伯斯島（現今的蘇拉威西島）。

咖啡在大約 1750 到 1760 年間被引進瓜地馬拉。咖啡在巴西密集種植的時間可以追溯到 1732 年，在帕拉、亞馬遜及馬蘭勞等葡萄牙殖民地省分所開始的努力。波多黎各是在 1755 年時開始咖啡的種植。

到了 1760 年，朱奧·亞伯特·卡斯特羅·布朗庫將一棵咖啡樹從葡屬印度果阿邦帶到了里約熱內盧，巴西的土壤和氣候格外適合咖啡種植的消息很快便傳播開來。一位名為毛奇的比利時修士在 1744 年向里約的卡普欽修道院進獻了一些咖啡種子。隨後，里約主教喬辛·布魯諾就成了咖啡的贊助者，並且在里約、米納斯、聖埃斯皮里圖和聖保羅等地鼓勵推廣咖啡的繁殖。西班牙航海家唐·法蘭西斯可·薩里耶爾·納瓦洛被認為在 1779 年時，將咖啡由古巴傳入了哥斯大黎加。

而在委內瑞拉，咖啡工業在加拉加斯附近由一位名為荷西·安東尼奧·莫何唐諾的修士，利用 1784 年由馬丁尼克帶來的種子打開新局。

墨西哥的咖啡種植開始的時間是在 1790 年，種子來自於西印度群島。在

1817 年，唐璜・安東尼奧・高梅茲在韋拉克魯斯州設立了密集的咖啡種植地。1825 年，夏威夷群島使用從里約熱內盧產出的種子開始種植咖啡。如同先前所提到的，英國人於 1814 年開始在印度種植咖啡，同年，薩爾瓦多藉著從古巴引進的植株開始種植咖啡。1878 年，英國人在英屬中非地區展開咖啡的繁殖，但直到 1901 年，咖啡種植才從留尼旺島被引進英屬東非地區。1887 年，法國人將咖啡種植引進印度支那半島的東京（越南河內市舊名）。在 1896 年引進昆士蘭的咖啡種植則獲得小規模的成功。

　　近年來有數次在美國南方進行咖啡繁殖的嘗試，但結果都以失敗告終。然而，據信南加州的地形地貌及氣候條件應該是有利於咖啡種植的。

Chapter 2
是誰開始喝咖啡？

　　抱著能讓自己振奮些的期望，他想，他應該採集並吃下那果實。這個實驗出奇的成功，他忘記了所有的煩惱，成為了快樂的阿拉伯國度中最快樂的牧羊人。

咖啡做為飲品的興起，是在阿拉伯醫學的古典時期，最早開始使用的記錄可追溯至遵循蓋倫（影響西方醫學理論長達千年之久的古羅馬醫學家、哲學家）學說並崇拜希波克拉底的拉齊醫師（西元850～922年），他是第一位以百科全書式的態度對待醫學的醫師。

咖啡在文獻中的記載

　　根據部分專家的主張，拉齊是第一位提到咖啡的作家。之所以採用拉齊這個充滿詩意的名號，是因為他是波斯伊拉克拉吉市本地人。

　　拉齊是一位偉大的哲學家及天文學家，並且一度是巴格達一間醫院的負責人，他撰寫了很多醫學及外科手術方面的學術著作，不過，他最重要的作品是《醫學集成》，齊集了從蓋倫到他自己的時代這段時間中，與治療疾病有關的一切事物。

　　法籍咖啡商人、哲學家兼作家的菲力毗・西爾韋斯特・達弗爾（1662～1687年），在一篇精確且完美完成的咖啡專論中告訴我們，第一位以bunchum之名、「在我們的彌賽亞救世主出生後的第九個世紀」提及咖啡豆特性的作家，就是同一位拉齊；如果從那時算起，咖啡為人所知的時間似乎已經超過千年之久了。

　　然而羅賓遜卻認為，bunchum 一詞指的是其他事物，與咖啡一點關係也沒有。畢竟達弗爾本人在之後寫作的《關於咖啡的新奇論文》（1693 年才於海牙出版）中，有承認 bunchum 一詞可能是指一種植物的根，而不是咖啡；不過，他很注意地在文中加入了阿拉伯人早在西元 800 年就知曉咖啡的文句——其他更為近代的作家則將咖啡首次出現於文獻的時間訂於第六世紀之時。

　　856 年發現的爪哇銘文中有提到 Wiji Kawih 這樣事物；同時，一般認為在大衛・泰佩里的「爪哇飲料列表」（1667～1682 年）中所述的「豆子湯」很可能就是咖啡。

　　儘管飲用咖啡的真正起源可能永遠被隱藏在華麗的東方神祕事物當中——如同它在傳說及寓言中也同樣被隱蔽一般，學者們仍整理出足夠的事實，證明這種飲料「從遠古時代」在衣索比亞就已為人所知，這使得達弗爾的敘事顯得更真實。這位擅長語言文字且具有高雅學識的第一位咖啡貿易王子自認，他做為一位商人的特質與做為一位作家的特質並無任何不一致；他甚至曾表示，身為商人，對於某些事物（例如咖啡）的資訊要比一位哲學家來得更消息靈通。

在認同拉齊所說的 bunchum 就是咖啡的前提下，這種植物和由它所製作的飲料必然為拉齊當時的追隨者所認識；而確實，這個事實似乎能夠藉著由阿維森納（伊本・西那，980～1037 年）所撰寫之相似的參考文獻而彰顯出來。

在達弗爾古雅的文字風格敘述下，拉齊醫師向我們保證「bunchum（咖啡）具有熱及乾的特性，對胃有非常好的作用。」阿維森納解說在順應時勢而同樣被他稱為 bunchum 的咖啡豆（bun 或 bunn）所具有的藥用特性及用途時，是這麼寫的：

至於如何挑選咖啡豆，帶有檸檬色澤、質輕並且氣味新鮮好聞的是最佳選擇；而呈現白色且質量較重者則是無用的。它的性質屬於極為熱性和乾性，而根據其他人的說法，它也具有極寒的屬性。它能增強身體的機能、潔淨肌膚並排除皮膚下的溼氣，還能讓全身散發出極為好聞的香氣。

早期阿拉伯人將這種豆子和結豆子的植物稱為 bunn，由這種豆子所製作的飲料則稱為 bunchum。

第一位著手分析並將現存最早述及咖啡起源的文獻——即阿布達爾・卡迪手稿——由阿拉伯文翻譯過來的法籍東方學家 A・加蘭德（1646～1715 年）發現：阿維森納曾談到 bunn，也就是咖啡；義大利醫師帕斯佩羅・阿爾皮尼和德國解剖學家兼植物學家維斯林也發現了這一點；另一位與阿維森納同時代

TRAITEZ
Nouveaux & curieux
DU CAFE',
DU THE'
ET DU
CHOCOLATE.
Ouvrage également neceſſaire aux
Medecins, & à tous ceux qui
aiment leur ſanté.
Par PHILIPPE SYLVESTRE DuFour
A quoy on a adjouté dans cette Edition, la meil-
leure de toutes les methodes, qui manquoit
à ce Livre, pour compoſer
L'EXCELLENT CHOCOLATE.
Par Mr. St. DISDIER.
Troiſiéme Edition.

A LA HAYE,
Chez ADRIAN MOETJENS, Mar-
chand Libraire prez la Cour, à la
Libraire Françoiſe.

M. DC. XCIII.

達弗爾所著書籍的封面，1693 年版。

的偉大醫師班吉阿茲拉也同樣提及了咖啡……加蘭德認為我們應該要感謝這些醫師發現了咖啡，就像糖、茶葉和巧克力的發現一樣。

勞爾沃夫（卒於 1596 年）是一位德國醫師兼植物學家，他是第一位提及咖啡的歐洲人，1573 年，他在阿勒坡認識了一種飲料，對於土耳其人製作準備這種飲料，他是這樣敘述的：

在同樣的水中，他們放入一種叫做 Bunnu 的果實，這種果實的大小、形狀和顏色就和多了兩片薄殼包裹的楊梅一模一樣。

根據他們所告訴我的，這種果實是由東印度群島傳入的。不過，這些果實內部有兩顆淡黃色的穀粒，分別生長在兩個區隔開來的小室中，除此之外，鑑於它們的功效、形狀、外表和名稱與阿維森納所說的 Bunchum，還有 Rasis ad Almans（勞爾沃夫這裡指的就是拉齊醫師）所說的 Bunca 完全一致：因此我認為它們是相同的事物。

在艾德華‧帕科克博士《阿拉伯醫師描述的 Kauhi 飲料——咖啡之本質及其製作原料漿果》（1659 年於牛津出版）的翻譯作品中，我們讀到：

Bun 是一種葉門的植物，種植地在雅達珥，伊卜則是其集散地。植株高度大約有一腕尺（古長度單位，等於手肘到中指頂端的距離），枝幹約有拇指粗細。開白花，花落後會結出類似小型堅果的漿果，不過漿果有時會寬大得像豆子一樣；而在去殼後會看到果實有兩瓣。品質最好的果實重量較重，色澤是黃色；品質最差的會呈現黑色。

首先顯露的特性是熱性，其次是乾性；據傳咖啡的性質是涼且乾性的，事實並非如此；因為它是苦味的，而所有苦味的物質都是熱性的。或者可以說，最初咖啡焦油是熱性的（指咖啡的油脂等成分經烘培而產苦焦味，不是菸草的焦油，這

裡應指咖啡豆經過烘焙加熱會呈現熱性），但 Bun 本身不是中性就是涼性的。

它冷涼的性質來自於它所具有的收斂特性。我們透過經驗法則發現，在夏季時，它對於幫助眼睛或鼻腔黏膜乾燥極為有益，還有鎮咳及淨化的效果，並能解開阻塞且刺激排尿。

它如今以 Kohwah 為名，當它被乾燥並徹底煮沸時能夠緩解血液的沸騰，在對抗天花和麻疹以及出血型丘疹方面有良好作用；但可能會導致眩暈頭痛及令人極度消瘦、引起不眠、痔瘡和口腹之慾，有時候還可能滋長憂鬱。

為個人的活力、終結懶散怠惰和我們所提到過的其他特質而飲用這種飲料的人，飲用時建議要混合以大量的糖、開心果油和牛油。有些人會加上牛奶飲用，但這是錯誤的，可能有帶來痲瘋病的風險。

達弗爾總結認為，商業貿易中的咖啡豆與阿維森納描述的 bunchum（bunn）和拉齊所說的 bunca（bunchum）是同樣的事物。

在這個觀點上，他幾乎是一字不漏的同意勞爾沃夫的說法，這表示在百年之內，學者間不會提出任何異議。

克里斯多夫‧坎彭認為醫學之父希波克拉底知道並施用過咖啡。

羅賓遜對早期將咖啡納入本草治療所做的評論則是譴責那是阿拉伯醫師們造成的錯誤，引發了導致咖啡被視為強效藥物的偏見，而非將其視做單純並提神的飲料。

荷馬、《聖經》和咖啡

早期的希臘與羅馬的文學創作中，無論是咖啡植株，還是由咖啡漿果製成的飲料，都未曾被提及過。然而，皮耶羅·德拉瓦勒始終堅稱，在荷馬的筆下，海倫離開埃及時隨身攜帶、用以讓愁思暫歇的忘憂藥（nepenthe）只不過是摻了酒的咖啡。不過，卒於 1687 年、聲名卓著的巴黎醫師 M·派蒂對此論述提出質疑。

幾位較晚期的英國作家，包括詩人喬治·桑德斯、伯頓和亨利·布朗特爵士，都曾提出臆測，認為咖啡可能就是拉科尼亞地區的「黑色高湯」。

喬治·帕許在他以拉丁文寫成的論文——1700 年於萊比錫出版的《自古以來的新發現》——中陳述，他相信咖啡是利用烘乾玉米的五個方法所製作出來的，這些玉米是亞比該為大衛所準備、以平息他怒火的禮物之一，製作方法就和《聖經·撒母耳記》上第 25 章第 18 節中所記載的一樣。

《聖經》武加大譯本中將希伯來文 sein kali 翻譯為 sata polentea，有小麥、烘烤或以火烤乾燥的意思。

瑞士的新教牧師兼作家皮耶爾·艾提恩·路易·杜蒙則是主張，咖啡才是以掃為之出賣自己長子名分的紅豆湯（而不是一般人所以為的小扁豆）；還有波阿斯下令讓路得撿拾的，毫無疑問是烘焙過的咖啡漿果。

達弗爾提出一個可能是對咖啡的反對例證，他說「咖啡豆的使用和食用在此之前是被畢達哥拉斯所阻止的。」不過，他暗示阿拉伯的咖啡豆是不一樣的。

餘赫澤在他所撰寫的《神聖物理學》中說，「土耳其人和阿拉伯人將咖啡豆製成名稱相同的飲料，還有許多人用由烘烤過的大麥所製作的麵粉當做咖啡的替代品。」由此可以發現，咖啡替代品的歷史幾乎和咖啡本身一樣古老。

世上第一杯咖啡

了解咖啡在醫學方面的歷史及影響後，接下來是教會。

▶ 伊斯蘭版本的傳說

有許多流傳了數世紀的伊斯蘭傳統要求「忠誠信徒」獻上首次將咖啡做為飲品飲用的名譽和榮耀。這些傳統其中之一與在大約 1258 年時，奧馬教長——沙德利教長的追隨者、摩卡港口的守護聖者及傳奇奠基者——因緣際會的在阿拉伯的烏薩布（Ousab）靜修地發現了咖啡，當時他因某些道德瑕疵而被放逐到該地。

面對飢餓的處境，奧馬教長和他的追隨者們被迫以生長在他們周圍的漿果為食——根據巴黎法國國家圖書館中阿拉伯編年史家的敘述，「除了咖啡之外，完全找不到其他可吃的東西，他們將其採擷並在煎鍋中煮沸，然後飲用煎煮出的汁液。」

奧馬教長從前在摩卡港口的病患，到烏薩布靜修地來尋找這位善良的醫師

修士，做為治療這些人所患疾病的藥劑，有部分熬煮出的汁液被施用在患者身上，所獲得的效果是有益的。拜咖啡所帶來神奇效果的傳聞所賜，當回歸城市之中時，奧馬教長以勝利者之姿被請回摩卡港口，當地總督還因此為他及他的伙伴們建造了一座修道院。

而這個東方傳奇的另一個版本則是如下所述：

苦行僧哈吉・奧馬被他的仇敵驅趕，離開摩卡港口並進入沙漠，他的仇敵寄望他會在其中因飢餓而殞命──若非他鼓起勇氣，嘗試食用生長在一叢灌木上的奇特漿果，這結果毫無疑問地將會發生。

儘管那些漿果看起來是可食用的，吃起來卻非常苦澀；奧馬希望藉由把它們烘乾來改善口感，但他發現這些漿果變得非常堅硬，因此他試圖用水讓它們軟化。漿果似乎依然維持跟之前一樣堅硬的狀態，但用來煮漿果的水變成了棕色，奧馬抱著水中可能含有漿果的某些營養成分的想法將水喝下，他對這種飲料讓他消除疲勞、復甦活力及提振低落情緒的效果感到十分驚艷。後來，當奧馬回到摩卡港口，他的得救被視為奇蹟，而讓這奇蹟得以發生的飲品一躍獲得了極高的喜愛，而奧馬本人更是被奉為聖者。

奧馬發現咖啡的故事最廣為流傳並最常被引用，也是本於阿布達爾・卡迪手稿的版本，其敘述如下：

在西元 656 年，穆罕默德從麥加到麥地那逃亡的希吉拉年代，沙德利導師的朝聖之旅將他帶到了摩卡港口。當他抵達翡翠山（即烏薩布山）時，他對自己的門徒奧馬說：「我將在此地安息。當我的靈魂啟程離去，一名蒙面之人將現身在你面前。務必成功執行所有此人將給予你的命令。」

可敬的沙德利導師去世後，奧馬在深夜看見一個覆蓋著白色面紗的巨大幽靈。「你是何人！」他問道。

那幽靈撤去面紗，奧馬驚訝地發現那正是死後增高了十腕尺的沙德利本尊。導師往地裡挖掘，地面神奇地冒出水來。接著，奧馬導師的靈魂吩咐他，將這水裝滿一碗，往它的方向走去，直到碗中的水不再移動才能停下。

「在那裡，」它接著說，「有偉大的天命等著你。」

奧馬開始了他的旅程。在抵達葉門的摩卡港口時，他注意到碗中的水靜止了──此地便是他必須停留之處。

當時，摩卡港口的美麗村莊正遭受瘟疫的肆虐踐踏。奧馬開始為病人祈禱，由於奧馬是親近穆罕默德的聖潔之人，許多人發現自己被他的祈禱所治癒。

與此同時，瘟疫也在蔓延，摩卡國王的王女也因此病倒，她的父王將她送到能治癒她的苦行僧住處。但由於年輕公主舉世罕有的美貌，在治癒公主後，這位好苦行僧試圖強行帶走她──國王可不喜歡這種收取報酬的嶄新方式，奧馬於是被逐出城市並放逐到烏薩布山地，僅能以草藥為食、以山洞為家。

某天，這位不幸的苦行僧大喊道：「啊，沙德利我親愛的導師！」「如果在摩卡港口發生在我身上的事是命中注定，你何苦不嫌麻煩地給了我一碗水，只為了要我到這個地方來呢？」

這些抱怨一說出口，奧馬立刻聽到一陣無比優美和諧的旋律，原來，有一隻羽毛華美得不可思議的鳥飛來，停在一棵樹上。

奧馬迅速向正鳴唱優美樂音的小鳥衝去，但他只在那棵樹的枝幹上看見了花和果實。歐馬伸手採摘樹上的果實，發現它們十分美味。

他把果實裝滿自己的大口袋，回到了他的山洞中。當奧馬準備煮些草藥當做晚餐時，突然靈光一閃，想出用些他採集到的果實代替這道糟糕草藥湯的主意。他也因而得到一種美味且芳香撲鼻的飲料——咖啡。

1760 年出版的義大利文版《學者雜誌》宣稱，Scialdi 和 Ayduis 這兩位僧侶首先發現咖啡的性質，同時因為這件事成為了特別的祈禱對象。「莫非這位 Scialdi 與沙德利教長就是同一人？」賈丁提出自己的疑問。

▶ 跳舞山羊

關於咖啡這種飲品的發現，最廣為流傳的傳說是：一位出身自上埃及，也就是阿比西尼亞帝國的阿拉伯牧羊人，他向鄰近地區修道院的男住持抱怨，自己看顧的山羊在吃了放牧地附近所生長的某些灌木結出的果實後，變得特別的

奧馬與神奇的咖啡鳥。

活潑愛玩。在觀察到此事確實為真之後，這位住持大人決定親自試試這種漿果的效力。他同樣也出現了陌生的興奮反應。因此他指示將部分漿果煮沸，並將煮出的汁液給手下的僧侶飲用，從此之後，在晚間的宗教儀式中保持清醒就再也不是件困難的事了。因此馬修住持在他的詩作《咖啡詩歌》中讚頌這件事：

當夜幕低垂，每位僧侶依次向前，
環繞在大鍋旁──
圍成振奮鼓舞的一圈！

根據傳說，「不眠的修道院」這個消息被迅速地傳揚開來，而那神奇的漿果很快「在帝國全境大受歡迎；隨著時間的流逝，東方的其他國家和省分也開始使用。」

法國人保存了下列對這個傳說極為形象生動的版本：

一位名為卡爾迪的年輕牧羊人某日注意到，他那些原本舉止無可挑剔的山羊突然放飛自我，大肆蹦蹦跳跳；一向非常氣派高貴而莊重的可敬公羊像隻年輕羊羔一般到處蹦跳。卡爾迪將這種傻今今的快活行為歸咎於山羊群愉快食用的某種果實。據說那個可憐的傢伙感到心情沉重；而抱著能讓自己振奮些的期望，他想，他應該採集並吃下那果實。這個實驗出奇的成功，他忘記了所有的煩惱，成為了快樂的阿拉伯國度中最快

卡爾迪與他的跳舞山羊。

樂的牧羊人。當山羊跳起舞來,他興高采烈地讓自己成為舞會中的一員,帶著絕佳的精神加入這場狂歡。

某日,一位僧侶恰巧路過,他訝異地停下,發現一場狂歡舞會正在進行中。一群山羊正如同排成一列的女士般活潑地表演趾尖旋轉,領頭公羊莊重地跳著圓舞曲的舞步,而牧羊人則是跳著姿勢古怪的鄉村舞蹈。

看得目瞪口呆的僧人詢問引發這種瘋狂舞蹈的原因;卡爾迪便將自己的寶貴發現告訴了對方。

這位可憐的僧侶正有個重大的、令他頭疼的傷心事,他總是會在祈禱過程中半途睡著;因此,在他看來,這無疑是穆罕默德向他展示這種神奇的果實,好讓他克服自己的睡意。

對信仰的虔誠並不會將對美味的直覺摒除在外。而我們這位好僧侶對美味的直覺非同尋常,因為他想到了將牧羊人的果實烘乾並煮沸的方法。

正是這個別出心裁的烹製方法讓我們有了咖啡。

王國境內所有的僧侶,立刻開始利用這種飲品,因為這飲品能夠激勵他們進行祈禱,而且也可能因為它並不令人討厭。

早期咖啡的煮製似乎有兩種方式;其一是用包裹在咖啡豆外層的果殼和果肉煮製,其二則是用咖啡豆本身進行熬煮。烘烤的步驟是後來才加入的——一般認為這要歸功於波斯人的一大進步。

有證據顯示,當他們發現咖啡時,這些早期穆罕默德教派的教士正在尋找被《可蘭經》所禁止的酒類替代品。阿拉伯文中代表咖啡的文字 qahwah 與用來代表酒的眾多文字之一完全相同;後來當飲用咖啡變得廣為流行,以至於對教會本身的生存造成威脅的時候,這一點雷同之處被教會領袖抓住不放,用來支持他們認為對酒的禁令也同樣適用於咖啡的論點。

拉羅克在 1715 年寫下一段文字,說明阿拉伯文中的 qahwah 一開始代表的就只有酒的意思,但後來演變為適用於所有種類飲料的通稱。「因此,所謂咖啡其實有三個種類,那就是包括了所有會使人喝醉的酒類;用咖啡豆的果殼——也就是外皮所製作的飲料;還有用咖啡豆本身所製作的飲料。」

既然如此,那麼一開始咖啡或許是一種用咖啡果實製成的汁液。即使到了現在,咖啡生產國的原住民依然非常喜愛食用成熟去籽的咖啡漿果。包裹著咖啡種子(咖啡豆)的果肉嚐起來十分可口,帶有些微的甜和芳香的風味,當放置時間足夠便會迅速發酵。

而另一個傳說——或許該說是有希望就有信念——則講述了咖啡這種飲料是如何被大天使加百列親自展示給穆罕默德本人的。咖啡的強硬支持者滿意地在《可蘭經》中發現一段被他們宣稱預示了咖啡會被先知穆罕默德的追隨者採用的章節:「他們將被賜予以麝香封緘的佳釀。」

最刻苦細致的研究都無法將關於咖啡的知識回溯到早於拉齊的時代,也就

是穆罕默德死後的 200 年，因此「咖啡
已被聖經時代或先知穆罕默德時期的古
人所知」此一理論並沒有除了推測和猜
想之外更多的支持。我們所有關於茶的
知識能夠追溯到基督紀元開始的最初幾
個世紀。我們也知道在中國的唐朝時期，
也就是西元 793 年，茶已經是集約種植，
同時納入稅賦之中，並在下一個世紀被
阿拉伯商人聽聞知曉。

第一個可信的咖啡定年

Sheik Gemaleddin Abou Muhammad
Bensaid，別名 Aldhabhani，是亞丁的穆
夫提（負責解釋伊斯蘭教法的學者），他出
生在一個叫做達班的小鎮，1454 年時，
在一次前往阿比西尼亞的旅途中，這位
穆夫提認識了咖啡的功效。在他回到亞
丁的時候健康狀況並不理想；這時他記
起了曾經看過在阿比西尼亞的同胞飲用
的咖啡，他訂購了一些，希望能藉此緩
解自己的情況。結果他不僅自病痛中痊
癒，還因為咖啡驅除睡意的特性而准許
苦行僧們使用咖啡「好讓他們能在將夜
晚的時光用於祈禱或其他宗教活動時，
更能專注並意識清明。」

　　亞丁地區在 Sheik Gemaleddin 的
年代前就已經懂得飲用咖啡是完全有可
能發生的；但一位在科學及宗教方面聲
名卓著且十分博學的依瑪目（伊斯蘭教
領袖）對咖啡的推崇，足以讓這種飲品
風靡整個葉門，並從那時起無遠弗屆地
風行到全世界。我們由珍藏在法國國家

喝咖啡的阿拉伯人、喝茶的中國人和喝巧克力
的印第安人。選自達弗爾著作之卷頭插畫。

圖書館中的阿拉伯文手稿中讀到律師、
學生、在夜晚趕路的旅人、工匠，還有
許多為了躲避白日的高溫而在夜晚工作
的人都喜歡飲用咖啡，甚至停止飲用另
一種在當時流行、以名為巧茶（catha
edulis）的葉片所製成的飲料。

　　在這場史無前例地普及咖啡信仰的
工作上，Sheik Gemaleddin 獲得了出生於
肥沃的阿拉比亞哈德拉姆、聲望非常高
的穆罕默德・哈德拉米醫師的協助。

　　一項最近發現且鮮為人知的關於咖
啡起源的譯文顯示，奧馬傳統的特徵和
Gemaleddin 的故事是如何可能被一位專
業的西方小說家結合在一起：

在接近十五世紀中葉時，一位貧困的阿拉伯人在阿比西尼亞旅行。當他發現自己既虛弱又疲憊時，他便在一個小樹叢附近停下。為了煮飯要用的燃料，他砍下了一棵綴滿了乾癟漿果的小樹。在煮好飯並且吃飽之後，這位旅人發現這些半燒焦的漿果散發出芳香的氣味，而在用石頭敲碎漿果時，他發現香氣明顯地變濃許多。在感到困惑的同時，他不小心讓這發出香味的東西掉進了存放他稀少飲用水的陶製容器裡。

奇蹟出現了！近乎腐臭的水得到了淨化。他喝了一口，那水是新鮮而且好聞的；在短暫的休息過後，這名旅人的體力與精力都已經恢復，能夠繼續他的旅程。這位幸運的阿拉伯人儘可能的收集了那些漿果，在抵達亞丁的時候，他將自己的發現告訴了穆夫提。那位可敬的穆夫提是位積習已久的鴉片吸食者，長年飽受這種有毒藥物影響的折磨。他嘗試服用了烘焙漿果的浸劑，並且極度欣喜地發現他恢復到從前精力充沛的狀態，出於感激，他稱呼這種植物為cahuha，也就是阿拉伯文象徵「力量」的意思。

羅馬的一位東方語言馬龍派教授安東‧佛斯特斯‧奈龍評論中認為，在先前討論過的加蘭德對阿拉伯手稿之分析研究，已為我們提供了關於咖啡起源最為可信的解釋；奈龍本人是寫作第一篇以咖啡為唯一主題之專論、表達接受關於奧馬及阿比西尼亞牧羊人的傳說並付梓的作家。他認為這兩個傳說無法被視為可信的史實，雖然他謹慎地加上阿比西尼亞牧羊人發現咖啡的故事裡有「部分」事實的說辭，並在談到囑咐修道院僧侶使用咖啡漿果的住持時表示，「東方基督教的教徒很樂意享有發明咖啡的殊榮，因為那位所謂修道會男住持（或者說小修道院院長）以及他的同伴們，指的不過就是 Gemaleddin 穆夫提和穆罕默德‧哈德拉米，而那些所謂的僧侶則只是些苦行僧。」

根據所有這些細節，賈丁的結論是，我們所獲得關於咖啡性質的知識，很可能要歸因於機緣巧合，還有，咖啡樹是從原生地傳播到葉門、最遠到麥加，並且可能在被帶到埃及之前便進入波斯。

首次對咖啡的迫害

咖啡便在如此順利的情況下被引進亞丁，並從那時起未受阻撓地延續至今。咖啡植株的種植以及咖啡做為飲料的使用逐漸傳入許多鄰近區域。在十五世紀即將結束時（1470～1500年），咖啡的傳播來到了麥加和麥地那，咖啡在此地和傳入亞丁時一樣，是苦行僧為了相同的宗教目的所引進的。

▶ 脫離宗教成為世俗的飲料

大約在 1510 年，咖啡的傳播抵達了埃及開羅，來自葉門、聚居在開羅自成一區的苦行僧會在準備進行宗教祈禱儀式的夜晚飲用咖啡。他們會將咖啡裝在一個大型的紅色陶製容器中，恭敬地輪

流領用修道院院長一邊吟唱祈禱文、一邊以小碗從陶罐中舀出的咖啡，祈禱文的主旨永恆不變：「真神之外別無他神，祂是真正的王，祂的力量無可置疑。」

苦行僧們領完咖啡之後，盛裝咖啡的小碗便會被傳遞給前來旁聽的會眾。如此一來，咖啡與宗教崇拜的行為就緊密地聯繫在一起，以至於「舉行公開宗教儀式，或任何莊嚴的節日慶祝絕不可能少了飲用咖啡的環節。」

與此同時，麥加的居民如此喜愛這款飲品，以至於他們忽視咖啡與宗教的關連，讓咖啡成為一種能夠在 Kaveh Kanes——也就是最早出現的咖啡館——享用的世俗飲料。無所事事的人聚集在咖啡館喝著咖啡、下西洋棋或玩其他遊戲、談論今日發生的新聞，或以唱歌、跳舞和音樂自娛，與刻板的伊斯蘭教徒截然相反，而這些表現非常理所當然地，讓這些教徒感到震驚與反感。就跟在麥加與亞丁一樣，咖啡在麥地那和開羅也成為一種常見的普通飲料。

最終，虔誠的伊斯蘭教徒開始反對咖啡在一般人之間的使用。理由之一是，如此會使得他們信仰的宗教中最主要的心理輔助作用變得平平無奇；其次，對於那些經常光顧咖啡館的人而言，咖啡有助於釋放生活上的歡愉，促使社會、政治及宗教各方面的爭論發生，而這經常會發展成社會的騷亂。就連在教徒之間都產生了意見分歧，他們分裂成了支持咖啡及反對咖啡的兩個陣營。偉大先知以酒為規範對象的律法在套用於咖啡時，出現了各種不同的解讀。

▶ 造謠抹黑

大約在這個時期（1511 年），凱爾・貝是當時代表埃及蘇丹（伊斯蘭世界的統治者頭銜）的麥加總督。他似乎是一個絕對嚴守紀律的人，但可悲地對自己治下人民的真實情況十分無知。

在某個夜晚結束祈禱離開清真寺時，他被正在角落飲用咖啡、準備徹夜祈禱的一群人所觸怒。他的第一反應是這些人在飲酒，而在發現他所以為的烈酒的真實身分，還有它在整座城市中有多麼普遍時，他大吃一驚。進一步的調查讓他相信，沉溺於這種使人興奮的飲料，會讓男人與女人做出律法所禁止之放肆言行，因此他決意查禁這種飲料。他的第一個行動便是將飲用咖啡的人逐出清真寺。

翌日，凱爾・貝召集了司法官、律師、醫師、僧侶和重要公民前來議事，他對這些與會人士宣告前一晚在清真寺所見到的情景，同時「出於終結濫用咖啡館的決心，他徵求大家對這個議題的建議。」控訴中的主要罪狀是「男人與女人在這些場所相遇，彈奏鈴鼓、小提琴和其他樂器。還有人會在那裡以賺錢為目的下西洋棋、玩播棋還有其他類似的遊戲；還有許多其他與我們的神聖律法相悖的行事——願真主保佑我們遠離一切腐敗，直到我們出現在祂面前的那一天。」

出席的律師同意咖啡館需要改革，但對於咖啡這種飲品本身，則應該先查清楚在任何情況下，它是否會對心靈或身體造成損害；如若不然，將沒有充分

的理由關閉販售咖啡的場所。有人提出建議，應當徵求醫師們的意見。

一對名為哈其馬尼、據稱是麥加醫術最精良的波斯醫師兄弟被徵召而來，儘管就我們所知，他們對推理法的了解更勝於對醫術的精通。由於這對兄弟其中一位早已撰寫了一本反對咖啡的著作，因此在來到議會時，他完全是帶著偏見而來，同時還懷抱著唯恐這種新式飲品的使用一旦獲得普及，將侵害自己的藥師職業的恐懼。

他的兄弟與他聯手，對與會人士信誓旦旦地保證，bunn 這種用來製作咖啡的植物「既冷且乾性」，是有害身心健康的。

當另一位出席的醫師出言提醒，與阿維森納同時代、年高德劭而且受敬重的 Bengiazlah 醫師的教導中說咖啡是「熱且乾性的」時，這對兄弟武斷地回覆，認為 Bengiazlah 所指的是另一種同名的植物；無論如何，這並不是關鍵，因為若咖啡能促使人們接受宗教所禁止的事物，那麼對伊斯蘭教徒來說，最安全的做法就是將其視為非法。

咖啡的支持者們充滿慌亂。會議中只有穆夫提發言支持咖啡。而其他被偏見或被引導到錯誤方向的狂熱所影響的人，則堅稱咖啡會蒙蔽他們的感官與意識。其中一位與會人士起身發言，說咖啡會像酒一般使人沉迷；此言一出便引起哄堂大笑，因為在伊斯蘭教教義嚴格禁止飲酒的前提下，如果發言者本身從未曾飲酒，那麼他根本不可能據此做出評價。在被問及是不是曾經喝過酒時，

這位發言之人輕率地承認了，他的不打自招讓他獲判了笞刑。

亞丁的穆夫提是議會的一員，也是一位傳教士，激烈地為咖啡辯護，但他明顯屬於不受歡迎的少數，所得到的回應是宗教狂熱分子的斥責和公然侮辱。

▶ 正式明文禁喝咖啡

如此一來，總督得償所願，咖啡被正式宣告為被律法禁止之物；同時還起草了一份陳訴報告，由出席這次會議的大多數人簽名後，由總督用最快的速度以急件方式傳送給他的皇家頂頭上司，也就是在開羅的蘇丹。在此同時，總督還頒布了一項官方命令，禁止公開或私下販售咖啡。司法官員據此關閉了麥加所有的咖啡館，並下令燒毀所有從咖啡館或商人的倉庫中所繳獲的咖啡。

由於這道命令如此不受歡迎，因此自然而然地出現了許多規避的做法，還有許多人偷偷關起門來飲用咖啡。一部分的咖啡支持者直言不諱地表達他們對執政者的反對，堅信當初的與會人士並非憑藉事實做出裁決——尤其是這項裁決與穆夫提的意見相左，而穆夫提在所有的阿拉伯群體中都被敬為律法的翻譯者或解說者。有一個違反這項禁令的人被當場抓獲，除了受到嚴厲的懲罰之外，他還被迫坐在一頭驢子背上、在城內最熱鬧的街道上遊行示眾。

▶ 埃及蘇丹主動撤令

然而，咖啡的敵人所獲得的勝利是十分短暫的，因為不僅遠在開羅的蘇丹

不贊同麥加總督「有失慎重的狂熱」，下令撤銷宣告咖啡違法的命令；而且還針對此次事件嚴厲譴責了麥加總督。麥加總督哪來的膽子，竟敢在遠比麥加醫師有分量的開羅醫師認為使用咖啡並不違背律法的情況下，宣告一項被他的帝國首府開羅所認可的事物為非法？蘇丹還補充說道，再好的東西都有可能被濫用，甚至連滲滲泉的聖水也一樣，但這不是發出全面禁令的理由。根據穆罕默德的教誨，滲滲泉，或者說滲滲井就是亞伯拉罕放逐夏甲與以實瑪利時，神為了撫慰他們在沙漠中所創造的泉水。泉水位於麥加聖殿圈起的範圍內；伊斯蘭教徒用極為虔誠的態度飲用泉水，賦予此泉極高的評價。

　　沒有記錄顯示誤入歧途的麥加總督有沒有被這番看似褻瀆的言語所震驚，不過我們能確知的是，他立即服從了他的君王兼主宰的命令。禁令被撤銷之後，總督便只有在維持咖啡館秩序時行使他的權力。咖啡支持者和樂於見到因果報應的愛好者對總督接下來的悲慘命運感到十分滿意：他被揭發是一個「勒索者兼人民強盜」，並且被「折磨至死」，總督的兄弟則為了逃避相同的悲慘命運而選擇自殺。

　　在第一次的迫害咖啡行動中扮演如此卑鄙角色的兩名波斯醫師結局同樣不幸。由於他們在麥加已經聲名狼藉，這兩名醫師逃往開羅，而在開羅的時候，他們趁其不備對征服埃及的土耳其皇帝塞利姆一世下詛咒，最終被塞利姆一世的軍團處決。

　　因此，在麥加重新被接納的咖啡直到 1524 年都未曾再遭遇過強烈的反對，當時由於再次開始發生的騷亂，麥加的法官便關閉了咖啡館，不過並沒有干涉在自家和私下飲用咖啡的行為。然而他的繼任者重新授權咖啡館的經營，並且重操舊業，自此咖啡館的存在就不曾再被打擾。

　　1542 年，由蘇里曼一世簽署的一紙咖啡禁用命令帶來迫害的餘波；不過沒有人把這個禁令當一回事，尤其是過了不久，眾人便得知這條禁令是用「出其不意」的方式、出於一位「於此一觀點有些過於愛挑剔的」女法官的希望而獲得通過後更是如此。

　　在飲用咖啡的歷史中，最有趣的一項事實是，所有引進咖啡的地區都會招來革命。由於它的作用一直都是讓人們思考，咖啡堪稱是世界上最激進的飲料。而當人們開始思考，他們對暴君還有自由思想及行為的反對者來說就是危險分子。有時候，人們如此醉心於他們新發掘出的念頭，並且誤將自由當做特許而陷入狂亂，為自己招來迫害和諸多心胸狹窄的偏見。因而在第一次麥加迫害事件 23 年後的開羅，歷史又再次重演。

對咖啡的第二次宗教迫害

　　征服埃及之後，蘇里曼一世在 1517 年將咖啡帶到了君士坦丁堡。這項飲品的推廣繼續向敘利亞前進，而且在未遭到任何反對的狀況下，於大約 1530 年時

被大馬士革接納，還有在 1532 年時被阿勒坡接受。有數間大馬士革的咖啡館頗負盛名，其中包括了玫瑰咖啡館和救贖之門咖啡館。

咖啡日漸普及的情況下，一位開羅醫師認知到，這種飲料若持續傳播，將會減少人們對醫師的需求，於是在大約 1523 年時，他向同行們提出以下問題：

你們對那在人前飲用、被稱為咖啡的汁液抱持什麼意見？因為它被那些人認為可任意使用，即使它會飛竄至頭部，成為重症之源，並且十分有害健康。它該被准許或禁止使用？

最後他小心翼翼——不帶偏見色彩的——加上自己的意見，主張咖啡是不合法的。讚美開羅的醫師階層，值得大書特書的是，他們對自己的同僚所提出、試圖讓一項有寶貴生藥學價值的輔藥惹來麻煩的提案冷漠以對，封殺咖啡的努力因而胎死腹中。

如果說醫師們沒打算對咖啡的傳播做出阻止行動的話，傳教士們可就不是這麼想了。以休閒放鬆的場所來說，咖啡館對大眾心理的吸引力顯然要比做禮拜的寺廟來得強大得多，這對於受過充分宗教訓練的人來說是無法容忍的。

對咖啡的反對情緒悶燒了一段時間，但是在 1534 年，這不滿的情緒重新爆發出來。這一年，開羅清真寺中一位性格火爆的傳教士，以一場反對咖啡的布道挑動利用了自己教堂會眾的情緒，他宣稱咖啡是違反律法的，而飲用咖啡的人則是不忠於伊斯蘭教，因此在離開會堂時，許多旁聽這場布道的人都被激怒了，衝進他們走出會堂後遇見的第一間咖啡館，放火燒毀了裡面的咖啡壺和盤碟，同時粗魯的對待當時在咖啡館的所有人。

這立刻引起了公眾的議論，而城裡對這件事的看法分成了兩派；一派堅決認為咖啡是違背伊斯蘭教律法的，另一派則持相反意見。然後，首席法官當中出現了一位聰明人，他召集了學識豐富的醫師前來供他諮詢，而醫學專業人士再次表達了堅定的立場。這些醫學專業人士向首席法官指出，他們的前輩在這個問題上早已選擇站在咖啡這一邊，同時也該是時候檢驗「那些偏執之人的狂熱激情」和「那些無知傳教士的輕率發言。」因此，這位睿智的法官讓咖啡得以供應給所有人，而且自己也飲用了一些。藉由這次的行動，他「讓互相爭鬥的兩方握手言和，而且將咖啡的地位提昇到前所未有的高度。」

咖啡在君士坦丁堡

咖啡引進君士坦丁堡的故事顯示它經歷了與在麥加和開羅傳播時幾乎相同的興衰無常。同樣的騷亂、同樣來自宗教的不理智盲目恐懼、同樣來自政治的敵意、同樣來自民政當局的愚蠢干預；然而無論如何，咖啡依然獲得了全新的榮耀和名氣。東方咖啡館在君士坦丁堡獲得了最佳的發展。

　　儘管在君士坦丁堡，咖啡從 1517 年就已經為人所知，但直到 1554 年，那裡的居民才開始熟悉咖啡館這個早期東方民主發展的偉大組織。同年，在蘇里曼一世——也就是塞利姆一世之子——的統治下，大馬士革的森姆斯和阿勒坡的哈克姆在 Taktacalah 區開設了最早的兩間咖啡館。

　　在當時，這兩間咖啡館是令人讚嘆的公共建築，室內的裝潢陳設和其中的舒適度都卓越非凡，同樣出眾的，還有它們所提供的社交往來及自由評論的機會。森姆斯和哈克姆用「非常整潔的臥榻和沙發」接待他們的顧客，而只要 1 杯咖啡的費用——大約 1 分錢，便能進入咖啡館。

　　土耳其的各色人等熱情地接受了這個概念。咖啡館的數量如雨後春筍般的增加，咖啡也可謂供不應求。而在土耳其皇宮的後宮中，還有專門委派的官員（kahvedjibachi）準備蘇丹飲用的咖啡。咖啡獲得了所有社會階層的喜愛。

　　咖啡館被土耳其人命名為 kahveh kanes － diversoria，卡托佛格斯便是如此稱呼它們；咖啡館在日漸受到歡迎的同時也變得愈來愈奢華，有著鋪滿華麗地毯的休息室，以及除了咖啡之外的眾多娛樂消遣方式。「準備進入法院任職的年輕人；尋找復職或新任命機會的各省下級法官；mudery，也就是教授；後宮的官員；權貴人物；還有港口的重要領主」都來到這些「智慧的學府」，更別提還有那些從已知的世界各個角落遠道而來的商人和旅行者。

針對咖啡館而起的迫害

　　在大約 1570 年，正當咖啡在社交體制中將名留青史似乎已成定局時，依瑪目和苦行僧人們發出了反對咖啡的強烈抱怨，抗議清真寺門可羅雀，而咖啡館卻總是人滿為患。傳教士也接著加入行列，聲言去咖啡館是比去小酒館還要嚴重的罪行。執政當局開始進行調查，老調重彈的爭議再次浮上臺面。不過這一回是一位穆夫提對咖啡懷有敵意。

▶ 百姓的陽奉陰違

　　宗教狂熱分子爭辯說，穆罕默德根本從未聽說過咖啡，所以更不可能使用過這種飲料，因此他必然厭惡自己的追隨者飲用咖啡。更進一步說，在製成飲料前，咖啡要先經過燒灼和研磨成炭狀，而《可蘭經》明確地禁止使用木炭，並將其列入不潔淨的食物之列。穆夫提決意在這個問題上偏向那些狂熱分子，咖啡便因此遭到律法的禁止。

　　這項禁令執行的效果顯示，違反的比服從的要來得更多，飲用咖啡的行為在暗地裡持續進行，不再公開出現。在大約 1580 年，在傳教士進一步的懇切請求之下，穆拉德三世在一項官方命令中宣告咖啡應當與酒劃歸在同一類，因此應當遵循穆罕默德先知的律法加以禁止，人們只是微笑以對，然後繼續自己陽奉陰違的做法。在宗教以及政治事務方面，他們已經開始有自己的思考與想法了。

　　公務人員發現試圖壓制這個習慣是在做無用功之後，便索性裝作沒有看見；

同時還出於某個考量允許了咖啡的私下販賣，這麼一來，許多土耳其「非法咖啡館」如雨後春筍般出現——在這些緊閉的門後，你或許能享用 1 杯咖啡；或許能在密室中買到咖啡。

這情況足以讓咖啡館逐漸再次建立起來。

然後出現了一位沒那麼一絲不苟、或者該說是比他的前輩們更為精明的穆夫提，宣稱咖啡不該被視為木炭，因此由咖啡製成的飲品並未被律法所禁止。咖啡的飲用普遍恢復，宗教狂熱分子、傳教士、律師還有穆夫提本人都沉溺其中，他們也成了整個法院乃至於整個城市的樣版範例。

▶ 政治迫害咖啡館

這次事件過後，咖啡館給每一位繼任的大維其爾（蘇丹以下最高級的大臣，相當於宰相的職務）帶來可觀的稅收；自此，咖啡未曾再遭遇進一步的阻礙，直到穆拉德四世統治時期，當時的大維其爾庫普瑞利在對坎迪亞的戰爭中，決定基於政治因素而將咖啡館盡數關閉。他的論

十七世紀一間土耳其咖啡館內部典型畫面。

述早於百年之後英國的查理二世所提出的說法，但兩者幾乎完全相同，也就是認為咖啡館乃是煽動叛亂的溫床。

庫普瑞利是一個軍事獨裁者，絕沒有像查理二世那樣猶豫不決的天性；儘管和查理二世一樣，庫普瑞利後來廢止了他所發出的禁令，但在禁令仍然有效期間，他毫不猶豫地強制執行這項禁令。

庫普瑞利可說是個暴君，對於首次違反禁令的初犯者，所施予的刑罰是用棍棒鞭打，再次犯禁者會被縫進皮革口袋中，丟進博斯普魯斯海峽。奇怪的是，庫普瑞利在查禁咖啡館的同時，卻又允許販賣酒類（被《可蘭經》所禁止）的小酒館繼續開門營業。或許他發現，酒類造成的精神刺激效果比起咖啡造成的效果來說並沒有那麼危險。咖啡，維雷說，對殘酷且無知的帕夏統治權而言，是一種過於有智慧的飲料。

即使在那個年代，都不可能藉由律法讓人變好。儘管以整個世界掩蓋，也不能遮掩天下人之眼，過去的良好形象將被改寫、被壓抑的慾望將再次出現。不公義的律法在那些古老世紀強制執行的成效並沒有比在二十世紀時來得更好。首先，人類即為凡夫俗子，即使可能因為失去理性而變得粗野殘酷，但咖啡並未偷走他們的神智；倒不如說，咖啡使他們的推理能力更為敏銳。

就如加蘭德誠心所說：「咖啡將人互相連結，乃是為社交而生，使人以更為完美的方式達成和諧一致；當心靈未被憤怒和幻想遮蔽時，所提出的異議會更為真誠，因而也不會被輕易遺忘——

正如那些酒後所提出的抗議轉頭便被人遺忘。」

▶ 酷刑下照喝不誤

儘管要直面嚴酷的刑罰，君士坦丁堡違反律法的人還是多不勝數。販賣咖啡的小販出現在市集，帶著「用火在底下加熱的大型銅製器皿，而想喝的顧客會被邀請進入附近的任何一家商店，這些商店歡迎所有因為這個原因而進入店內的人。」後來庫普瑞利在確定咖啡館對他的政策不再造成威脅後，准許了這項之前遭到禁止之飲品的自由使用。

愛在咖啡館裡談政治的波斯

有些作者主張咖啡飲品的發現應該歸功於波斯，但並沒有證據支持這個主張。然而，的確有充足的事實證明一個看法，那就是在波斯，如同在衣索比亞一般，咖啡從遠古時代起就已經為人所知——這可真是個非常方便的說法。在早先的年代，咖啡館成為每個主要城鎮既定的機構。

比起土耳其人，波斯人似乎在處理咖啡館所代表政治層面的問題上展現了更多的智慧，也因此在波斯，咖啡館從未變得需要被下令禁止。

阿拔斯一世的妻子注意到，非常多人習慣聚集在伊斯法罕的頂級咖啡館裡談論政治，便指派了一位穆拉——教會導師以及律法的闡釋者——每天在那裡坐鎮，以巧妙扭轉的歷史、律法及詩歌

等方面的觀點款待前往咖啡館的常客。身為一位有智慧並且非常機智圓滑的人，這位穆拉會迴避具有爭議性的官方議題；也因此，政治議題得以保持在幕後。結果證明，穆拉是一位極受歡迎的訪客，並且受到顧客的推崇。這個案例被普遍仿效採用，結果便是伊斯法罕的咖啡館極少引起騷亂。

亞當·奧利瑞爾（1559～1671 年）在 1633 年到 1636 年間擔任德國駐土耳其大使的祕書，講述了在波斯的咖啡館裡進行的大量消遣娛樂：「他們的詩人和歷史學家坐在高腳椅上，在那裡進行演講並講述諷世的故事，同時還把玩一根小棒子——採用與我們英格蘭雜技演員和變戲法的人完全相同的姿態。」

在法院的正式會期當中，必然會在國王隨侍裡見到 kahvedjibachi，也就是「咖啡侍者。」

早期飲用咖啡的禮節與習慣

法籍東方旅行者阿爾維厄騎士在 1682 年描述阿拉伯的貝都因人如何發現新鮮烘焙和新鮮研磨的優點。

▶ 咖啡館文化

卡斯騰·尼布爾（1733～1815 年）是一位漢諾威王朝時代的旅行者，提供了以下關於早期阿拉伯、敘利亞和埃及等地咖啡館的描述：

它們通常是寬大的大廳，地板鋪滿了地蓆，夜晚還會用許多油燈照明。做為僅有的可用來練習世俗雄辯術的場所，貧窮的學者會前往這裡為大眾提供娛樂。特定文字章節會被挑選出來進行誦讀，例如波斯英雄羅斯坦·索爾的冒險事蹟；有些則懷有創新發明的抱負，並譜寫詩歌和寓言。他們吟誦時會四處走動，或表現出演說家的神態，對自己選擇的題材高談闊論。

在大馬士革，一間咖啡館會定期雇用一名演說家，在固定時段講述他的故事；在其他情況下，演說家講述的內容會直接取決於他的聽眾，不論那是由文學性的話題，或是不拘一格、沒有根據的故事傳說所組成，他的所得都必須依賴聽眾的自發捐獻。此外，在阿勒坡，一名擁有超脫於一般人靈魂的男子，做為聲名卓著並僅為了自娛而進行研究的學者，到目前為止，已經走訪了城內所有的咖啡館發表道德演講。

有些咖啡館和從前一樣，有歌手和舞者在其中表演，許多人來到咖啡館聆聽令人驚嘆的《一千零一夜》的故事。

東方國度曾有給那些官員或被證明對當權者有妨礙之人提供「壞咖啡」，也就是加了毒藥的咖啡的習俗。

▶ 在家喝咖啡的情況

雖然一開始，飲用咖啡是為了個人的宗教性作用，不過在經由咖啡館的介紹傳播後，沒有過多久，咖啡就變得與宗教分離，而且還是在人們的家中，然而咖啡仍然保有特定宗教意義長達數個

世紀。加蘭德說，在他訪問君士坦丁堡這座城市期間，無論貧富、土耳其人或猶太人、希臘人或亞美尼亞人，每家每戶一天至少要喝兩次咖啡，許多人甚至喝得更多，這是因為提供咖啡給訪客飲用已經成了每戶人家的慣例；而且拒絕被認為是很無禮的。每個人每天 20 杯咖啡是很常見的平均數字。

加蘭德的觀察顯示：「君士坦丁堡普通家庭為咖啡花費的金錢，和巴黎家庭為酒花費的一樣多。」而且，這也符合乞丐經常用購買咖啡當做理由索要金錢，就像在埃及，乞丐會討錢去買酒或啤酒那樣。

在此時的土耳其人當中，拒絕或疏忽給自己妻子咖啡會構成合法的離婚理由。男士們在結婚時要發誓，絕不讓自己的妻子沒有咖啡可喝。福爾伯特・迪・蒙提斯說，「那可能比以對伴侶的忠貞發誓還要更慎重。」

另一份收藏在法國國家圖書館，由比奇維利撰寫的阿拉伯手稿中，一幅手繪圖畫提供我們一窺十六世紀君士坦丁堡實行咖啡儀式的機會：

所有重要人士的家裡都有專門負責咖啡、不需要做其他事情的僕役；他們當中領頭的那一位，也就是檢查其餘所有人工作的主管，會在被預定用來接待訪客的廳堂附近擁有一個房間。土耳其

為賓客端上咖啡。仿自「阿拉伯之夜」早期版本中的插畫。

人稱這位主管為 Kavveghi，意即咖啡監督者或咖啡管事。

土耳其後宮的閨房，也就是女眷們居住的房間，也有很多這樣的管事服務其中，每位管事手下帶領 40 到 50 位 Baltagis，這些管事已在咖啡館服務過一段時間，他們通常會獲得有利可圖的職位或數量充足的土地等豐厚的報酬。

同樣地，在上流人士家中也有被稱為 Itchoglans 的男侍，當主人做出要送上咖啡的指示——也就是主人家與這些男侍間唯一的溝通用語時，他們會由管事手中接過咖啡，用令人驚嘆且熟練風雅的舉止將咖啡呈送給客人們……咖啡會被放在無足的托盤中端上來，通常是有彩繪或以清漆上光的木質托盤，有時候也會用銀製的托盤。每個托盤可以容納 15 到 20 組陶瓷盤碟；有能力負擔者會將其中半數用銀器替代……這些盤碟可以藉由用大拇指托住下方、另兩隻手指扶住上部邊緣的方式輕鬆地拿好。

瑞典旅行家兼駐奧圖曼土耳其宮廷外交使節尼古拉斯・羅藍所寫的《1657 年君士坦丁堡之旅敘事》可一窺咖啡在土耳其人家庭生活最初顯露的痕跡：

此物（指咖啡）是生長在埃及的一種豆類，土耳其人將其搗碎並用沸水烹煮，用它做為取代白蘭地的休閒飲料，在溫度仍然滾燙時啜吸飲入口中，說服

自己它能毀滅卡他（黏膜炎、感冒），還能預防胃氣上升到頭部。飲用這種咖啡和吸食菸草（雖然菸草被禁止使用在緩解死亡的痛苦上，但在君士坦丁堡，無論男女使用菸草的情況都比其他地區要來得更多——儘管是在背地裡）構成土耳其人全部的消遣娛樂，也是他們唯一用來款待彼此的事物；基於這個原因，所有傑出人士在自己的住所附近都會準備另一個特定的、專門為了這個目的所建造的房間，裡面會放著一壇持續煮沸的咖啡。

在數個錯誤觀念當中，一項古怪的記錄是某些黎凡特地區的人所抱持的觀念，他們認為咖啡會助長虛弱陽痿——儘管在波斯版本的大天使加百列傳說中，是加百列為了讓先知穆罕默德恢復日漸衰弱的新陳代謝而發明了咖啡。

我們經常在土耳其和阿拉伯的文學作品中，碰到飲用咖啡會導致不孕不育的暗示，這個觀點已經被近代醫學所駁斥，因為現在我們知道，咖啡會刺激種族本能，而菸草對種族本能則具有鎮靜劑的效果。

Chapter 3

威尼斯商人將咖啡
帶到西歐

　　在喝完咖啡之後，教宗大聲的說：「老天，這種撒旦的飲料是如此的美味，我們應該為它施行洗禮，以此來迷惑撒旦，讓它成為真正屬基督的飲料。」

世界三大無酒精飲料，可可、茶和咖啡當中，可可在西元 1528 年最早被西班牙人引進歐洲；茶是在 1610 年被荷蘭人帶到歐洲；咖啡則是在 1615 年由威尼斯商人引進歐洲的。

　　歐洲最早關於咖啡的知識，是由那些從遠東和黎凡特地區歸來的旅行者所帶回來的。里奧納德·洛沃夫在 1573 年 9 月由馬賽出發，開始了進入東方國度的著名旅程，但早在 5 月 18 日他便離開了位於奧格斯堡的家中。他在 1573 年 11 月抵達阿勒波，並在 1576 年 2 月 12 日返回奧格斯堡。洛沃夫是第一位提到咖啡的歐洲人士，而首先在出版品中討論咖啡這種飲料的榮譽亦歸他所有。

　　洛沃夫不僅是一位醫學博士和極有名望的植物學家，還有奧格斯堡正式官方醫師的身分，所表達的意見被視為權威人士的發言。第一篇為咖啡所撰寫並付梓的參考文獻是《洛沃夫的旅程》的第八章，咖啡在其中被稱為 chaube，該章節談的是阿勒波這座城市的風俗與習慣。確切提及咖啡的段落同樣重現在 1582 年到 1583 年間，洛沃夫於法蘭克福及勞因根所出版的德文原版文獻中。

　　如果你想吃某樣食物或飲用更多烈酒，在你的目標附近大都會有一間開著的商店，你可以在那裡席地而坐，或坐在地毯上與眾人一同飲酒。有另一種非常好的飲料流傳在其他人當中，他們稱其為 Chaube（咖啡），這種飲料黑如墨汁，對疾病（主要是胃疾）極有助益；他們於清晨公開在所有人面前、無所畏懼及顧慮地從陶瓷杯中飲用盡可能熱燙的咖啡——通常只以杯碰唇、一次喝一點點，並在就座時一人拿到 1 杯咖啡。

　　他們用一樣的水搭配被稱為 Bunnu 的水果，那是一種大小、形狀和顏色都與楊梅幾乎相同的漿果，外面有兩片薄殼包覆，他們告訴我，這種漿果是由東印度群島傳入的；但以它們的本質而言，還有兩個黃色的顆粒分別存在於這些漿果內部兩個區隔分明的隔間中，再加上它們的功效、外型、樣子和名稱都與阿維森納的 Bunchum，以及 Rasis ad Almans 的 Bunca 完全一致；因此直到我由知識淵博之人處得到更多資訊前，我都會認為它們是同樣的事物。這種汁液在他們之間非常常見，因此他們的市集中隨處都有非常多人販賣，並且還能找到其他販售漿果的人。

咖啡北傳進入義大利

　　很難確定咖啡何時由君士坦丁堡普及到歐洲西半部；不過極有可能是因為

102

schmache Früchten/ das Wasser frisch zübehalten/ vnnd darzü dem Volck ein lust zümachen. Wanns einem darauß zütrincken geben/ bietens jhme darneben auch einen Spiegel/ mit der ermanung/ das er sich darinnen ersehe/ vnd darbey auch deß Todes erinnere: für dise gütwilligkeit vnd trewen dienst/ begeren sie nichts/ wirt jnen aber etwas auß freyem willen/ so nemmen sie es zü danck an/ vnd sprützen alßbald darfür den jhenigen (jr danckbar gemüt zuerzaigen) das angesicht vnd den bart/ mit einem wolriechenden wasser/ welches sie in gleßlein auß grossen Taschen/ mit vil Meßing spangen beschlagen/ herfür ziehen/ Also halten die Türcken vnnd Arabes das auch für ein grosse werck der Barmherzigkeit vnnd liebe/ wann sie jhre Marmelstainine trög/ vnd jrdine grosse häfen/ so hin vnd wider aussen an den Heüsern stehn/ täglich lassen mit frischem Wasser einfüllen/ damit wandersleüt/ vnd die jhenige alle/ so durstig seind/ den durst im fürüber gehn/ löschen könden. Darinnen hangen kleine Kesselein/ auß denen man trinckt. Wann dann jren einer anfangt/ gehn andere mehr/ so jhn ersehen/ hinzü/trincken auch/ offt mehr anderen zugefallen/ dann auß durst. Also findet man zü zeiten vber einem Hafen/ bald ein gantze rott beysamen stehn/ gleich wie die Hund/ die einander in der spür nachgehn: hat einer ferner lust/ darzü ettwas zünessen/ oder ein anders getranck zü trincken/ so habens gemainlich darbey auch weite offne Läden/ darinnen sie zusamen auff die Erden/ oder auff die Pfleen setzen/ vnd mit einander zechen. Vnder andern habens ein güt getranck/ welliches sie hoch halten/ Chaube von jnen genennet/ das ist gar nahe wie Dinten so schwarz/ vnnd in gebresten/ sonderlich des Magens/ gar dienstlich. Dises pflegens am Morgen frü/ auch an offnen orten/ vor jeder—

103

federmenigklich one alles abscheuhen zütrincken/ auß jrdinen vnnd Porcellanischen tieffen Schälein/ so warm/ alß sies könden erleiden/ setzen offt an/ thond aber kleine trincklein/ vnd lassens gleich weitter/ wie sie neben einander im krayß sitzen/ herumb gehn. Zü dem wasser nemmen sie früchte Bunnu von jnnwohnern genennet/ die aussen in jrer grösse vnd farb/ schier wie die Lorbeer/ mit zway dünne schölflein vmbgeben/ anzüsehen/ vnnd ferner jhrem alten berichten nach/ auß India gebracht werden. Wie aber die an jn selb ring seind/ vnnd innen zwen gelblechte körner in zwayen heüflein vnderschidlich verschlossen haben: zü dem das sie auch mit jhrer wirckung/ dem namen vnd ansehen nach/ dem Buncho Auic: vnd Bunca Rhasis ad Almanf. gantz ehnlich/ halte ichs darfür/ so lang/ biß ich von gelehrten ein besseren bericht einnemme. Dises tranck ist bey jhnen sehr gemain/ darumb dann deren/ so da solches außschencken/ wie auch der Krämer/ so die frücht verkauffen/im Bazar hin vnd wider nit wenig zü finden: Zü dem/ so haltens das auch wol so hoch vnnd gesund sein/ alß wir bey vns jrgend den Wermütwein/ oder noch andere Kreüterwein rc. gleichwol aber nemmens noch darfür den Wein an/ wann sie dörfften jres gesetzes halb/ wie man dann wol vnder dem Kayser Selymo gesehen/ da er jhnen den Wein vergünstiget vnd zügelassen/ wie sie jhn haben getruncken/ das sie nemlich täglich zusamen kommen/ vnd wanns in zechen bey einander gesessen/ einer dem andern nit nur ein glaß oder zway vol vngemischten starcken Weins/ sonder 4 in 5 der Kelchlein zumal/ wie jnen die von Venedig zukofften/ haben außgebracht/ auch die so bald vnd mit solcher begürde auff einander außgetruncket/ das sie jnen (wie ichs zu mehr malen gesehen) nit souil weil genommen/ darzwischen ein bissen—

1582 年於洛沃夫的作品中所出現，為咖啡所做的第一篇參考文獻。

威尼斯人與黎凡特地區的地理位置相近，又與該地區有大量的貿易往來，是以成為咖啡最早被歐洲人熟悉的途徑。

　　義大利帕多瓦一位學識淵博的醫師兼植物學家普羅斯佩羅‧阿爾皮尼（1553～1617 年），在 1580 年到埃及旅遊，並帶回了咖啡的消息。他是首位將咖啡植株和咖啡飲料付諸文字的人，並發表在他以拉丁文寫成、1592 年於威尼斯出版的《埃及植物誌》專論中：

　　我曾在開羅看過這棵樹——會結出在埃及如此常見、被命名為 bun 或 ban 的咖啡果實的植株。阿拉伯人與埃及人用一種煎煮的方式處理它，並飲用得到的汁液，當做酒的替代品；這種飲料在所有公眾場合販售，就和我們對待酒類的做法一樣。他們稱這種飲料為 caova。用來製作這種飲料的果實來自「快樂的阿拉伯」，而我看見的樹看起來像衛矛樹，但葉片更厚、更堅韌，顏色也更綠。這種樹是常綠樹種，從不掉葉子。

阿爾皮尼記錄了東方國度的居民認為此種飲料所具有的藥用性質，而這些藥效有許多很快地就被加入了歐洲的藥物學體系中。

　　約翰‧維斯林（1598～1649 年）是一位德國籍植物學家兼旅行家，他定居於威尼斯，以身為一位學識淵博的義大利醫師而在當地聲名遠播。他在 1640 年將阿爾皮尼的著作進行新的編輯，不過

稍早（1638 年），他針對阿爾皮尼的發現出版了一些評論，在編纂及出版的過程中，他辨認出這個由咖啡漿果的外殼（外皮）所製成的飲料擁有某些特性，與那些他稱為咖啡果核的咖啡豆所製成汁液的特性不同。他這麼說：

> 咖啡不僅在埃及有很高的需求，在土耳其帝國幾乎所有其他的省分也都是如此。因此出現了咖啡甚至在黎凡特都十分珍貴，而在歐洲人當中十分稀少的狀況，歐洲人在某種意義上被剝奪了一種對身心非常有益的汁液。

由此我們可以得出結論：歐洲人在當時並非對咖啡一無所知。維斯林補充說，當他拜訪開羅的時候，他發現當地有 2000 或 3000 間咖啡館，其中「有些確實開始在他們販售的咖啡中加糖，用來修正咖啡的苦味，還有一些其他的店家會製作咖啡漿果小甜點。」

教宗為撒旦的飲料施行洗禮

根據一則被廣為引述的傳說，在咖啡流傳到羅馬後不久，它再次遭受宗教狂熱主義的威脅，幾乎都要被逐出基督教國家了。在相關的講述中，某些僧侶向教宗克勉八世（1535 ～ 1605 年）陳情，希望禁止基督徒飲用，並指控咖啡是撒旦的造物。這些僧侶宣稱，惡魔禁止他的追隨者（那些伊斯蘭異教徒）飲用酒類——毫無疑問的是因為酒被基督

認可為神聖的，而且用於聖餐禮中——因而惡魔提供了他可憎的黑色飲料給追隨者做為替代品，他們稱它為咖啡。對基督徒來說，飲用咖啡就是在冒險跳入撒旦為他們的靈魂所設下的陷阱。

另外還有說法講述，教宗因為好奇而想對這種惡魔的飲料進行檢查，於是讓人進獻一些咖啡給他。咖啡的香氣太令人心曠神怡和誘人，以至於教宗被誘惑而喝了一整杯。喝完之後，他大聲說：「老天，這種撒旦的飲料是如此的美味，只讓那些異教徒獨占實在太可惜了。我們應該為它施行洗禮，以此迷惑撒旦，讓它成為真正屬基督的飲料。」

如此一來，無論咖啡的反對者試圖將何種壞處怪罪在咖啡頭上，事實依舊存在——若我們相信上述故事——咖啡被教宗陛下施以洗禮、宣告為無害，而且還被稱為「真正屬基督的飲料」。

威尼斯人在 1585 年帶來更多關於咖啡的知識，當時擔任君士坦丁堡地方行政官的吉安法蘭西斯科·摩羅辛尼向上議院彙報土耳其人「用他們所能忍受最熱的溫度飲用一種黑水，這種黑水是由一種叫做 cavee 的豆子浸製而成，據說擁有刺激人類的功效。」

歐洲的第一杯咖啡

在一篇義大利文評論文章中，A·庫格博士聲稱歐洲的第一杯咖啡是十六世紀末在威尼斯被喝下的。他認為最初的咖啡漿果是由被稱為 pevere 的

Mocengio 進口的，因為他藉著由東方國度而來的香料及其他特產的貿易創造了龐大的財富。

西元 1615 年，皮耶羅·德拉瓦勒（1586～1652 年），知名的義大利旅行家和《印度及波斯之旅》一書的作者，從君士坦丁堡寫了一封信給在威尼斯的友人馬利歐·席帕諾：

土耳其人有一種黑色的飲料，在沒有改變飲料本質的情況下，這種飲料在夏季能讓身體非常涼爽，而在冬季則會發熱，讓身體溫暖。他們在咖啡剛從火上移開時趁熱喝下，他們會狂喝這種飲料，但不是在正餐時刻，而是將其當做某種美味，一邊與朋友談天說地、一邊慢慢地啜飲。你找不到任何一個沒有喝咖啡的聚會場合……有了這種被他們稱為 cahue 的飲料，他們便能從彼此的對話中轉移注意力……這種飲料是由某種被叫做 cahue 的樹所結出的穀物，也就是果實所製成……回程時，我會帶一些回去，並將這些知識傳授給義大利人。

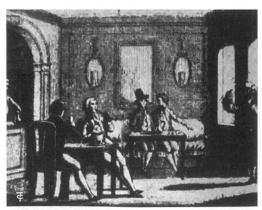

一間十八世紀的義大利咖啡館。仿自哥爾多尼，由綮塔所做。

不過德拉瓦勒的同胞可能已經很熟悉這種飲料，因為咖啡已經（在 1615 年）被引進威尼斯了。一開始，咖啡大部分都被用於醫療的目的，而且售價十分昂貴。維斯林談到咖啡在歐洲如何做為藥物使用，「咖啡，做為一種奇特的外來種子，跨出珍奇展示櫃的第一步是以藥物的角色進入了藥劑師的店鋪。」

義大利的咖啡館

義大利的第一間咖啡館據說在 1645 年就已經開張，但這個說法缺乏確鑿的證據。一開始，咖啡是和其他飲料一起出現在檸檬水小販販售的商品當中。義大利文的 aquacedratajo 指的就是販賣檸檬水和類似飲料的人，以及那些販賣咖啡、巧克力、烈酒等等商品的人。賈丁聲稱，咖啡在 1645 年就已普遍在義大利被使用。無論如何，可以確定的是，1683 年一間咖啡店在威尼斯行政官邸大樓中開張營業。而著名的弗洛里安花神咖啡館則是在 1720 年由弗洛里安諾·法蘭西斯康尼於威尼斯開設。

第一篇為咖啡所做的權威性專論直到 1671 年才出現。是由羅馬大學迦勒底及敘利亞語的馬龍派教授安東·佛斯特斯·奈龍（1635～1707 年）以拉丁文撰寫而成。

▶ 為西方建立「正宗咖啡館」

在十七世紀後半葉和十八世紀前半葉，咖啡館在義大利取得極大的進展。

值得注意的是，這些第一批歐洲版本的東方咖啡館被稱為 caffé。拼字當中的兩個 f 被義大利人保留至今，而有部分作家認為，這個字是由 coffea 一字所演變而來的，當中的兩個 f 都並未逸失，就和現今法國與其他某些歐洲大陸國家的書寫形式一樣。

於是，儘管法國人和奧地利人都強烈地認為自己做得更好，帶給西方世界正宗咖啡館的榮譽卻歸屬於義大利。

在咖啡開始風行後沒過多久，幾乎所有威尼斯聖馬可廣場的商店都成了咖啡館。Caffé dell Ponte dell'Angelo 位於聖馬可廣場附近，1792 年，一隻名叫「菸草店」的狗在那裡死去，文森·弗馬里歐尼於是模仿了烏巴多·布雷戈里尼於安傑洛·伊莫（最後一位威尼斯海軍上將）死亡時發表的紀念演說，為其寫作了一篇諷刺悼文，這間咖啡館從此聲名大噪。

而在馬可·安伽羅托擁有的 Caffé della Spaderia 中，某些激進分子主張開闢一間閱覽室，用來促進自由主義思想的傳播。檢察官派了一位士兵前去通知店主，要店主告訴第一個進入那間閱覽室的人，他將必須面臨在法庭出席的後果。這個主意因此而被放棄。

在其他著名的咖啡館中，有一間由矮胖店主梅內柯而得名的梅內加佐。這是一間文人作家頻頻造訪的咖啡館，在這裡，安吉洛·瑪莉亞·巴爾巴羅、洛倫佐·達·彭特和其他同時代的著名人士間激烈火爆的討論是司空見慣的。

咖啡館逐漸成為各個階層普遍的休

早期威尼斯咖啡館中的貴族。選自科雷爾博物館的格雷文布羅克典藏。

閒娛樂場所。晨間，咖啡館迎來商人、律師、掮客、工人，還有流動小販；而在午後一直到深夜，則是包括了貴婦淑女在內的有閒階級光臨的時間。

大多數情況下，最早的義大利咖啡店屋舍都很低矮、簡單而樸素，沒有窗戶，而且只用閃爍又模糊的光源提供糟糕的照明。然而在這樣的環境裡，歡樂的人群來來去去，他們穿著五顏六色的衣服，男男女女一群群地在各處閒聊談天，而且在那些流言蜚語之上，總有可供選擇的醜聞片段值得往咖啡館走一趟。更小的房間則是賭博專用。

因為哥爾多尼是一位諷刺作家，在他的喜劇《咖啡館》中所描述的「小廣場」──即理髮店加上賭場的複合式商店所在地點中，了不起的誹謗類型老派傳奇小說家唐‧馬齊歐被描繪為當代典型的模樣。該劇中的其他角色也脫胎於當時每天在城市廣場咖啡館中所能看見的人生百態。

十八世紀時，聖馬可廣場的舊行政官邸大樓下方有法蘭西王、阿龐特札、Pitt. L'eroe、Regina d'Ungheria、Orfeo、Redentore、Coraggio-Speranza、Arco Celeste 和 Quadri 等咖啡店。最後那間咖啡店是 1775 年由原籍科孚島的喬爾喬‧夸德里所開設，是首次在威尼斯提供正宗土耳其咖啡的咖啡店。

而在新行政官邸大樓下方，你會發現 Angelo Custode、Duca di Toscana、Buon genio-Doge、Imperatore Imperatrice della Russia、Tamerlano、Fontane di Diana、Dame Venete、Aurora Piante d'oro、Arabo-Piastrella、Pace、Venezia trionfante 和弗洛里安花神咖啡館。

▶ 聖馬可廣場最受歡迎的咖啡館

大概沒有任何一間歐洲的咖啡店像弗洛里安花神咖啡館那樣曾獲得如此多來自全球名人的光顧，雕塑家卡諾瓦的友人，還有數以百計出入城市、發現卡諾瓦是社交資訊寶庫與便利城市導覽指南的可信代理商及熟人。離開威尼斯的人會將名片和行程表留給卡諾瓦；新來者會在弗洛里安詢問他們想見之人的消息。「他長期專注於獲得比從古至今的任何人所具備、更為多樣及各方面的知識。」赫茲利特這麼為我們生動地描繪出十八世紀威尼斯咖啡店的愉快生活：

據說威尼斯的咖啡遠勝於所有其他地方的，而弗洛里安為他的訪客所奉上的商品則是威尼斯最棒的。做為當時曾經存在的部分證明，默爾蒙蒂為我們提供了他的插畫，在一幅畫作中，劇作家哥爾多尼以一位訪客的形象出現在其中，還有一名女乞丐正乞求施捨。

偉大的雕塑家卡諾瓦對弗洛里安的敬重是如此誠摯，以至於在弗洛里安突然被痛風侵襲時，他為弗洛里安製作了腿部模型，讓這可憐的傢伙能免去把腳塞進靴子裡的痛苦。這段友誼始於卡諾瓦剛開始雕塑事業之時，他從未忘記在自己急需時，對方所提供的大量協助。

哥爾多尼在一間威尼斯咖啡館。選自朗奇畫作之一。

後來，弗洛里安咖啡館由一位女性主廚掌管，在店內服務的女侍者會為某些訪客在鈕釦的釦眼中繫上一朵花——這可能有暗指其姓名的意思，而在廣場上的姑娘們也會這麼做。

在威尼斯，提供家庭式服務的咖啡館和餐館從此都以非常殷勤的方式款待訪客。

還有許多其他會社——特別在威尼斯獨立時代的末期，是專門為了滿足那些以與人對話及八卦閒聊為目的的人而設立。各式各樣不同階層的顧客頻繁出入這些商家，顯貴人士、政客、軍人、藝術家、老人和年輕人，這些讓人特別經常流連的場所全都有足以匹配這些顧客身分的同伴與消費水準的價目表。男性社交圈的上流階層——除了那些真正貧窮的人之外，毫無例外都被吸引到這裡來。

對威尼斯所有階層的人來說，咖啡館幾乎總是他們離開這個城市前最後一個到訪之地，也是回到這個城市後第一個前去走訪的地方。

對威尼斯人而言，居所只不過是妻子的住處和財產的存放地；但只有在極少數的情況下，他們的居所才會有居家式殷勤招待訪客的場景，更為罕見的則是夫妻二人被人見到一同外出，而此時身為丈夫的人會邀請女士進入一間咖啡館或糖果點心店，一同分享一份冰品。

弗洛里安咖啡館經歷了許多變化，但它仍做為聖馬可廣場最受歡迎的咖啡館留存了下來。

十九世紀，位於威尼斯聖馬可廣場、弗洛所擁有的著名咖啡館。

▶ 從鎮壓中倖存下來

到了 1775 年，咖啡館遭受迫害的歷史又再度在威尼斯重演。不道德、邪惡和腐敗都成為控訴咖啡館的罪名；而十人議會在 1775 年及隨後的 1776 年命令國家檢察官將這些「社會弊端」連根拔除。然而咖啡館從改革者對其所有的鎮壓企圖中倖存下來。

位於帕多瓦的佩德羅基咖啡館是另一家變得十分有名的早期義大利咖啡館。安東尼奧・佩德羅基（1776～1862年）是一位檸檬水小販，為了吸引尋歡作樂的年輕人與學生，他買下了一間老房子，打算將一樓改裝成一系列引人注目的場所。

他將手頭所有的現金和所有他能借到的錢都投入了這項冒險之舉，結果發現那間房子少了能用來製作冰品和飲料所不可或缺的地窖，而且房子的牆壁和地板都如此的老舊，在整修工作開始時，它們就四分五裂了。

他陷入絕望之中，但他沒有氣餒，並決定著手挖掘地窖。他得到的驚喜是他發現這棟老房子是建在一座古老教堂的地下金庫之上，而那個金庫中藏了相當多的寶藏。這位幸運的業主發現自己擁有了自由，可以選擇繼續他的檸檬水小販兼咖啡商人的事業，抑或就此輕鬆度日。做為一位睿智之人，佩德羅基決定堅持他原來的計畫；很快地，他那些富麗堂皇的場所就成了當代極端時髦人士鍾愛的會面地點。在這段時間，檸檬水和咖啡經常一同搭配販售。佩德羅基咖啡館被認為是十九世紀矗立在義大利最精緻的建築。佩德羅基咖啡館的建設開始於 1816 年，它在 1831 年開幕，直到 1842 年才完工。

咖啡館很早便在義大利的其他城市成立，特別是羅馬、佛羅倫斯和熱那亞。

1764 年，《咖啡》——一本純哲學與文學領域的期刊——在米蘭登場，這本期刊是由皮特羅・維里伯爵（1728～1797年）所創立，凱薩・貝加利亞是該期刊的總編輯。期刊的目標是對抗阿卡迪亞田園風格的影響和膚淺。期刊的命名是源於維里伯爵和他的朋友們慣常在米蘭一間咖啡館聚會，而這間咖啡館的店主是一位名為蒂米奇的希臘人。這本期刊存活的時間只有短短兩年。

在之後的一段時間，也有其他同名的期刊出現，在短暫的為各種黨派提供有效宣傳的用處之後，都步入了被遺忘的後塵。

Chapter 4
咖啡在法國引起的旋風

　　他們想了解這種備受吹捧的東方飲料，儘管咖啡的漆黑色澤給法國人的第一印象完全與吸引力背道而馳。

　　我們要為了大部分關於咖啡的寶貴知識感謝三位法國旅行者，這些英勇的紳士們率先點燃了法國民眾對這種注定要在法國大革命中扮演如此重要角色飲料的想像力。這三位旅行者分別是：塔維涅（1605 ～ 1689 年）、德・泰弗諾（1633 ～ 1667 年）與貝涅爾（1625 ～ 1688 年）。

　　此外還有尚・拉羅克（1661～1745年），在 1708 年到 1713 年間完成了著名的著作《歡樂阿拉伯之旅》，他的父親——P・拉羅克——則擁有在 1644 年將第一批咖啡引進法國的榮譽。

　　法國籍的東方學家安東・加蘭德（1646～1715 年）不但是第一位翻譯《天方夜譚》的譯者，同時也是法國國王的古文物家；1699 年，他發表了由阿布達爾・卡迪手稿（1583 年）中阿拉伯文的分析與翻譯，為咖啡的起源提供了第一個可靠的解釋。

咖啡傳入法國的歷史

　　或許法國最早關於咖啡的文獻可以在於1596年被送到法國醫師、植物學家兼旅行者卡羅盧斯・克盧修斯（1529～1609 年）處的義大利植物學家兼作家里奧・貝利的簡單陳述中找到，他寫道：

「埃及人用來製作他們稱做cave這種飲料的種子。」

　　P・拉羅克陪同法國大使 M・拉哈耶前往君士坦丁堡，並在之後遊歷進入黎凡特。當他在 1644 年回到馬賽時，不僅帶回了咖啡，還有「在土耳其會用到、跟咖啡有關的所有用具，這在當時的法

VOYAGE
DE
L'ARABIE HEUREUSE,
PAR L OCEAN ORIENTAL,
& le Détroit de la Mer Rouge. Fait par les François pour la premiere fois, dans les années 1708, 1709 & 1710.

AVEC LA RELATION PARTICULIERE d'un Voyage fait du Port de Moka à la Cour du Roy d'Yemen, tant la seconde Expedition des années 1711, 1712 & 1713.

UN MEMOIRE CONCERNANT L'ARBRE & le Fruit du Café, dressé sur les Observations de ceux qui ont fait ce dernier Voyage. Et un Traité historique de l'origine & du progrès du Café, tant dans l'Asie que dans l'Europe ; de son introduction en France, & de l'établissement de son usage à Paris.

A PARIS,

Chez ANDRE' CAILLEAU, sur le Quay des Augustins, près la rue Pavée, à Saint André.

MDCCXVI.
Avec Approbation, & Privilege du Roy.

《歡樂阿拉伯之旅》的扉頁，1716 年。拉羅克遠赴葉門王國之旅的故事。

國被視為特別的珍奇之物」。在提供咖啡的服務中包括了fin-djans，也就是瓷杯的使用，還有被土耳其人當做餐巾使用，以金、銀和蠶絲刺繡的平紋細布。

拉羅克將咖啡在 1657 年被祕密引進巴黎，還有教導法國人如何利用咖啡的功勞歸於尚・德・泰弗諾。

德・泰弗諾以一種輕鬆愉快的風格寫下十七世紀中葉，咖啡這種飲料如何在土耳其使用的文字：

他們還有另一種日常飲用的飲料。在一天當中，他們隨時都會喝這種被稱為 cahve 的飲品。

這種飲品是用以平底鍋或其他器具在火上烘烤過的漿果製作。烘烤過的漿果會被搗碎成極為細緻的粉末。

當想要飲用這種飲料時，他們會取出一個專門為製作此種飲料而製作、被稱為 ibrik 的煮具；將煮具裝滿水後將水煮滾。當水燒開後，他們在約 3 杯分量的熱水中加入 1 滿匙的咖啡粉：當咖啡煮滾後，他們會迅速將咖啡從火源上移開，或者有時候他們會攪拌咖啡——咖啡的膨脹速度非常快，一不小心就會沸騰到溢出。

在咖啡這樣煮沸十或十二次之後，他們會將咖啡倒進瓷杯裡，瓷杯會放在大的淺盤或色彩鮮豔的木盤上，並在這樣沸騰的狀態下將咖啡送到你的面前。

你得趁熱分幾次喝完它，不然可不是件好事。喝咖啡的人因為害怕燙到自己，所以小口啜飲——你能在 cavekane（他們如此稱呼販賣煮好的咖啡的地方）聽見一種令人愉悅的、細碎悅耳的吸溜聲，正是因為這個緣故。……有些人會將少量的丁香和小荳蔻籽與咖啡混合飲用；還有一些人會加糖。

法國的咖啡風潮

賈丁說，法國人對咖啡趨之若鶩其實是出於好奇的心理，「他們想了解這種備受吹捧的東方飲料，儘管咖啡的漆黑色澤給法國人的第一印象完全與吸引力背道而馳。」

▶ 對東方黑色飲料的好奇

大約 1660 年時，幾位曾在黎凡特居住過一段時間的馬賽商人覺得自己不能沒有咖啡，於是帶了一些咖啡豆一起回到家鄉；稍後，一群藥劑師和其他商人進行了第一宗由埃及大量進口咖啡豆的進口貿易。

里昂的商人很快跟上這股風潮，咖啡的飲用在那些地區變得很普遍。

1671 年，有幾個平民在馬賽的交易市場附近開了一間私人咖啡館，這間咖啡館立刻在商人和旅行者之間受到極大歡迎。

其他的咖啡館也陸續開張，而且全都擠滿了人。不過，人們在家裡也一點都沒少喝咖啡，拉羅克說：「總而言之，這種飲料的飲用以如此令人驚訝的速度增加，以至於不可避免地讓醫師們警覺起來，認為它不會適合居住在炎熱且極為乾燥國家的居民。」

古老的爭議再次登場。有些人站在醫師們的陣線，其他人則站在反對的立場，就跟在麥加、開羅以及君士坦丁堡曾發生過的一樣；只不過在此地，爭論的主要方向轉而集中在藥性問題上，這一回，教廷並未在此次爭端中扮演任何角色。

「熱愛咖啡人士在與醫師狹路相逢時，會以非常惡劣的態度對待他們，而堅守自己立場的醫師們則用各式各樣的疾病來嚇唬那些喝咖啡的人。」

事態在 1679 年發展到關鍵的重要時刻，當時馬賽的醫師們採取了一個巧妙的讓咖啡名聲受損的嘗試。

他們讓一位即將進入醫學院的年輕學生在市政府地方行政官的面前提出質疑，而問題本身其實是由兩位身為艾克斯馬賽大學教職員的醫師所提出的，主旨則是咖啡對馬賽的居民究竟是否有害。

不利於咖啡的論證被羅列出來，他們主張咖啡已經贏得舉國上下的認可，即便咖啡連酒這種完美飲料的渣滓都比不上，卻幾乎完全壓制了酒的飲用。相關論點有：咖啡是邪惡且無用的異國玩意兒；宣稱咖啡對精神紊亂有治療效果的主張則是荒謬可笑的，因為咖啡並不是一種豆類，而是山羊與駱駝發現的一種樹所結的果實；咖啡是熱性而非所謂涼性的；咖啡會讓血液燃燒，從而引起麻痺癱瘓、陽痿和消瘦……他們表示，「從以上所有論點，我們必然能夠得出以下結論：咖啡對馬賽絕大多數的居民都有害。」

艾克斯馬賽大學的好醫師們以這種方式提出其偏見，而這就是他們對咖啡的拍版定論。許多人認為他們被誤入歧途的狂熱沖昏頭而弄巧成拙，他們處理這場爭端的方式有點粗暴，這導致許多謬誤的論據被揭露出來，除了驚人的錯誤之外，這些論述對事實毫無貢獻。

▶ 從升斗小民到上流社會都瘋狂

然而，世界的趨勢已然改變，反對咖啡的聲音也不再像過去那般具有影響力；而這一回合，阻止咖啡繼續傳播的努力甚至還沒有穆罕默德僧侶們的抨擊謾罵來得有力量。人們繼續像以前一樣在咖啡館頻繁出入，而且他們在自己家裡也沒少喝咖啡。

事實上，這次對咖啡的控訴最終證明是自作自受，因為咖啡的消費受到如此的刺激後，為了滿足日漸增大的需求，里昂和馬賽的商人們史無前例的聯合起來，開始由黎凡特整船整船地進口咖啡生豆。

與此同時，在 1669 年，穆罕默德四世派往路易十四世宮廷的土耳其大使蘇利曼・阿伽，也到達巴黎。他隨身攜帶了數量可觀的咖啡，同時把以土耳其風格沖煮出來的咖啡介紹給法國的首都。

這位大使在 1669 年 7 月到 1670 年 5 月這段時間短暫停留在巴黎，但這段時間已經長到足以讓他所引進的習慣得以在此穩固地立足。2 年後，一位名為巴斯卡的亞美尼亞人在聖日耳曼市集開設了他的咖啡飲用攤，而這個事件標記了巴黎咖啡館的起源。

飲用咖啡的習慣在首都、還有馬賽

拉羅克在他的《歡樂阿拉伯之旅》中描繪的咖啡樹。

及里昂都變得十分普遍，隨後法國所有省分都起而仿效。

　　很快地，每座城市都有了自己的咖啡館，咖啡也大量地在私人住宅被消耗飲用。拉羅克寫道：「從最粗鄙的升斗小民到最高尚的上流階層，沒有人會忘記在每天早晨或用過正餐後不久來杯咖啡，在所有拜訪探視時提供咖啡同樣也成了慣例。」

　　「最高尚的上流階層」鼓動了擁有小咖啡館（cabarets à caffe）的風潮；而且很快地便有消息指出：在法國的咖啡館中，可以見到所有能由東方供應的華麗裝潢，「他們用比金銀更富麗和價值更高昂的大量陶瓷罐及其他印度家具做為裝飾。」

　　1671 年，里昂出現了一本名為《咖啡，桑葚最好的功效》的書籍，顯示在這個議題方面亟需具有公信力之著作的情況。同年，同樣在里昂，這個需求隨著菲力毗·西爾韋斯特·達弗爾令人讚賞之專題論文——《關於咖啡、茶與巧克力的新奇論文》——的出版，被出色地填補上。

　　1684 年，達弗爾再度於里昂出版了更臻於完善的著作《沖泡咖啡、茶與巧克力的不同方法》。緊接著（1715 年），尚·拉羅克在巴黎出版了《歡樂

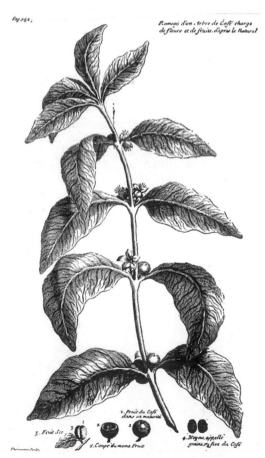

在拉羅克所著《歡樂阿拉伯之旅》中，帶有花及果實的咖啡枝條插畫。

阿拉伯之旅》，其中包括了作者在 1711 年前往葉門宮廷的旅程，其中對咖啡樹及其果實多有著墨，同時這也是關於咖啡第一次使用及引進法國的關鍵歷史之專題論文。

拉羅克對他拜訪皇家花園的描述非常有意思，因為字裡行間顯示出阿拉伯人依然堅信咖啡只生長在阿拉伯地區。以下就是這段敘述的內容：

皇家花園裡除了花費極大力氣布置了在國內尋常可見的樹木之外，沒有什麼值得注意的；這些樹木當中就有所能找到的最好的咖啡樹。

當代表們向國王陛下表示，這樣的布置與歐洲貴族們布置花園的習慣相反（歐洲貴族們致力於塞滿自己花園的，主要是他們所能找到最稀少和罕見的植物）時，國王對自己不輸任何一位歐洲貴族的好品味和慷慨大方感到自豪，他告訴使者們：咖啡樹在他的國度內確實十分常見，但那並不能構成他不去珍視它的理由。

咖啡樹常年青翠的特性極大程度地得到了國王的歡心，而且它會結出舉世無雙的果實這一點，也令人感到愉快。對國王來說，在將產自皇家花園的咖啡果實當做禮物時，能夠宣稱生長這種果實的樹是由他所親手種下這件事，帶給他無與倫比的滿足感。

▶ １０年獨家銷售咖啡豆的權力

第一位在法國註冊販賣咖啡豆的商人名為達烏密·法蘭索瓦，他是巴黎的中產階級人士，藉著一份 1692 年發布的法令確保了自己販賣咖啡豆的特權。他

1718 年在巴黎創立的麗晶咖啡館，圖片展示了典型的歐式座位安排。

被授與長達10年、獨家在法蘭西帝國所有省分和城鎮，還有在法國國王治下所有疆域販售咖啡及茶葉的權力，並且也擁有供養一間倉庫的權力。

咖啡很快地由本國運輸到聖多明哥（1738年）和其他法屬殖民地，並在國王簽發的特別許可下蓬勃發展。

1858 年，一份標題為「咖啡、文學、美術及商業」的期刊宣傳單張在法國出現。編輯查爾斯·沃恩滋在發布時表示：「名流沙龍代表的是特權，咖啡館代表的則是平等。」這份刊物的出版只持續了非常短的一段時間。

Chapter 5
來到英國的
古斯巴達黑色高湯

咖啡館的概念，還有在家飲用咖啡的習慣迅速在大不列顛的其他城市散播開來；不過所有的咖啡館都以倫敦咖啡館為典範並加以模仿。德文郡埃克塞特的莫爾斯咖啡館，是英國最早創立的咖啡館之一。

十六和十七世紀時的英國旅行者及作家在講述咖啡豆和咖啡這種飲料方面，跟與他們同時代的歐洲同儕一樣有魄力。

英國首篇咖啡文獻

然而第一篇印刷出版且提及咖啡的英文文獻，是一位名為巴魯丹奴斯的荷蘭人撰寫的《林斯霍騰的旅程》，咖啡以 chaoua 之名出現在註釋中，這本書的書名英譯是來自於 1595 年或 1596 年在荷蘭首次發行的著作，英文版則於 1598 年在倫敦出現。

▶ 在古籍註釋中現蹤

右頁展示的是由原版書的照片所重製的複製品，可以看出古雅的德文黑體印刷文本和巴魯丹奴斯以拉丁語寫就的註釋。

漢斯・雨果（又名「約翰・惠更斯」）・范林斯霍騰（1563～1611 年）是最勇敢無畏的荷蘭旅行者當中的一員。從他對日本風俗習慣的描述中，我們找到了最早關於茶的參考文獻：

他們的飲食禮節是這樣的：每個人都有自己單獨的桌子，不會鋪設桌布或餐巾，而且像奇諾人一樣，用兩根木條進食，他們還會喝以米製成的酒，直到爛醉如泥。

而在吃完肉類以後，他們會飲用一種特定的飲料，也就是一壺熱水，無論冬天或夏天，他們都會在自身可忍受的最高溫度下飲用。

荷蘭學者兼作家柏納德・坦恩・布魯克・巴魯丹奴斯，同時也是萊登大學哲學教授，本人更是一位遊歷了全球 ¼ 地域的旅行者，在此處加入他包含了咖啡文獻的註釋。

他是這麼寫的：

土耳其人幾乎是用完全一樣的方法來飲用他們的 Chaona，是以一種特定的果實所製成的，這種果實就好像生長在月桂樹上一般，而埃及人稱它們為 Bon 或 Ban：土耳其人取用 1 磅半的果實，在火中烘烤一小段時間，然後將它們浸泡在 20 磅的水中，直到消耗掉半數的果實：土耳其人每天早晨在房間齋戒時都會從一個陶製的壺中飲用這種溫度十分滾熱的飲料，就和我們每天早晨都會飲用 aquacomposita（燒酒）一樣：土耳其人自稱這種飲料能增強精力並讓他們感到溫暖、終結腸胃脹氣，還能消解任何停滯。

our clokes when we meane to goe abroad unto the towne or countrie, they put them off when they goe forth, putting on great wyde breeches, and coming home they put them off again, and cast their clokes vpon their shoulders: and as among other nations it is a good sight to see men with white and yealow hayre and white teeth, with them it is esteemed the filthiest thing in the world, and seeke by all meanes they may to make their hayre and teeth blacke, for that the white causeth their grief, and the blacke maketh them glad. The like custome is among the women, for as they goe abroad they haue their daughters & maydes before them, and their men seruants come behind, which in Spaigne is cleane contrarie, and when they are great with childe, they tye their girdles so hard about them, that men would thinke they shuld burst, and when they are not with Childe, they weare their girdles so slacke, that you would thinke they would fall from their bodies, saying that by experience they do finde, if they should not doe so, they should haue euill lucke with their fruit, and presently as soone as they are deliuered of their children, in sted of cherishing both the mother and the child with some comfortable meat, they presently wash the childe in cold water, and for a time giue the mother very little to eate, and that of no great substance. Their manner of eating and drinking is: Euerie man hath a table alone, without table-clothes or naphins, and eateth with two peeces of wood, like the men of China: they drinke wine of Rice, wherewith they drink themselues drunke, and after their meat they vse a certaine drinke, which is a pot with hote water, which they drinke as hote as euer they may indure, whether it be Winter or Summer.

Annotat. D. Pall.

The Turkes holde almost the same maner of drinking of their *Chaona*, which they make of certaine fruit, which is like vnto the *Bakelaer*, and by the *Egyptians* called *Bon* or *Ban*: they take of this fruite one pound and a half, and roast them a little in the fire, and then sieth them in twentie poundes of water, till the half be consumed away: this drinke they take euerie morning fasting in their chambers, out of an earthen pot, being verie hote, as we doe here drinke *aquacomposita* in the morning: and they say that it strengtheneth and maketh them warme, breaketh wind, and openeth any stopping.

The manner of dressing their meat is altogether contrarie vnto other nations: the aforesaid warme water is made with the powder of a certaine hearbe called Chaa, which is much esteemed, and is well accounted of
The 1.Booke.

among them, and al such as are of any countenance or habilitie haue the said water kept for them in a secret place, and the gentlemen make it themselues, and when they will entertaine any of their friends, they giue him some of that warme water to drinke: for the pots wherein they sieth it, and wherein the hearbe is kept, with the earthen cups which they drinke it in, they esteeme as much of them, as we doe of Diamants, Rubies and other precious stones, and they are not esteemed for their newnes, but for their oldnes, and for that they were made by a good workman: and to know and keepe such by themselues, they take great and speciall care, as also of such as are the valewers of them, and are skilfull in them, as with vs the goldsmith prizeth and valueth siluer and gold, and the Iewellers all kindes of precious stones: so if their pots & clippes be of an old & excellent workmans making, they are worth 4 or 5 thousad ducats or more the peece. The King of *Bungo* did giue for such a pot, hauing three feet, 14 thousand ducats, and a Iapan being a Christian in the town of *Sacay*, gaue for such a pot 1400 ducats, and yet it had 3 peeces vpon it. They doe likewise esteeme much of any picture or table, wherein is painted a blacke tree, or a blacke bird, and when they knowe it is made of wood, and by an ancient & cunning maister, they giue whatsoeuer you will aske for it. It happeneth some times that such a picture is sold for 3 or 4 thousand ducats and more. They also esteeme much of a good rapier, made by an old and cunning maister, such a one many times costeth 3 or 4 thousand Crowns the peece. These things doe they keepe and esteeme for their Iewels, as we esteeme our Iewels & precious stones: And when we aske them why they esteeme them so much, they aske vs againe, why we esteeme so well of our precious stones & iewels, whereby there is not any profite to be had, and serue to no other vse, then only for a shewe, & that their things serue to some end.

Their Iustice and gouernment is as followeth: Their kings are called Iacatay, and are absolutely Lords of the land, notwithstanding they keepe for themselues as much as is necessary for them and their estate, and the rest of their land they deuide among others, which are called Cunixus, which are like our Earles and Dukes: these are appointed by the king, and he causeth them to gouerne & rule the land as it pleaseth him: they are bound to serue the king as well in peace, as in warres, at their owne cost & charges, according to their estate, and the auncient lawes of Iapan. These Cunixus haue others vnder theirr called Toms, which are like our
Lords

第一篇提到咖啡的英文文獻，1598 年。在以羅馬字體印刷的巴魯丹奴斯註釋第二行中寫作 Chaona（chaoua）。

接著范林斯霍騰用這段話完善了他的茶的參考文獻：

他們調味肉類的方法與其他國家截然不同：前段所述的熱水是由一種被稱為 chaa 的特定藥草粉末所製成，這種藥草在他們之中評價極高，並且倍受珍視。

chaa 就是茶，方言則是唸做 t'eh。

獨樹一幟的紳士探險家安東尼·雪莉「爵士」（1565～1630 年），是第一位探討東方世界咖啡飲用的英國人，他在 1559 年由威尼斯啟航，進行一項自發、非正式的波斯任務，前去邀請中東國家的君主與基督教國家的貴族結盟對抗土耳其人，還附帶提升了英國在東方的貿易利益。

▶ 以近代英文正文提及「咖啡」

英國政府對他的安排一無所知，拒絕為安東尼·雪莉擔負責任，並禁止他返回英國。無論如何，這場遠征之旅確實抵達了波斯，而之所以航向那裡的解釋則被與安東尼·雪莉一同行動的威廉·派瑞寫下。這份記錄在 1601 年於倫敦出版，而很有趣的是，這當中包括了第一篇以較接近現代英文方式寫就且付印並提及咖啡的文獻。右頁圖為存放在大英博物館沃思圖書館中的原件拍照，並用照片的形式將其翻拍重製。

這個段落是描述居住在阿勒坡的土耳其人習慣和風俗文字的一部分，派瑞稱這些土耳其人是「受詛咒的異教徒」。這段文字內容如下：

他們坐在他們的肉旁（被端上來放在地上供他們食用），如零售商盤腿坐在他們的攤位一般；大多數情況下，他們會在宴席和喧鬧的酒會中寒暄招呼，直到他們感到厭膩為止。他們飲用某種被他們稱做咖啡的汁液，那是用很像芥末籽的種子製成的，和我們的蜂蜜酒一樣，會很快地讓大腦沉醉。

另一則咖啡的早期英國文獻是約翰史密斯上尉的著作《旅遊與冒險》，1603 年於倫敦出版，書中將咖啡拼寫做 coffa。他談到土耳其人時說：「他們最好的飲料是用一種他們稱做 coava 的穀物製成的 coffa。」

也正是這位約翰·史密斯上尉在 1607 年成為維吉尼亞殖民地的創建者，他帶著很可能是關於咖啡這種飲料最早公諸於新西方世界的知識來到美國。

薩繆爾·普爾察斯（1527～1626 年）是一位早期英國的旅行報告收集者，1607 年，在《珀查斯朝聖之旅》中「商人威廉·芬奇在索科特拉島（印度洋中的一個島嶼）的觀察報告」的標題之下，是這樣說到阿拉伯居民的：

他們的最佳娛樂方式就是來上一瓷碟 Coho，那是一種色黑味苦的飲料，用來自摩卡、類似楊梅的漿果製成，在熱騰騰的時候啜飲，對頭部和胃部有益。

更多早期為咖啡寫作、並對咖啡表達喜愛的英國參考文獻可在威廉·比多福的著作《旅遊集》中找到。這部作品

Sir Antonie Sherlies

which was graunted by the Bashaw, with his Passe, together with the English Consulls and vice-consulls.

Leauing heere awhile to prosecute our iorney, I will speake somewhat of the fashion and disposition of the people and country; whose behauiours in point of ciuilitie (besides that they are damned Infidells, and Zodomiticall Mahomets) doe answer the hate we christians doe iustly holde them in. For they are beyond all measure a most insolent superbous and insulting people, euer more prest to offer outrage to any christian, if he be not well guarded with a Ianizarie, or Ianizaries. They sit at their meat (which is serued to them vpon the ground) as Tailers sit vpon their stalls, crosse-legd: for the most part, passing the day in banqueting and carowsing, vntill they surfet, drinking a certaine liquor, which they doe call Coffe, which is made of a seede much like mustard seede, which wil soone intoxicate the braine, like our Metheglin. They will not permitte any christian to come within their churches, for they holde their profane and irreligious Sanctuaries defiled thereby. They haue no vse of Belles, but some priest thrice times in the day, mounts the toppes of their church, and there, with an eralted voyce cries out, and innocates Mahomet to come in post, for they haue long expected his second comming. And if within this fiue yeares (as they say) he come not (being the vtmost time of his appointment and promise made in that behalfe) they haue no hope of his comming. But they feare (according to a prophecie they haue) the Christians at the end therof shal subdue them all, and conuert them to christianitie. They haue wiues in number according to their wealth, two, three, foure, or vpwards, according as they are in abilitie furnished to maintaine them. Their women are (for the most part) very sure, larded euery where; and death it is for anie christian carnally to know them; which, were they willing

Trauelles.

ing to doe, hardly could they attaine it, because they are closely chambred vp, vnlesse it be at such time as they go to their Bastoues, or to the Graues, to bewaile their dead (as their maner is) which once a weeke visually they doe, and then shall no part of them be discouered neither, but onely their eies, except it be by a great chaunce. The country aboundeth with great store of all kinds of fruit, whereupon (for the most parte) they liue, their cheese of meate being Rice. Their flesh is Mutton and Hennes; which Muttons haue huge broade fatte tailes. This meate most commonly they haue but once in the day, all the rest, they eate fruite as aforesaide. They eate very little beefe, vnlesse it be the poorest sort. Camels for their carriage they haue in great abundance; but when both them and their horses are past the best, and vnfit for carriage, the poorest of their people eate them.

They haue one thing most visual among them, which though it be right wel knowne to all of our Nation that knowe Turkie, yet it exceedeth the credite of our homebred countriemen, for relating whereof (perhappes) I may be held a liar, hauing authoritie so to doe (as they say and thinke) because I am a traueller. But the truth thereof (being knowne to al our Englishmen that trade or trauel into those partes) is a warrant omnisufficient for the report, how repugnant soeuer it be to the beleefe of our English multitude.

And this it is, when they desire to heare news, or intelligence out of any remote parts of their country with all celeritie (as we say, vppon the wings of the winde) they haue pigeons that are so taught and brought to the hand, that they will flie with Letters (fastened with a string about their bodies vnder their wings) containing all the intelligence of occurrents, or what else is to be expected from those partes: from whence, if they shoulde send by camells (for so otherwise they must) they should not

第一篇以近代形式的英文寫作並印刷出版、提及「咖啡」的參考文獻，1601年（由收藏於大英博物館沃斯圖書館之 W‧派瑞書中哥德體原稿翻攝）。

出版於 1609 年，副標題為「一群英國人在非洲、亞洲等地的旅程。始於 1600 年，部分人在 1608 年完成旅程」。這些參考文獻也翻拍收藏於大英博物館（見上圖）。

比多福描述了這種飲料以及土耳其人的咖啡館風俗習慣，這同時也是第一則由英國人寫下的詳細記述。這段記述也出現在《珀查斯朝聖之旅》中（1625 年）。引述如下：

他們最普遍的飲料是 Coffa，那是一種黑色的飲品，是用一種類似豌豆、被稱為 Coava 的豆類製作的；將這種豆子研磨成粉，並在水中煮沸，他們會在能忍受的最大限度內儘可能趁熱飲用；而這種與他們的粗放飲食習慣，還有以藥草及生肉為食截然相反的做法特別合土耳其人的胃口。

他們還有另一種叫做 Sherbet 的混合飲料，是由水和糖或蜂蜜製成，裡面再加冰讓飲料清涼；這個國家十分炎熱，他們終年都會儲冰以用來讓他們的飲料保持涼爽。據說他們其中很大一部分人會在朋友來訪時，招待他們 1 杯（Fin-ion 或 Scudella）Coffa，而那比美食更為有益健康，因為它需要好好烹製，還能驅走困倦。

Although they be deſtitute of Tauerns, yet haue they their Coffa-houſes, which ſomething reſemble them. There ſit they chatting moſt of the day; and ſippe of a drinke called Coffa (of the berry that it is made of) in little China diſhes, as hot as they can ſuffer it: blacke as ſoote, and taſting not much vnlike it (why not that blacke broth which was in vſe amongſt the Lacedemonians?) which helpeth, as they ſay, digeſtion, and procureth alacrity: many of the Coffamen keeping beautifull boyes, who ſerue as ſtales to procure them cuſtomers.

喬治·桑德斯爵士著作是早期提及咖啡的文獻，《桑德斯的旅程》第七版，1673 年於倫敦出版。

有些土耳其人也會飲用 Bersh 或鴉片，這些物品會讓他們忘乎所以，無所事事地談論些虛無飄渺的空中樓閣，就好像他們真的看見了神蹟、聽見神示。

他們的 Coffa 店鋪比英國的小酒館更常見；但他們並不那麼習慣坐在店鋪裡面，反而喜歡坐在店鋪附近街道兩旁的長凳上。每個人都端著自己的一整杯（Fin-ionful）冒著熱氣的滾燙咖啡，他們習慣將咖啡湊近鼻子和耳朵，然後不慌不忙地啜飲。他們聚集在一起一邊喝，一邊沉浸在懶散與小酒館式的閒聊八卦中；如果有任何新鮮消息，都會在那裡被談論。

我們在其他早期關於咖啡的英國文獻中發現了一篇由喬治·桑德斯爵士（1577～1644 年）所撰寫的有趣文章，喬治·桑德斯爵士是一位詩人，在維吉尼亞州做為拓荒先鋒的日子裡，他藉著翻譯奧維德的《變形記》推動了美國的古典文學學術研究開端。1610 年，他花了一整年待在土耳其、埃及和巴勒斯坦，並且對土耳其人做出如下的記錄：

儘管他們沒有小酒館，但他們有自己的、與小酒館類似的 Coffa 小店。他們在那裡閒坐終日談天說地；同時從瓷盤中啜飲一種燙到他們忍受極限、叫做 Coffa 的飲料（用 coffa 漿果所製成的）：這種飲料黑得跟煤煙一樣，而且嚐起來也和煤煙沒什麼兩樣（為什麼那些斯巴達人飲用的黑色高湯並非如此？）他們說，這種飲料能幫助消化，還能引發飲用者的歡快：許多 Coffa 店主會雇用俊美的男孩做銷售員以招徠顧客。

愛德華·泰瑞（1590～1660 年）是一位英國旅行者，於 1616 年提及，許多印度最為優秀的人對自己的宗教信仰極為嚴謹，滴酒不沾，「他們飲用一種與其說令人愉悅，倒不如說有益身心健康的汁液，他們稱之為咖啡；是用一種黑色種子在水中煮沸製成，這讓水的顏色變得幾乎和那種子一樣，不過對水的味道並沒有太大的改變（！），儘管如此，這種飲料對幫助消化、使精神振作復甦以及清潔血液都非常有好處。」

1623 年，法蘭西斯·培根（1561～1626 年）在他的《生與死的歷史》中說：「土耳其人飲用一種他們稱之為 caphe 的藥草。」同時在 1624 年，在他

Their most common drinke is Coffa, which Coffa. is a blacke kind of drinke made of a kind of Pulse like Pease, called Coaua; which being grownd in the mill, and boiled in water, they drinke it as hot as they can suffer it; which they find to agree very well with them against their crudities and feeding on hearbs and rawe meates.

It is accounted a great curtesie amongst them to giue vnto their frends when they come to visit them, a Fin-ion or Scudella of Coffa, which is more holesome than toothsome, for it causeth good concoction, and driueth away drowsinesse.

Their Coffa houses are more common than Ale-houses in England; but they vse not so much to sit in the houses as on benches on both sides the streets neere vnto a Coffa house, euery man with his Fin-ion ful; which, being smoking hot, they vse to put it to their noses & eares, and then sup it off by leasure, being full of idle and Ale-house talke whiles they are amongst them-selues drinking of it; if there be any news, it is talked of there.

與 1609 年於比達爾夫之旅中所發現相同的咖啡文獻。翻印自大英博物館黑體字原稿。

的《木林集》中（1627年於培根死後出版），他寫道：

　　在土耳其，他們有一種稱為 coffa 的飲料，是用一種同名的漿果製成的，這種飲料黑得跟煤煙一樣，而且有一股無法稱之為芳香的強烈氣味；他們將漿果打成粉末放進水中，在可容忍範圍內儘量熱燙飲用。他們還會拿著這種飲料坐在他們的 coffa 小店中，這些小店很像我們的小酒館。這種飲料能使大腦和心臟感到舒適，還能幫助消化。

　　毋庸置疑，土耳其人是這種 coffa 漿果、檳榔根和葉、菸草葉，還有鴉片的重度使用者（這些物質被認為可以驅除所有的恐懼），能最大程度集中精神，還能讓他們強壯且精力充沛。不過這些物質的攝取似乎有數種不同方式；像 coffa 和鴉片是用喝下的，菸草只是吸入煙霧，而檳榔則是配上一點萊姆放進嘴裡咀嚼。

　　羅伯特‧伯頓（1577～1640 年）是一位英國哲學家兼幽默作家，他在 1632年所著的《憂鬱的解剖》中寫道：

　　土耳其人有一種叫做 coffa 的飲料（因為他們不能飲酒），這個命名是由

一種和煤煙一樣又黑又苦的漿果而來（和那種在斯巴達人當中常飲用的黑色飲料很像，說不定是同一種），不過他們依舊啜吸這種飲料，而且在他們可忍受的最高熱度下啜飲。他們將大把時間耗在那些 coffa 小店中，這些店鋪有幾分類似我們的麥芽酒館或小酒館，土耳其人們坐在店鋪中，閒聊並喝東西，在那裡消磨時光，同時在那裡與眾人一起作樂同歡，因為從經驗法則中他們發現，在如此情境下飲用那種飲料能幫助消化，並獲得爽快的感覺。

然而，後期的英國學者從阿拉伯作家的作品中發現夠多的證據，足以讓他們向自己的讀者保證咖啡有時候會引起憂鬱、造成頭痛，還會「讓人大幅消瘦」。帕科克醫師（生於 1659 年，這些作家當中的一員，見 38 頁）曾做出以下陳述：「任何為了保持活力的緣故，以及討論在懈怠懶惰的時機飲用它的人……讓他們同時搭配大量甜美的肉類還有開心果油及牛油。有些人會搭配牛奶一起飲用，但這是錯誤的，而且這麼做可能會帶來得到痲瘋病的危險。」另一位作家則觀察到，任何由咖啡引起的不健康影響，會在停止飲用後停止，和那些由茶等飲料引起的不適不同。

黑色高湯爭議

在這一層關連性之下，發生了一件值得一提的有趣事件，1785 年，服務於切爾西醫院、同時也是內科醫學院等機構成員的班傑明・莫斯理醫師認為，既然咖啡一字的阿拉伯原文代表力量或活力，他希望咖啡能取代「廉價的咖啡替代品，以及那些製造出小杯飲用這種不良習慣的、讓人衰弱無力的茶」，有朝一日重新受到英國大眾的喜愛。

大約在 1628 年時，英國作家兼旅行者托瑪斯・赫伯特爵士（1606～1681年）將他對波斯人的觀察記錄如下：

他們的飲料首選是 Coho 或 Copha：土耳其人和阿拉伯人則稱之為 Cophe 及 Cahua：那是一種酷似幽暗湖泊之水的飲料，墨黑、濃稠且苦澀：由 Bunchy、Bunnu（即月桂漿果）而來；他們說，若趁熱飲用將有益於健康，因為它能驅除憂鬱……但在那些優良特質方面，這種飲料所得到的評價並不高，因為在一則傳奇故事中，這種飲料是大天使加百列發明並調製的……目的是為了恢復慈悲的穆罕默德與生俱來之水分的衰退。

1634 年，有時會被稱為「英國咖啡館之父」的亨利・布朗特爵士（1602～1682 年）搭乘一艘威尼斯雙排槳帆船旅行進入黎凡特。他曾在穆拉德四世在場時獲邀飲用cauphe；稍後在埃及，他講述這種飲料再次被「盛在瓷盤裡」來款待他。他是如此描述這種土耳其飲料：

他們還有一種不適合在用餐時飲用的飲料，叫做 Cauphe，是用一種和小粒的豆子一樣大的漿果製成的。漿果在火

爐中烘乾，並打成粉末，那色澤像煤煙一般，帶有一點苦味，他們將這粉末煮沸，並在他們所能忍受最熱的溫度飲用。這種飲料在一天中的任何時候都可以飲用，但清晨和傍晚特別適合，當目的是喝 Cauphe 時，他們會在大量存在於土耳其、比我們的小酒館和啤酒屋還普遍的 Cauphe 小店裡娛樂消磨 2 或 3 小時。這種飲料被認為就是斯巴達人大量飲用的古老黑色高湯，還能讓使胃部不適的體液變乾、撫慰大腦，絕不會造成酩酊大醉或任何其他攝取過度所造成的不適，而且飲用 cauphe 也是交情良好的伙伴友人間一種無害的娛樂方式；因為他們在半碼高、鋪著氈毯的支架上遵循土耳其式的習慣雙腿交疊盤坐，往往同時有 200、300 人一同談話，同時很可能還會有一些蹩腳的樂聲傳來。

這篇最早由山迪斯提出，伯頓接續，然後再次被布朗特提及，並被首位皇家史學家詹姆斯‧豪威爾（1595～1666 年）所贊同的、關於斯巴達人黑色高湯的文獻，在後來的英國文學家之間引發了很多爭議。那些當然是無端的猜測；斯巴達人的黑色高湯是「在豬血中燉煮的豬肉，以鹽和醋調味」。

發現血液循環現象的著名英國醫師威廉‧哈維（1578～1657 年）以及他的兄弟，被認為在咖啡館於倫敦蔚為風尚之前，就已開始飲用咖啡了──時間必然早於 1652 年之前。奧布里說：「我還記得他習慣和他的兄弟以利押一樣飲用咖啡；早於咖啡館在倫敦成為時尚流行之前。」霍頓在 1701 年談到：「有些人說哈維醫師確實常常飲用咖啡。」

即便由眾多作家及旅行者的描述，還有在不列顛群島和亞洲商人間頻繁的貿易往來看來，咖啡在十七世紀前 ¼ 葉的某個時間點傳入英國的可能性非常高，但我們手邊最早關於咖啡出現的可靠記錄是在《皇家學會院士約翰‧伊夫林的日記和通訊》中所找到。在「1637 年之註釋」的條目之下寫道：

在我的大學時期（牛津貝里奧爾學院），有一位名為納桑尼爾‧科諾皮歐斯的人士，他來自希臘的西里爾，是君士坦丁堡的主教，許多年後，（根據我所了解的）在他被任命為主教後回到士麥那。他是第一個我所見過喝咖啡的人；這個習慣直到 30 年後才傳入英國。

咖啡傳到牛津

伊夫林說的應該是 13 年後，因為當時正值第一間咖啡館開張（1650 年）。

科諾皮歐斯的家鄉在克里特島，並在希臘的教堂接受培養。他成為君士坦丁堡西里爾主教的總管。當西里爾遭受土耳其官員的迫害時，科諾皮歐斯逃到英國，躲避可能發生的暴行。他帶著給勞德大主教的國書，而勞德大主教准許他在貝里奧爾學院休養生息。

有人注意到，在他留在貝里奧爾學院時，會為自己製作一種叫 Coffey 的飲料，而且通常每天早上都要喝，那間宿

舍的老人告訴我，那是咖啡首開先例、頭一次在牛津郡被飲用。

1640 年時，英國植物學家兼草藥學家約翰・帕金森（1567～1650 年），出版了《植物劇院》，其中包括對英國的咖啡植株所進行的首次植物學描述，將其稱為「土耳其漿果飲」。

由於他的作品有些罕見，在此引用他的文字或許是符合歷史研究利益的：

> 阿爾皮尼在他著作的《埃及植物志》當中，為我們描述了這種樹。根據他的說法，他曾經在某位土耳其禁衛軍上尉的花園中，見過這種由阿拉伯菲利克斯所帶出來的樹種，並且被當做珍稀的品種，種植在那些從未見過此種植物生長的地方。

> 阿爾皮尼說，這顆植株有點類似衛矛屬植物 Pricketimber 樹，不過葉片更為厚實、堅硬，顏色也更綠，而且終年維持常綠；它所結出的果實叫做 Buna，比榛子稍微再大、再長一些，形狀也是圓的，末端有點尖，兩側也有皺折，但某一側會比較明顯，果實可以被分成兩半，每一半當中有一顆小小的白色核仁，兩顆核仁以平坦的那一面互相連接在一起，外側包覆著一層黃色的薄膜，這層薄膜帶有酸味和一點點苦味，同樣被一層淺黑灰色的薄殼包覆起來。

> 這種通常生長在阿拉伯和埃及，還有土耳其帝國統治疆域內其他地方的漿果，會被用來煎煮成汁或飲用，對土耳其人來說，這種飲料是酒的替代品，通常會用 Caova 的名字在他們的小酒館販賣；巴魯丹奴斯稱其為 Chaova，而勞爾沃夫稱之為 Chaube。

> 這種飲料對身體方面有許多優良的特性，飲用時若配合一段時間的禁食，能使虛弱的胃強健、幫助消化、削減肝臟和脾臟的腫瘤與滯瀝。

1650 年，某位來自黎巴嫩、有些人認為他名為雅各或雅各伯，另一些認為他叫做喬布森的猶太人，在「被東方的聖彼得天使之力庇護下的」牛津開設了英國最早的咖啡館，「一些喜愛新奇事物的人會在那兒飲用（咖啡）。」這第一家咖啡館也兼售巧克力。

雖然權威人士各持己見，但咖啡館主人的姓名之所以混淆不清，可能是因為實際上其實有兩位雅各伯；一位的記錄始於 1650 年，而另一位瑟克斯・喬布森則是名猶太籍詹姆斯黨，他的記錄緊隨前一位雅各伯，開始於 1654 年。

這種飲料立刻在學子間獲得極大的偏愛，它的需求大量到：1655 年時，一群學子鼓動一位名叫亞瑟・蒂利亞德的「藥劑師兼保皇黨人」在「緊鄰萬靈學院的住所中公開販售咖啡」。一個以年輕的查理二世崇拜者為主要成員的俱樂部似乎以蒂利亞德的住所為聚會之地，並持續到王政復辟之後。此牛津咖啡俱樂部便是英國皇家學會的前身。

倫敦第一間咖啡館

雅各伯在大約1671年時，搬遷到倫

敦南安普敦的老建築內。同一時間,帕斯夸‧羅西在 1652 年開了倫敦的第一間咖啡館。

毫無疑問,咖啡館的概念,還有在家飲用咖啡的習慣迅速在大不列顛的其他城市散播開來;不過所有的咖啡館都以倫敦咖啡館為典範並加以模仿。德文郡埃克塞特的莫爾斯咖啡館,是英國最早創立的咖啡館之一,可說是在各地迅速增長的咖啡館的典型。早先莫爾斯咖

啡館是一間著名的俱樂部會所,以橡木鑲嵌的美麗古典大堂依舊展示著知名會員的紋章。在這裡,華特‧雷利爵士與他意氣相投的友人們快意地吞雲吐霧。這裡也是英國頭一個吸食菸草的場所。此處現今是一間藝廊。

在貝魯特主教於 1666 年前往交趾支那的途中,他記述了土耳其人如何用咖啡平復因不潔的水源而引起的胃部不適。他說:「這種飲料模仿酒的效果……它的口味喝起來並不讓人愉快,反而相當苦澀,然而這些人為了他們在這種飲料中所發現的好處,還是會大量的飲用。」

約翰‧雷(1628～1704 年),英國最著名的博物學家之一,於 1686 年出版了《植物編年史》,書最重要的意義在於它是同類書籍中,第一本以科學專論形式讚美咖啡功效的作品。

劍橋的植物學教授理查‧布拉德利,在 1714 年出版《咖啡簡史》,但這本書現在已無跡可尋。

詹姆斯‧道格拉斯博士在 1727 年於倫敦出版了他的著作《咖啡樹描繪與其歷史》,他在文中將貢獻歸功於那些阿拉伯與法國的作家先輩。

位於英國埃克塞特的莫爾斯咖啡館,現為沃斯藝廊。

Chapter 6

商業腦讓荷蘭成為
現代咖啡貿易的先驅

1640 年時，一位名為沃夫班的荷蘭商人在阿姆斯特丹公開販售第一批從摩卡經商業貨運輸送而來的咖啡。這個時間比咖啡引進法國要早 4 年，而且距離科諾皮歐斯在牛津私下設立早餐咖啡杯協會不過晚了 3 年。

荷蘭人很早就具備了關於咖啡的知識，這要歸因於他們與東方帝國和威尼斯人間的交易往來，還有與德國相鄰的因素，1582 年，勞爾沃夫首次在著作中提及此地。

荷蘭人對阿爾皮尼在 1592 年以此為題材的著作十分熟悉。1598 年巴魯丹奴斯在《范林斯霍騰的旅程》中為咖啡所做的註釋則提供了更多啟發。

佔領第一個咖啡全球市場

荷蘭人一向是優秀的生意人和精明的商人。

基於講究實際的思維模式，他們構想出在自家的殖民地裡種植咖啡的雄心壯志，藉此讓他們的國內市場成為世界咖啡貿易總部。

談到現代咖啡貿易，荷屬東印度公司可說是先驅者，因為該公司創建在爪哇，而爪哇則是第一個咖啡耕種實驗園所在地。

荷屬東印度公司在 1602 年成立。早在 1614 年，荷蘭貿易商便走訪亞丁，調查咖啡市場和咖啡貿易的可能性。

1616 年，彼得・范・登・布盧克將最初的咖啡由摩卡帶進荷蘭。1640 年時，一位名為沃夫班的荷蘭商人在阿姆斯特丹公開販售第一批從摩卡經商業貨運輸送而來的咖啡。根據這個荷蘭公司所指出的，我們可以發現，這個時間比咖啡引進法國要早 4 年，而且距離科諾皮歐斯在牛津私下設立早餐咖啡杯協會只晚了 3 年。

在大約 1650 年，荷蘭在奧圖曼土耳其宮廷的常駐公使瓦爾納發表了一本以咖啡為主題的專門著作。

當荷蘭人在 1658 年終於將葡萄牙人逐出斯里蘭卡後，他們開始在當地種植咖啡——儘管早在 1505 年，咖啡植株就被比葡萄牙人還早抵達當地的阿拉伯人引進了斯里蘭卡。

然而，一直要等到 1690 年，荷蘭人才開始在斯里蘭卡進行更為系統化的咖啡植株栽種。

定期由摩卡到阿姆斯特丹的咖啡運輸是從 1663 年開始的。隨後由馬拉巴海岸來的貨物也開始抵達。

帕斯夸・羅西在 1652 年將咖啡引進倫敦，據說因為他在 1664 年時，在荷蘭將咖啡當做飲品公開販賣而使得咖啡廣為流行。

第一家咖啡館在作家范・艾森的庇護下，於海牙科特・福爾豪特開張；很快地，其他咖啡館也緊隨其後，出現在阿姆斯特丹和哈倫。

咖啡幼苗的散播

在阿姆斯特丹市長兼荷屬東印度公司總裁尼古拉斯・維特森的鼓吹下，馬拉巴司令官亞德里安・凡・歐門在 1696 年將第一批阿拉伯咖啡幼苗運往爪哇。這批幼苗被洪水摧毀，但在 1699 年，第二批幼苗隨之運達，這些幼苗讓荷蘭東印度群島的咖啡貿易得以發展，讓爪哇咖啡成為每個文明開化國家家喻戶曉的名詞。

1706 年，一批種植在巴達維雅附近的咖啡被測試運送到阿姆斯特丹，同行的還有一株為植物園準備的咖啡植株。這株植物隨後成為西印度群島及美國大部分咖啡的先祖。

1711 年，阿姆斯特丹收到第一批為貿易生產的爪哇咖啡。這一批貨品包括 894 磅由 Jarkatra 種植園和島嶼內陸所生產的咖啡豆。

在第一場公開拍賣會上，這批咖啡達到每阿姆斯特丹磅價值 23 ⅔ 荷蘭銀（約 47 分錢）的價位。

東印度公司與荷屬印度的攝政王簽訂了強制執行咖啡交易的條約；於此同時，當地的原住民被禁止種植咖啡，因此咖啡的生產成為由政府運作的強制性產業。政府在 1832 年將一套「通用種植系統」引進爪哇，其中有為不同產品雇用強制勞動之勞工的規定。在這套種植系統執行前，咖啡種植是僅有的強制性產業，同時也是該系統於 1905 年至 1908 年間被廢止時，唯一倖存的政府企業。

政府持續直接由咖啡獲利的情況終止於 1918 年。從 1870 年到 1874 年，政府的種植園每年的平均收穫是 84 萬 4854 擔（1 擔約 60 公斤）；從 1875 年到 1878 年的年平均收穫量則是 86 萬 6674 擔；而從 1879 年到 1883 年的年平均收穫量則飆升至 98 萬 7682 擔；1884 年到 1888 年年間的年平均收穫只有 62 萬 9942 擔。

官方對咖啡的打壓

荷蘭毫無困難地接受了咖啡館，現今能找到、保留下來最早的咖啡圖像是由阿德里安・凡・奧斯塔德（1610～1675 年）所繪製，描繪一間十七世紀荷蘭咖啡館內情景的作品。

歷史上的荷蘭對咖啡並沒有任何無法容忍的記錄。荷蘭人始終具備結構主義者的態度。荷蘭的發明家和工匠在咖啡研磨機、烘豆機以及咖啡沖煮壺等方面為我們提供了許多嶄新的設計。

1700 年之前，咖啡在斯堪地那維亞諸國的知名度似乎不高，但在 1746 年咖啡飲用的比例增加，達到了引起特定知識分子族群敵意的程度，同時，瑞典頒布了一項皇家敕令，反對「茶與咖啡的誤用與過度飲用」。政府隔年便開始向飲用茶和咖啡的人徵收消費稅，這些要被徵稅的民眾在尚未表達自己的看法前便遭到拘捕、繳交 100 個銀塔勒的罰款、再加上「沒收咖啡杯盤」的威脅。

到了 1756 年，飲用咖啡遭到徹底禁止，但在不合法的狀況下，非法咖啡運

阿姆斯特丹的咖啡經紀人會議，1920 年。

阿姆斯特丹的咖啡拍賣會樣品展示。

輪仍成了貿易的重要分支。1766 年，試圖對咖啡施加更嚴格禁止的新法被訂立，但咖啡依舊被走私進入國內。

政府因此得出一個結論：既然咖啡的貿易無法阻止，那麼至少要從其中衍生出一些利益。因此在 1769 年，咖啡貿易被納入進口關稅的徵收範圍。

1794 年，攝政團再度試圖對咖啡下達禁令，但因為大眾強烈的非難和抵制，這項禁令在 1796 年被廢止。儘管有過這次教訓，官方仍然在 1799 年到 1802 年間再次對咖啡展開攻擊，不過結果並沒有比較成功。

最後一次打壓咖啡飲用的嘗試發生在 1817 年到 1822 年間，這段時期過後，官方不得不對這種不可避免的局面低頭。

Chapter 7
咖啡大大撼動德國的君王

他們的職責就是晝夜不停地監視民眾，以便找出那些沒有烘豆許可的人。這些監視者能獲得罰款全額的¼，他們讓自己成為十足的討厭鬼，而且被民眾真心實意地厭惡，以至於他們被氣憤的人們叫做「咖啡好鼻師」。

我們已經知道，里奧納德・洛沃夫在1573年踏上了值得紀念的、往阿勒波的旅途，同時在1582年，他為德國贏得第一個將關於咖啡飲料的文獻印刷出版之歐洲國家的榮譽。

亞當・奧利留斯，即歐斯拉格，是一位德籍東方學家（1559～1671年），他以一位德國大使祕書的身分，於1633年至1636年間在波斯旅行。在回歸家鄉後，歐斯拉格發表了他的遊記。以下為1637年他談到波斯人的記載：

他們會在吸食菸草時搭配一種稱為cahwa的黑水，是由一種從埃及帶回來的漿果所製成的，漿果的顏色和一般的小麥很像，嘗起來像土耳其小麥，大小則和小型豆類差不多……波斯人認為這種飲料能平息物質的熱度。

1637年約翰・阿爾布雷希特・范・曼德爾斯洛在他的著作《東方之旅》中提到「被稱為Kahwe的波斯黑水」，並說「那必須趁熱飲用。」

德國第一間咖啡館

咖啡的飲用在大約1670年時被引進德國。這種飲料在1675年出現在布蘭登堡選帝侯的宮廷中。北德從倫敦獲得首次品嚐這種飲料的機會，一位英國商人在1679年到1680年時，於漢堡開設了第一家咖啡館。雷根斯堡於1689年緊隨其後；萊比錫是1694年；紐倫堡是1696年；斯圖加特是1712年；奧格斯堡是1713年；而柏林則是在1721年。同年（1721年），腓特烈・威廉一世授與一個外邦人在柏林經營咖啡館且無須付任何租金的特權。這間咖啡館以英國咖啡館之名為人所知，也是漢堡的第一家咖啡館。同時英國商人供應德國北部的咖啡消耗，而義大利商人則供應了德國南部的咖啡消耗。

柏林舊城區其他有名的咖啡店還有貝爾大街上的皇家咖啡館；寡婦多伯特在施特希廣場開設的咖啡店；林登大道上的羅馬城咖啡館；位於Kronenstrasse

李希特開設於萊比錫的咖啡館——十七世紀。

的 Arnoldi；開設在 Taubenstrasse 的 Miercke；還有在Poststrasse的施密特咖啡館。後來，菲利浦·弗克在 Spandauerstrasse 開設了一家猶太咖啡館。在腓特烈大帝（1712～1786 年）當政時期，柏林的都會區至少有 12 家咖啡館。郊區還有許多供應咖啡的帳棚。

第一本咖啡雜誌

西奧菲洛·喬吉於 1707 年在萊比錫發行第一本咖啡雜誌——《新奇及奇特的咖啡屋》。雜誌第二期的發行讓喬吉贏得了真正發行人的名聲。這本雜誌打算成為德國第一個真正咖啡茶話會理所當然的宣傳媒介。這是一本記錄熙來攘往、經常出入於一位富有紳士位於市郊的產業「Tusculum」之眾多專家學者的編年史。一開始，屋主便聲明：

我知道光臨此處的先生們以法語、義大利語及其他語言交談。我也知道在許多咖啡聚會和茶會中，以法語交談是必不可少的。然而，請容許我要求前來拜訪我的人只能使用德語，不能使用其他語言。吾輩皆為德國人民，且吾輩皆身處德國境內，難道我們不該表現得像真正的德國人嗎？

1721 年，李奧納多·斐迪南·梅瑟於紐倫堡發行了第一本以德文寫作、探討咖啡、茶及巧克力的綜論。

十八世紀後半葉，咖啡進入一般民眾的家庭當中，同時開始逐漸取代早餐桌上的麵糊湯和溫啤酒。

腓特烈大帝的咖啡烘焙壟斷

在此同時，咖啡在普魯士及漢諾威卻遭到了相當大的反對。在腓特烈大帝發現有多少金錢花費在支付給異國咖啡豆商後，他感到十分的惱怒，於是試圖藉由讓咖啡成為一種「上流社會」飲料來限制咖啡的飲用。很快地，所有的德國朝廷大臣都有了屬於自家的咖啡烘焙機、咖啡沖煮壺，還有咖啡杯。

許多在邁森製作、曾在這個時期的宮廷節日聚會使用的精美瓷製杯盤倖存至今，保存於波茨坦和柏林的博物館館藏中。上層階級有樣學樣，但在窮人因為無法負擔這種奢侈而表示不滿，而要求能買得起的咖啡時，他們得到的答覆卻是：「你們最好別再心存執念。總之，咖啡對你們是有害的，因為它會導致不孕。」許多醫師參與了反對咖啡的活動，他們最喜歡的論點之一就是喝咖啡的女性必然要放棄懷孕生子。巴哈的《咖啡清唱劇》（發表於 1732 年）就是以音樂形式呈現、對咖啡的誹謗所提出的著名抗議。

1777 年 9 月 13 日，腓特烈大帝發表了一份奇特的咖啡與啤酒宣言，其內容敘述如下：

我十分憎惡地察覺我的臣民與日俱增的咖啡使用量，以及因為如此流向國

德國的咖啡館——十七世紀中葉。

外的鉅額金錢，所有人都在飲用咖啡。如果可以的話，這種情形必須被遏止。我的子民必須飲用啤酒，國王陛下是喝啤酒長大的，他的祖先及官員亦然。被啤酒哺育的士兵曾出征並贏得許多場戰爭；國王陛下不相信飲用咖啡的士兵在需要忍受艱困時足以依賴，或在另一場戰爭發生時，能夠擊敗他的敵手。

有段時間，啤酒恢復了它尊榮的地位，而咖啡繼續保有富人才買得起的奢侈品地位。很快地，厭惡的情緒開始出現，即使動用普魯士軍法都無法強制實施咖啡禁令。於是在 1781 年，腓特烈大帝創建了咖啡的皇家獨占事業，並禁止皇家烘焙機構以外的地方進行咖啡烘焙。同時，他又為貴族、神職人員和政府官員大開特例；但拒絕了一般人民的咖啡烘焙執照申請。

很明顯，國王陛下的目的是要將這種飲料的使用侷限在特殊階層當中。國王針對這些普魯士社會的菁英代表頒布了特殊執照，許可他們自行進行咖啡烘焙。他們必須向政府購買咖啡必需品，而當價格大幅抬高時，這些業務自然為腓特烈大帝帶來可觀的進帳。附帶地，這也讓擁有咖啡烘焙執照成為身為上流階層的一種象徵。較為貧窮的階級被迫偷偷摸摸地取得咖啡，而一旦失敗了，他們就只能退而求其次，轉向無數大麥、小麥、玉米、菊苣和無花果乾等等如雨後春筍般出現的替代品。

這一條奇特的法令在 1781 年 1 月 21 日頒布。

咖啡好鼻師

將咖啡收益的事務交給德・蘭諾伊伯爵這位法國人負責後，前往收稅所需要的副手人數如此之多，以至於負責執法的行政機關成了不折不扣的迫害單

位。通常被雇用的是因傷退役的士兵，他們的職責就是晝夜不停地監視民眾，無論何時只要聞到咖啡烘焙的氣味，便要加以追蹤，找出那些沒有烘豆許可的人。這些監視者能獲得罰款全額的 ¼，他們讓自己成為十足的討厭鬼，而且被民眾真心實意地厭惡，以至於他們被氣憤的人們叫做「咖啡好鼻師」。

仿效腓特烈大帝的做法，科隆選侯國的統治者、明斯特主教兼前屬威斯伐倫公國領主馬克西米利安‧弗里德里希在 1784 年 2 月 17 日發表宣言，其內容如下：

我們很不滿意地發現，在我們的前屬威斯伐倫公國中，咖啡的濫用已經如此廣泛，為了對抗這股邪惡勢力，我們下令在這項法令發布 4 週後，禁止所有人販賣咖啡，不論烘焙過與否，違反者將課以 100 元的罰金，或入獄 2 年。

所有烘焙咖啡和提供咖啡的場所都將被強制關閉，業者和旅社經營者必須在 4 週內清除所有咖啡存貨。可容許的最高個人咖啡消耗量是 50 磅。男女舍監不可允許他們的雇員——尤其是負責洗衣熨燙的婦人——去製作咖啡，或容許任何如此行事的可能性，違反者將課以 100 元的罰金。

所有的官員和政府雇員若要免於繳交 100 個金幣的罰款，就請務必嚴格地遵守並密切留意此項政令。凡是舉報他人違反此項政令者，可獲得上述罰金的半數，舉報人的姓名將絕對保密。

這項政令在講道壇上被正式宣讀，並公布在一般場所和道路旁邊。隨即產生了許多「告密者」和「好鼻師」，結果引起了激烈的對立，在威斯伐倫公國造成許多不幸。顯然大公的目的在於制止窮人享受這種飲料，而那些能一口氣購買 50 磅咖啡的人則被允許放縱其中。可以預見這是個全然失敗的計畫。

第一位咖啡帝王

當普魯士君主藉由利用國家壟斷咖啡事業剝削自己的臣民做為一種勒索財物的手段時，符騰堡公爵（符騰堡公國在 1806 年升格為符騰堡王國，為萊茵邦聯的成員，1815 年後為德意志邦聯的成員）則打著自己的小算盤。

他將獨家在符騰堡開設經營咖啡館的權利賣給一位肆無忌憚的金融家——約瑟夫‧蘇斯‧奧本海默。蘇斯‧奧本海默將個別經營咖啡館的許可權輪流賣給出價最高的競標人，並藉此累積了一筆可觀的財富。奧本海默是第一位「咖啡之王」。

不過咖啡存續得比所有這些不正當的詆毀和過分父權統治政府的嚴苛稅收都要長久，並逐漸取得德國人民最喜愛飲料之一的應有地位。

Chapter 8
維也納「兄弟之心」的傳奇冒險

戰利品被分配下去，但沒有人想要咖啡，他們不知道該拿這些咖啡怎麼辦。哥辛斯基說，「如果這些麻袋沒有人想要，那我就接收了。」每個人都由衷地為擺脫了這些奇怪的豆子而高興。不久後，他創辦了第一個公眾攤位，在維也納提供土耳其咖啡。

咖啡引進奧地利的過程被編織成一段傳奇冒險故事。

傳奇故事說，維也納在 1683 年遭到了土耳其人圍城，當時，可以說是原籍波蘭、曾經在土耳其軍隊中擔任口譯員的法藍茲・喬治・哥辛斯基拯救了這座城市，並且為自己贏得了永垂不朽的名聲，至於咖啡，則是他所獲得最重要的獎賞⋯⋯

哥辛斯基的傳奇冒險

我們無法確定，在 1529 年土耳其人第一次圍困維也納的時候，這些侵略者有沒有在圍繞著奧地利首都的營地篝火上煮咖啡——儘管他們很有可能曾經這麼做，因為塞利姆一世在 1517 年征服埃及之後，將大量的咖啡豆當做戰利品帶回君士坦丁堡。

不過，我們可以確定的是，當土耳其人在 154 年後捲土重來再次發動攻擊的時候，他們隨軍攜帶了足量的咖啡生豆補給。

那時，穆罕默德四世動員了一支 30 萬人的軍隊，在他的大臣、亦是庫普瑞利的繼承人卡拉・穆斯塔法的率領之下發兵出戰，意在摧毀基督教國家並征服歐洲。

這支軍隊在 1683 年 7 月 7 日抵達維也納，隨即迅速地包圍這座城市，切斷了它與世界的聯繫。

▶ 哥辛斯基英勇救國

利奧波德一世從土耳其的包圍網逃脫了出去，身處數英哩之外。附近不遠就是洛林親王的領地，駐紮了 3 萬 3000 名的奧地利士兵，他們正等待著波蘭國王索別斯基所承諾的援軍，以解首都維也納之危。

當時指揮維也納軍隊的，是恩尼斯特・魯迪格・馮・斯塔海姆貝格伯爵，他於是徵求一位志願者，帶著口信通過土耳其軍隊的防線，希望能因此加快救援的速度。

他找到一位名叫法藍茲・喬治・哥辛斯基的人，這位先生曾與土耳其人一同生活多年，對土耳其人的語言和風俗十分熟悉。

1683 年 8 月 13 日，哥辛斯基穿上土耳其軍隊的制服，穿越敵軍防線，來到了多瑙河對岸的皇家軍隊營地。他冒險進行了好幾次像這樣前往洛林親王和維也納總督衛戍部隊營地的旅程。有報導說，哥辛斯基每次都必須游過 4 條穿越營地間的多瑙河分支。

哥辛斯基帶來的消息對提振維也納守城士兵的士氣十分有幫助，約翰國王

穿越敵軍防線之時，身著土耳其軍制服的哥辛斯基。

和他的波蘭援軍終於抵達，並在卡倫山頂與奧地利軍隊會師。

那是歷史上最戲劇化的時刻之一，身為基督教文明的歐洲正岌岌可危；所有跡象似乎都指向揮舞新月旗的土耳其軍隊將贏過舉著十字架的基督教聯軍。哥辛斯基再次橫渡多瑙河，帶回了關於洛林親王和約翰國王將會從卡倫山發出何種攻擊訊號的訊息，讓斯塔海姆貝格伯爵知曉，他應當在攻擊開始的同時發動突圍。

這一場戰爭在 1683 年 9 月 12 日打響，多虧約翰國王的偉大將才，土耳其人終於被擊潰了。此時此刻，波蘭人為所有的基督教國家提供了一項永誌難忘的幫助。

▶乏人問津的戰利品

土耳其入侵者倉皇地落荒而逃，在混亂中，他們落下了 2 萬 5000 頂帳棚、1 萬頭牛、5000 頭駱駝、10 萬蒲式耳的穀物、大量的黃金，還有許多裝滿咖啡生豆的麻布袋——只不過，咖啡對當時的維也納人來說，還是一項前所未知的事物呢！

戰利品被一一被分配了下去，只不過沒有人想要咖啡，他們不知道該拿這些咖啡怎麼辦——確切地說，應該是除了哥辛斯基以外的所有人。哥辛斯基說，「如果這些麻袋沒有人想要，那我就接收了。」

每個人都由衷地為擺脫了這些奇怪的豆子而感到高興，但哥辛斯基很清楚自己所為為何——他先前在遭入土耳其敵軍陣營時，曾被招待喝咖啡。不久後，他就開始教導維也納人製作咖啡的藝術。隨後，他創辦了第一個公眾攤位，在維也納提供土耳其咖啡。

這就是咖啡傳入維也納的故事，咖啡在此成長發展，乃至於任何一間典型的維也納咖啡館都足以成為世上多數地區咖啡館的典範。

哥辛斯基在維也納被尊奉為咖啡館的守護聖人，他的追隨者集結於咖啡師聯合工會 kaffee-seider，並建立雕像向他致敬。這座雕像至今依然矗立在 Kolschitzkygasse 與 Favoritengasse 合併後之建築物的前面。

▶「咖啡館之母」的日常

維也納有時候會被稱為「咖啡館之母」。薩赫咖啡館的名聲享譽全球。每一本烹飪書都收錄了沙河蛋糕的食譜。維也納人每天午後都會享用他們的茶點（jause）。

在維也納咖啡館中飲用咖啡時，通常會搭配牛角麵包食用，那是一種新月形狀的麵包捲。

牛角麵包第一次烘焙出來的時間是在重要的 1683 年——土耳其人圍城的時刻，一位麵包師本著反抗土耳其人的精神製作了這些新月型的麵包捲。奧地利

由維也納咖啡師聯合工會所建立的哥辛斯基像。

人一隻手握著劍、另一隻手拿著牛角麵包出現在他們的防禦工事上，並向穆罕默德四世的同夥發起挑戰。

穆罕默德四世在戰敗之後便遭到罷免，而卡拉・穆斯塔法則因為在維也納城門口丟下軍隊補給——尤其是那幾袋咖啡豆——而被處決；然而，維也納咖啡和維也納牛角麵包依舊存在，而且它們受歡迎的程度並未因歲月的流逝而有所減少。

充滿感謝之情的市政當局將一棟房子贈與哥辛斯基這位英雄；根據眾多說法之一，就是在該處，哥辛斯基用藍瓶子為名，繼續以咖啡館經營者的身分活躍了許多年。

簡而言之——儘管不是所有細節都能被證明為真——這個故事在許多書籍中都是被認真講述的，全維也納對此都深信不移。

貪得無厭的「兄弟之心」

要敗壞一位經歷過如此傳奇性冒險英雄的聲譽，似乎是一件十分令人感到遺憾的事；不過，維也納的檔案記錄讓哥辛斯基後來的表現真相大白，這也顯示出這位維也納的偶像還是有致命的人性弱點。

▶維也納的偶像走下神壇

據說，哥辛斯基在獲得那幾袋土耳其人留下的咖啡生豆之後，便立刻開始挨家挨戶地兜售這種飲料，他先將咖啡

被稱為偉大的兄弟之心的哥辛斯基在他位於維也納的藍瓶子咖啡館，1684 年（由法藍斯・沙姆斯提名為「Das Erste (Kulczycki' sche) Kaffee Haus」的畫作平版印刷翻攝）。

裝在小杯子裡，然後放在大淺盤上提供給客戶。

隨後，哥辛斯基便在比斯霍夫租了一間店鋪。接下來，他開始向市議會請願，要求除了為表彰他的勇氣而獎勵他的 100 個錢幣以外，還應該贈與他一棟附帶著良好商機的房子；換言之，就是哥辛斯基想要一個位於某些正在成長商業區的店鋪。

M・貝爾曼如此寫道：「他（哥辛斯基）的訴願是讓人吃驚的極端自負、最厚顏無恥的貪婪的例證。他似乎決意要從他的自我犧牲中獲得最大限度的好處。他堅持要取得應得的最高獎賞，並『謙虛』地將自己類比於好像羅馬人所贈與他們的庫爾提斯、斯巴達人贈與他們的龐皮留斯、雅典人贈與他們的辛尼加一般。」

最後，總共有 3 棟位於利奧波德城的房子提供他選擇，任何一棟房子的價值都落在 400 到 450 基爾德之間，取代了被一套折衷方案限制在 300 基爾德的獎金。

不過，哥辛斯基對此並不滿意；而且他強烈要求，如果要他接受一棟付清全款的房子，那棟房子的價值必然不能低於 1000 基爾德。

接踵而來的，是眾多信件往來和大量的討價還價。

▶ 最後結果

為了平息這場激烈的爭執，市議會

利奧波德城的第一間咖啡館，選自貝爾曼的 Alt und Neu Wien。

於 1685 年指示，在當時是 Haidgasse 30 號（現在為 8 號）的房屋應立契出讓給哥辛斯基和他的妻子瑪麗亞・烏蘇拉，不得再有任何爭論。

進一步的記錄顯示，哥辛斯基在一年之內就將該房舍變賣掉了。

在歷經多次的搬遷之後，哥辛斯基於 1694 年 2 月 20 日病逝，享年 54 歲，死因是肺結核。他去世的時候依然是國王的信使，並被安葬在 Stefansfriedhof。

哥辛斯基的繼承人將咖啡館搬到 Donaustrand，在木製的 Schlag 橋附近，這座橋後來被稱為「斐迪南之橋」。

除此之外，法藍茲・摩西（卒於 1860 年）著名的咖啡館，也是開設在相同的地點。

在 1700 年的城市記錄中，一間位於丁形廣場的房屋被標記了「allwo das erste kaffee-gewölbe」，也就是「此處為第一間咖啡館」的字樣。可惜的是，其中並沒有提及業主的姓名。

有許多傳說講述做為一位咖啡館業主，哥辛斯基是如何的廣受歡迎。據說他一律用 Bruderherz ——也就是「兄弟之心」——稱呼所有人，而漸漸地，Bruderherz 就成了他本人的稱號。一幅在哥辛斯基風潮最為流行時所繪製的哥辛斯基肖像，被小心地保存在維也納咖啡師聯合工會中。

早期維也納咖啡館的生活

即使在聲名大噪的第一位 kaffeesieder 在世期間，還是有不少咖啡館開張營業，而且小有名氣。

十八世紀初一位旅行者的敘述，讓我們得以一窺咖啡飲用史以及維也納咖啡館構想概念的進展：

維也納城裡到處林立著咖啡館，那裡是小說家或是那些為新聞業奔忙人士喜愛的會面場所，他們可以在此閱讀報刊並討論其中的內容。

某些咖啡館的名聲之所以勝過其他咖啡館，原因是由於這些聚集在此的「報紙博士」（一種具有反諷意味的頭銜）會將對於最重大事件的評論以最快的速度傳播出去，同時，他們所提出關於政治事務和政治問題的意見也遠遠勝過其他人。

這一切為他們贏得如此高的崇敬，讓許多人為了他們聚集在那裡，並讓自己的心靈因發明創作還有愚蠢事蹟而豐足，同時這些訊息會立刻席捲整個城市、傳進上述那些名士耳中。

供應這樣的小道消息所容許的自由

度，是我們完全無法想像的。他們不止毫無敬意地高談闊論國家將領和統治者的作為，還會把自己攙和進皇帝的生平事蹟當中。

維也納對咖啡館是如此熱愛，以至於到了 1839 年的時候，維也納市區已經有 80 家咖啡館，連郊區也有超過 50 家的咖啡館。

Chapter 9

擠掉茶葉榮登
美國早餐桌之王

約翰・史密斯上尉——維吉尼亞殖民地的奠基者，他就是將咖啡的知識帶到北美的第一人。

將咖啡知識帶到北美的第一人毋庸置疑是約翰・史密斯上尉，他於 1607 年在詹姆斯鎮建立了維吉尼亞殖民地。史密斯上尉是在他的土耳其之旅時開始變得熟悉咖啡的。

儘管荷蘭人對於咖啡也有一定的初步認識，但並沒有跡象顯示荷屬東印度公司在 1642 年將咖啡帶進曼哈頓島這第一個固定殖民地——即使 1620 年的五月花號貨運清單中包括了一組後來用於製作「咖啡粉末」的木製研缽和杵，清單中還是沒有任何咖啡的記錄。

新阿姆斯特丹的咖啡

在 1624 年到 1664 年間，紐約還是新阿姆斯特丹，那是還被荷蘭人佔領的年代，咖啡很可能是由荷蘭進口的——咖啡早在 1640 年就已經在阿姆斯特丹市場上出售了。

1663 年時，阿姆斯特丹市場收購的是由摩卡穩定供應的咖啡生豆；但這並無確切的證據。在咖啡之前，荷蘭人似乎已橫渡大西洋，從荷蘭運輸茶葉了。英國人可能是在 1664 年到 1673 年間將咖啡引進紐約殖民地的。

咖啡在美國最早的記錄是在西元 1668 年，當時在紐約，人們飲用一種以烘烤過的豆子製作，並用糖或蜂蜜、還有肉桂調味的飲料。

1670 年，咖啡首次出現在新英格蘭殖民地的官方記錄。1683 年（威廉・佩恩在德拉維爾建立殖民地的隔年），我們發現他在紐約的市場並以每磅 18 先令 9 便士的價格購買咖啡。

仿照英國和歐洲大陸原型的咖啡館很快地就在所有的殖民地開設起來（紐約和費城的咖啡館將在獨立的章節敘述。波士頓的咖啡館會在本章末段詳述）。

諾福克、芝加哥、聖路易，以及紐奧良都有咖啡館的蹤跡。位於聖路易市場街 320 號康拉德・倫納德的咖啡館以其咖啡和咖啡蛋糕而聞名，它在 1844 年

五月花號的「咖啡研磨器」。用來「搗碎」咖啡製作咖啡粉末的研缽和杵，是由裴瑞格林・懷特的雙親帶上五月花號。

大西部拓荒時期曾嶄露頭角的咖啡器具，為本書由威斯康辛歷史學會博物館拍攝。由左至右，英式裝飾錫壺；發現於麻薩諸塞州列星頓的咖啡暨香料研磨器；由康乃狄克州柏林的 Rays & Wilcox 公司製造的球形烘豆器，受伍德的專利權約束；由麻薩諸塞州列星頓發現的銅箔咖啡研磨器；約翰‧路德的咖啡研磨器，R‧I‧沃倫；鑄鐵漏斗式研磨器。

到 1905 年間轉型成為麵包店，並在1919 年搬遷到第 8 街和派恩街。

在大西部拓荒時期，咖啡和茶都很難取得；做為這兩者的替代品，庭院栽植的藥草、山胡椒、黃樟樹根和其他由灌木林取得的灌木會被用來泡茶。1839 年，芝加哥市有一家被稱為湖街咖啡館的小旅社，它位於湖街和威爾斯街的街角。有許多在英國定義中應該更適合被稱為小客棧的飯店能滿足花費不高的住宿需求。

1843 年和 1845 年有兩家咖啡館名列於芝加哥飯店名錄中，分別是：湖街 83 號的華盛頓咖啡館，還有位於拉薩勒街和南水街之間的克拉克街上的交易所咖啡館。

殖民時期的咖啡烘焙器種類。圖中最上方的圓柱體要放在火爐上用手旋轉；長柄鍋則要安放在悶燒的灰燼中。

從前的紐奧良咖啡館都座落在城市最初的市區中，這個區域以河流、運河街、濱海大道以及疊街為界。早期城市中的大生意都是在咖啡館中進行的。Brúleau 是一種加了柳橙汁、橙皮和糖後，再加上白蘭地點火並混合的咖啡，這種飲料起源於紐奧良咖啡館，而且逐漸演變至進入酒館中。

拋棄茶葉，選擇咖啡

咖啡、茶和巧克力在十七世紀後半葉幾乎同時被引進北美洲。十八世紀前半，由於英屬東印度公司的行銷宣傳，茶在英國的推廣進展良好，以至於在推動將茶的使用延伸至殖民地時，他們立刻將目光聚焦在北美洲。然而這時，喬治國王於 1765 年用他那倒楣的印花稅法搞砸了他們精心籌謀的計畫，印花稅法的徵收讓殖民地發出「沒有代表權不得徵稅」的怒吼。

即使印花稅法在 1766 年撤銷，但徵稅的權力仍被維護，並於 1767 年再次被使用，徵稅對象則是染料、油脂、鉛、

玻璃以及茶葉。殖民地再次反抗；而藉由拒絕進口英國製的任何貨品，令英國製造商倍感痛苦煎熬，以至於國會將所有課徵對象的稅金全部撤銷——除了茶葉以外。

儘管茶在美國已經愈來愈受喜愛，然而，殖民地居民寧願從其他地方購買茶葉，也不願犧牲自己的原則向英國採購。隨後，由荷蘭走私茶葉的生意便開始發展。

在即將失去最具潛力殖民地市場的恐慌下，英屬東印度公司向國會陳情請求協助，並獲得茶葉出口許可的特權。貨物以寄售的方式運送到波士頓、紐約、費城和查爾斯頓等城市所選拔出的官員手中。隨後發生的故事嚴格說來屬於以茶為主題的書，本書談到反對此重大茶稅的抗議白熱化階段就已經足夠，因為這事件毫無疑問要為美國之所以成為飲用咖啡、而非如同英國一樣喝茶的國家負責。

1773 年發生波士頓「茶黨事件」，當時的波士頓市民喬裝成印第安人，登上停泊在波士頓港的英國籍貨船，將茶葉貨物丟入海灣中，為咖啡奠定了大局；身處於這樣的時空背景，致使大眾產生了對於那「提振精神的 1 杯」微妙的偏見，而這偏見在往後的 160 年都無法被徹底克服。

在此同時，這個事件也作用在我們的社交習慣以及其後在紐約、費城和查爾斯頓等殖民地具有類似性質的習慣上，使得咖啡被加冕為「美國早餐桌之王」和美國人民的無上飲料。

新英格蘭的咖啡

新英格蘭殖民地的咖啡歷史與小旅館和小酒館的故事如此緊密糾纏，以至於要分辨真正的咖啡館是十分困難的，因為眾所周知在英國，酒吧是有提供住宿和烈酒的。

令人沉醉的葡萄美酒、烈酒和進口的茶，都是咖啡的強勁對手，因此咖啡並未像在十七世紀末十八世紀初於倫敦人當中引起風尚般，在新英格蘭殖民者當中引發流行風潮。

儘管新英格蘭有自己的咖啡館，但實際上有提供咖啡做為飲料選項的小酒館。羅賓森說，「它們通常是對教會和國家事務持保守觀點，對掌權的政府友善之人的聚會場所。」這些人被他們的敵人，也就是不順從國教者和共和黨人士稱為「諂媚者」。

大多數的咖啡館都開設在當時麻薩諸塞殖民地的中心，同時也是新英格蘭社交中心的波士頓，儘管普利茅斯、塞勒姆、切爾西和普羅維登斯都有供應咖啡的小酒館，卻都未能贏得像波士頓某些著名咖啡館一樣的名聲和聲望。

咖啡最早何時被引進已無可考究；但可以合理假設，咖啡是做為家用補給品而隨著某些屯墾者一起出現的，時間可能在 1660 年到 1670 年之間，這些屯墾者在離開英國前就已熟悉咖啡了。咖啡也可能是被某些英國官員所引進的，這些官員在倫敦時就已走遍十七世紀後半葉當地的著名咖啡館。

根據波士頓早期的城鎮記錄顯示，

與新英格蘭早期的咖啡有關之歷史遺物。這些展品被收藏在波特蘭的緬因州歷史學會博物館。圖左是 Kenrich 獲得專利的咖啡磨豆機，圖中央是附有加熱液體之鐵棒的不列顛咖啡壺；加熱鐵棒包裹在一個懸掛在蓋子內側的錫製容器中。圖右是壁掛式的咖啡或香料研磨器。

桃樂西‧瓊斯是第一位被核發販賣「咖啡和可可」許可的人。

　　這張營業許可證標注的年代是 1670 年，據說是麻薩諸塞殖民地第一份咖啡的文字參考文獻。許可證當中並未陳述桃樂西‧瓊斯是咖啡飲料或「咖啡粉末」的小販，咖啡粉末是早期對研磨咖啡的稱呼。

　　關於桃樂西‧瓊斯是否為在波士頓販賣咖啡的第一人仍存有一些疑問。在她取得咖啡營業許可之前，倫敦人已經知曉並飲用咖啡長達 18 年了。

　　英國政府官員經常乘船由倫敦前往麻薩諸塞殖民地，他們很有可能帶著英國紳士近來所喜歡上、可解燃眉之急和做為樣品之用的咖啡。毫無疑問，他們也會講述在倫敦各個角落變得愈來愈受歡迎的新型態咖啡館。所以我們或許可以假定，他們的故事讓波士頓殖民地小

旅館和小酒館的老闆們將咖啡加入他們的飲料單中。

新英格蘭的第一家咖啡館

　　直到十七世紀末，咖啡館之名才在新英格蘭開始被使用。早期的殖民地記錄並未清楚顯示倫敦咖啡館和格特里奇咖啡館何者先在波士頓以咖啡館此一特殊名稱開張。

　　十有八九，是倫敦咖啡館贏得此一榮譽，因為塞繆爾‧加德納‧德雷克在他於 1854 年出版的著作《波士頓的城市歷史與文物》中說，「1689 年班傑明‧哈里斯（也是倫敦咖啡館的店主和新聞工作者）在那裡賣書。」德雷克似乎是唯一一位提到倫敦咖啡館的早期波士頓歷史學家。

承認倫敦咖啡館是波士頓的第一家咖啡館後，格特里奇咖啡館便只能屈居第二。格特里奇咖啡館位於國務街北端，交易所街與華盛頓街之間，以在1691 年拿出一張旅舍經營者執照的羅伯特‧格特里奇的姓氏命名。27 年後，他的遺孀瑪麗格‧特里奇向市鎮當局陳情，申請更新她已故丈夫的營業許可，以便繼續經營一間酒吧。

在官方公務員和所有從英國來的事物對殖民拓荒者開始變得面目可憎時，更名為美國咖啡館的不列顛咖啡館也在大約格特里奇拿出他的營業證的同時開始營業。它的座落地點是現在的國務街66 號，並且成為新英格蘭殖民地最廣為人知的咖啡館。

當然，在咖啡及咖啡館來到新英格蘭都會中心前，波士頓就已經有不少的小旅館和小酒館。有些小酒館在咖啡變得風靡殖民地時接受咖啡，並將其提供給不喜歡刺激性更強飲料的常客。

最早已知的小旅館，是由塞繆爾‧科爾在華盛頓街所開設，位在法尼爾廳和國務街中間。科爾在 1634 年（波士頓建立 4 年後）獲得「糖果製造商」的營業許可；2年後，他的小旅館成了印地安酋長米安東默與他的紅戰士們暫時的永久居住地，米安東默酋長在此會見范恩州長。隨後1年，馬爾博羅公爵發現科爾的旅舍「極度管理良好」，同時能提供令人滿意的清靜隱密，以至於他拒絕了溫斯羅普州長在州長官邸的款待。

麻薩諸塞殖民地所使用的煮製和供應咖啡的器具。這些展覽品收藏在麻薩諸塞州塞勒姆的艾塞克斯學會博物館中。上排左和右，不列顛咖啡壺；中，不列顛桌上咖啡壺；下排最左，錫製咖啡沖煮壺；中，不列顛咖啡壺；最右，法式滴漏壺。

當時另一家廣受歡迎的旅舍是 1637 年由貴格教徒尼古拉斯‧普索爾開設的紅獅旅舍；尼古拉斯後來因試圖賄賂獄卒，為兩位在監牢中挨餓的貴格教女教徒送食物進去而被絞死。

建立於 1650 年的船酒館位於北街和克拉克街的街角，當時的濱水區，是英國政府公務員經常流連的地方。哈欽森州長的父親是第一任老闆，約翰‧維爾於 1663 年接手繼續經營。4位由查理二世派往這些沿海地區，解決當時剛開始出現在殖民地與英國間爭端的特派員居住在這裡。

藍錨是另一個波士頓早期上流社會紳士會造訪的供膳宿之處，1664 年在康希爾開業，由羅伯特‧透納經營管理。政府成員、來訪官員、法官和牧師在此聚集，被召喚前來參加麻薩諸塞州議會舉行的大會。

神職人員很有可能將飲料的選擇限制在咖啡和其他溫和的飲料，紅酒和其他烈酒則留給他們的同事。

一些著名的波士頓咖啡館

十七世紀的最後 ¼ 期間，許多小酒館和小旅舍如雨後春筍般出現。

在波士頓歷史記錄獲得認可的咖啡館中，最著名的包括了位於艦隊街和北街街角的國王之首；座落在由華盛頓街通往霍利街之通道上的印地安皇后；位於法尼爾廳廣場的太陽旅舍和綠龍旅舍——綠龍旅舍後來成為最著名的咖啡酒館之一。

於 1691 年開業的國王之首很早就成了英國政府官員及殖民地社會上層階級公民雲集之地。

印地安皇后也成為議會大樓的英國政府官員們喜愛的休閒場所。它在大約 1673年由納森尼爾‧畢夏普開設，以印地安皇后這個名字屹立超過 145 年，之後被改名為華盛頓咖啡館，以每小時發車，從波士頓到附近羅克斯伯里的羅克斯伯里「鐘點計費」驛馬車之發源地而揚名全新英格蘭。

新英格蘭殖民時期所使用的金屬及陶瓷咖啡壺。選自麻薩諸塞州迪爾菲爾德波肯塔克山谷紀念協會博物館館藏。

太陽旅舍的存活時間比任何一家波士頓小旅舍都要長久。它於 1690 年在法尼爾廳廣場開業,根據亨利·R·布蘭妮的說法,直到 1902 年這間旅舍依舊存在;不過自那之後就被夷平,為一棟現代建築讓出空間。

新英格蘭最富盛名的咖啡館

綠龍旅舍。綠龍旅舍是十七世紀即將結束時,最後一家廣受歡迎的小旅館,是波士頓最著名的咖啡酒館。它位於聯合街,波士頓商業中心的心臟地帶,從 1697 年到 1832 年於此屹立了 135 年,在它漫長的營業時光裡,幾乎所有重大的當地及國家事件中都曾出現其身影。

穿著紅色斗蓬的英國士兵、殖民州州長、戴假髮的英國政府官員、伯爵和公爵、出身名門望族的公民、陰謀策劃的低階層革命者、波士頓茶黨事件的共謀者、革命運動的愛國者和將軍——這些人全都慣於集結在綠龍旅舍,在那裡邊喝著咖啡和刺激性更強的飲料,邊討論各式各樣他們感興趣的事物。

用丹尼爾·韋伯斯特的話來說,這間著名的咖啡酒館是「獨立革命總部」。就是在這裡,沃倫、約翰·亞當絲、詹姆斯·奧蒂斯,以及保羅·里維爾以「籌款委員會」成員的身分在此聚會,以確保美洲殖民地的自由。也是在這裡,美生會的成員前來在美生會波士頓分會首位特級大師沃倫的引導下舉行會議。老酒館的現址如今被一棟商業大

綠龍旅舍做為波士頓社交與政治生活的中心長達 135 年。1697 年到 1832 年期間所有重大國家事務中都有這間旅舍的身影,同時根據丹尼爾·韋伯斯特的說法,這裡也是「獨立革命總部」。

樓佔據，這塊地仍然是屬於美生會聖安德魯分會的財產。老旅館是一棟二層樓的磚造建築，有著尖銳的人字形斜屋頂。在酒館入口處掛著一個畫有綠色惡龍塑像的招牌。

不列顛咖啡館。綠龍旅舍和不列顛咖啡館的常客在他們對當時議題的觀點上無疑是彼此對立的。當綠龍旅舍被當做愛國殖民者的集結地時，不列顛咖啡館則成了保皇派的聚會場所，而這兩間著名小酒館的常客們經常不期而遇。詹姆斯·奧蒂斯就是被敵手引到不列顛咖啡館痛打一頓，導致他再也無法重拾之前做為一位雄辯家的光輝。

1750 年，英國士兵就是在此地搬演了波士頓的第一場戲劇演出，演出的劇碼是奧特威的《孤兒》。1751 年，第一個以俱樂部為名的公民團體在此建立，即商戶俱樂部；會員包括英國皇室官員、殖民地官員，以及下級軍官、陸軍及海軍將領，院部門成員，還有少數堅定的保皇派上層階級公民。然而英國人被如此廣泛的厭惡，以至於在革命戰爭期間皇家軍隊一從波士頓撤離，咖啡館的名字便旋即改成了美國咖啡館。

早在 1712 年就由法蘭西斯·霍姆斯管轄的葡萄束酒館，是另一個政客的溫床。和馬路對面的綠龍旅舍一樣，葡萄束的常客包括了無條件追求自由的人，當中有許多人是從不列顛咖啡館轉移過來的——在英國保守黨氛圍的影響下，那裡的局面對他們來說實在太過於火爆。1776 年，當一位費城代表在旅館陽臺對底下聚集在街道上的群眾宣讀獨立宣言時，葡萄束成了激動慶祝的中心。波士頓人變得如此熱情，導致旅舍在隨之而來的激動興奮下，差點因一位狂熱人士在太過靠近牆壁的地方點燃篝火而摧毀。

另一則關於葡萄束的趣聞則是與 1692 年到 1694 年間擔任麻薩諸塞州州長的威廉·菲普斯有關——以其暴躁的脾氣而聞名。他在葡萄束有自己偏愛的座位和窗景，而在關於那個時期的記述當中曾寫到，經過國務街的行人，可以在任何一個天氣晴好的下午，從菲普斯偏愛的窗口看見他橫眉怒目的表情。

王冠咖啡館。在進入十八世紀之後，許多開設在波士頓的旅店和酒館改用咖啡館這個名稱。王冠咖啡館便是其中之一，它是由隨後成為麻薩諸塞州州長，並在更後來成為紐澤西州州長的喬納森·貝爾徹於1711 年所開設，是「長碼頭的第一家咖啡館」。王冠咖啡館的第一任店主是湯瑪斯·塞爾比，就職業來說，他是一位假髮製造商，不過他可能發現販賣刺激性飲料和咖啡更有利可圖；塞爾比的咖啡館同時也充當拍賣場之用。王冠咖啡館一直屹立不搖，直到1780 年，一場席捲長碼頭區的火災將它摧毀為止。咖啡館位於國務街 148 號的原址現在豎立著的是富達信託公司。

皇家交易所。另一家位於國務街的早期波士頓咖啡館是皇家交易所。這間咖啡館在 1711 年殖民地記錄提到之前已存在多久，我們並不清楚。它佔據了一棟古舊的兩層樓建築，在 1711 年時是由班傑明·約翰斯經營的。這家咖啡館成

波士頓的王冠咖啡館。新英格蘭最早擁有咖啡館此一獨特名稱的咖啡館；1711 年開張，在 1780 年遭到焚燬。

為往返波士頓和紐約之間定期驛馬車的發源地，第一班車在 1772 年 9 月 7 日啟程。1800 年 1 月 1 日的《哥倫比亞百年報》出現了一則廣告：「紐約及普羅維登斯郵局站，每天早上八點由主路口的皇家交易所咖啡館發車。」

北端咖啡館。 在十八世紀後半葉，北端咖啡館以波士頓最高級咖啡館著稱，它佔據了一棟大約在 1740 年由愛德華・哈欽森──那位著名州長的兄弟，所建造的三層磚造宅邸。北端咖啡館的位置在北街的西側，介於陽光巷和艦隊街間，是同類型咖啡館中最矯飾浮誇的其中之一。一位十八世紀的作家在描述這間咖啡館豪宅時，大肆宣揚它擁有 45 扇窗戶，而且價值 4500 美元──這對那個時代是一筆鉅款。

獨立革命期間，海軍上將大衛・D・波特之父大衛・波特上尉是這間咖啡館的店主，在他的經營下，這裡成為全市聞名的高級用餐地點。北端咖啡館的廣告以其「宴會和正餐──為小型聚會所準備、小而清幽的房間──用最佳方式提供的生蠔正餐。」做為特色宣傳。

「摩天大樓」咖啡館

波士頓咖啡館在 1808 年來到黃金顛峰時期。經過 3 年的建設，交易咖啡館盛大開幕。這棟位於國會街、鄰近國務街的建築是當年的摩天大樓，而且可能是全世界曾有過最富野心的咖啡館計畫。這棟建築是由石材、大理石，還有磚塊建造而成，共有七層樓高，造價達到 50 萬美元。當代最著名的建築師查爾斯・布爾芬奇是這棟建築的設計者。

和倫敦的勞埃德咖啡館一樣，交易所咖啡館也是海事情報中心，它的公用室無時無刻都擠滿了水手、海軍軍官、船舶和保險捐客，這些人都是前來商討

在紐約殖民地使用的金屬咖啡壺。左，錫製咖啡壺，帶有紅色的「愛蘋果」裝飾。紐澤西歷史學會，紐華克；右，帶有玫瑰裝飾花紋的底部加重錫製咖啡壺，私人藏品。

交易所咖啡館，波士頓，1808 年，它以倫敦的勞埃德咖啡館為樣本，並且是波士頓的海事情報中心。

買賣，或查詢船隻抵達及啟航、船貨清單、船隻租賃，以及其他海事文件記錄的。交易所的一樓是做為貿易之用，二樓是大型餐廳，舉辦過許多場奢華的宴會，尤其是 1817 年 7 月為門羅總統所舉辦的那一場，參加的賓客有前總統約翰·亞當斯，還有許多將軍、海軍准將、州長及法官。其他樓層則充做起居室及臥室，共有超過 200 個房間。

1818 年，交易所咖啡廳被火災摧毀；而原址建起了另一棟名稱相同的建築，不過與之前的建築毫無相似之處。

Part 2

800 年的演進，
等一杯理想的咖啡……

從天堂般的魔豆，

一個接著一個步驟，

變成征服全人類的瓊漿玉液……

Chapter 10
「咖啡」一字從何而來？

達弗爾說，咖啡一字是由 caouhe 衍生而來，是土耳其人給由咖啡種子所製作之飲料而取的名字。阿勒特、薩瓦里，以及特萊武的法國領事勞倫特·達維在他的字典中認為咖啡應該是來自阿拉伯，但指代的字彙應該是 cahoueh 或 quaweh，意思是給予體力或力量，薩瓦里說，這是因為咖啡最普遍的效用就是提升和增強。

歐洲語言出現咖啡這個字的時間大約在西元 1600 年，並非直接由原始阿拉伯文 qahwah 而來，而是由其土耳其文型態 kahveh 演變而來。這個字不是咖啡這種植物的名字，而是指用其浸泡汁液製成的飲料，這個字原本在阿拉伯文中是被用來稱呼酒的字彙之一。

詹姆斯·莫瑞爵士在《新英語辭典》中說，有些人推測咖啡一字是一個可能來自非洲的變裝外來字彙，並認為該字與衣索比亞西南部紹阿省的一個城鎮 Kaffa 有所關聯，當地被認為是咖啡的原產地，但這個說法並沒有證據，而 qahwah 這個字不是用來稱呼咖啡漿果或咖啡植株的，這兩者被稱為 bunn，紹阿省當地則稱做 būn。

由來及其與語音學的關係

詹姆斯·普拉特二世在 1909 年投稿給《筆記和查詢》期刊所舉辦的一場研討會，探討與追溯咖啡之字源學有關的語音學問題，他寫道：

土耳其形式可能會寫成 kahvé，最末的 h 任何時候都是無聲的。詹姆斯·莫瑞爵士注意到兩種歐洲形式的存在，一種與法文 café 和義大利文 caffé 相似，另一種則與英文 coffee 和荷蘭文 koffie 類似。他解釋第二組字彙中的母音 o 很明顯是代表 au，由土耳其文的 ahv 而來。這個說法似乎沒有證據支持，而且 ff 已經代表了 v，所以，根據詹姆斯爵士的假設，coffee 代表的一定是 kahv-ve，而這不太可能。

依我個人的觀點，有瑕疵的辨識是之所以由 a 變成 o 更好的解釋理由。在阿拉伯文和其他東方語言中的確實發音是英文短音 u，和「cuff」中 u 的發音一樣。這個對我們來說十分容易的發音，對其他國家的人卻是極大的障礙。

我判斷荷蘭文 koffie 和與其同類的形式，是對於標記作家無法領會之母音的一種有瑕疵的嘗試。很顯然法文的形式是更為正確的。德國人對他們的字彙 koffee 做出了修正，他們可能是由荷蘭文中接收到這個字，kaffee 是修正後的結果。斯堪地那維亞語系採納了法文的形式。很多人必然感到困惑，原來的 hv 如何在其歐洲語系對等字彙中，一直不變地轉變為 ff 的形式。詹姆斯·莫瑞爵士一點想要解決這個問題的意思都沒有。

同樣也投稿給《筆記和查詢》研討會的維連德拉納什·查托帕迪亞雅，則主張阿拉伯字彙 qahwah 中的 hw 在歐洲語系的翻譯中，有時演變成 ff，有時則

成為 f 或 v，這是因為某些語種——例如英語，有很強的重讀音節（重音），而法語等其他某些語種則沒有。他再度指出氣聲音 h 在某些語種中是會被發音的，但在其他語種是幾乎聽不見的。大多歐洲人傾向全然將其省略。

另一位投稿人威廉・法蘭西斯・普里東上校主張，歐洲語系直接由阿拉伯文 qahwah 演化出咖啡一字的其中一種形式，並且引用了霍布森－喬布森對此主張的支援：

西元 1508 年寫做 Chaoua，1610 年寫做 Cahoa，1615 年寫做 Cahue；同時托馬斯・赫伯特爵士（1638 年）明確地陳述「（在波斯）他們最常飲用……，Coho 或 Copha；土耳其人和阿拉伯人則稱其為 Caphe 或 Cahua。」此處波斯語、土耳其語，以及阿拉伯語的發音顯然是有所區別的。

普里東上校接著請求一位在《新英語辭典》及霍布森－喬布森的文章寫成時，無暇參與的一位人士做為盎格魯阿拉伯發音的證人。那就是約翰・儒爾登，一名多塞特郡號上的船員，他所寫的《日誌》於 1905 年由哈克盧伊特學會出版。1609 年 5 月 28 日，他的記錄顯示「中午時分，我們由哈奇（豪塔，鄰近亞丁之拉赫季省的首府）啟航離去，並航行到凌晨三點，之後我們在接近沙漠中荒野平原的一間 cohoo 小屋休息到隔天三點。」6 月 5 日一行人從 Hippa（伊布）移動，「躺臥在山上，我們的駱駝

已經疲乏，我們的奴隸則稍好一些。這座山叫做 Nasmarde（Nakīl Sumāra），是所有 cohoo 生長的地方。」

此外，更遠處是「一個小村落，那裡有販賣 cohoo 和水果。這種 cohoo 的種子是一種重要的商品，因為它被運送到偉大的開羅及土耳其其他所有的地方，以及印度群島」。

然而普里東提到，另一位名為威廉・瑞佛的水手在他的日誌（1609 年）中，講到在摩卡這個地方，「Shaomer Shadli（謝赫・「阿里・伊本」・奧馬・沙德利）是第一位發明飲用咖啡的人，並因此倍受尊重。」這在普里東看來就跟在阿拉伯海岸一樣，而在貿易城鎮中流行的是波斯語發音；而在內陸，也就是儒爾登走過的地方，英國人則複製阿拉伯語的發音。

查托帕迪亞雅先生在討論普里東上校上述的觀點時寫道：

普里東上校可能會被我質疑「在寫下航海日誌中的文字時，這位可敬的海員是否被語音學清晰發音的深奧規則給影響了」，不過他會樂於承認由 kahvah 到 coffee 的改變是一種語音學的轉變，而且必然是因為某些語音學規則運作下的結果。在一般人試圖以自己的母語寫出一個外語字彙時，會在相當程度上，被他傳承和學習所得的語音學能力所妨礙。而事實上，若我們接受「霍布森－喬布森」書中的引用文字，並根據作者的國籍將 coffee 一字的各種不同形式進行分類，我們會得到很有趣的結果。

讓我們先以英語及荷蘭語為例。在丹弗斯的著作《字母們》（1611 年）中，我們同時看見「coho 壺」和「coffao 壺」兩種寫法；托馬斯・羅爵士（1615 年）和泰瑞（1616 年）寫為 cohu；赫伯特爵士（1638 年）寫為 coho 和 copha；伊夫林（1637 年）寫為 coffee；弗來爾（1673 年）寫為 coho；奧文頓（1690 年）寫為 coffee；還有瓦倫丁（1726 年）寫為 coffi。而從普里東上校所舉的兩個例子，我們可以看出儒爾登（1609 年）是用 cohoo，而瑞佛（1609 年）則是用 coffe。

上述解說應該還要加上以下英國作家們於福斯特的著作《印度的英國工廠》（1618 ～ 1621 年、1622 ～ 1623 年，以及 1624 ～ 1629 年）裡的寫法：cowha（1619 年　），cowhe 和 couha（1621 年），coffa（1628 年）。

不同語言中的「咖啡」

現在我們來看看外邦人（主要是法國人和義大利人）是怎麼寫的。歐洲最早提及咖啡的是於 1573 年從阿勒波認識咖啡的勞沃爾夫，他將其寫成 chaube 的形式。普洛斯彼羅・阿爾皮尼（1580 年）寫為 caova；帕盧達努斯（1598 年）寫為 chaoua；皮拉德・德拉瓦爾（1610 年）寫為 cahoa；P・德拉・瓦爾（1615 年）寫為 cahue；雅各・邦修斯（1631 年）寫為 caveah；而《Journal d'Antoine Galland》（1673 年）中所寫則是 cave。

也就是說，英國人使用一種特定明確的類型，那就是 cohu、coho、coffao、coffe、copha、coffee，與外邦人更為正確的音譯有所不同。

1610 年，葡萄牙籍猶太人佩德羅・泰謝拉（見由哈克盧伊特學會出版之其人所著《旅程》）用的字是 kavàh。

由這些翻譯形式我們似乎能得到結論：(1) 土耳其語及阿拉伯語兩者都是這個字彙傳入歐洲語系內。(2) 英文的形式（第一個音節有重音強調）是寫為 ŏ 而不是 ă，還有 f 而不是 h。(3) 外語形式並無重音，而且沒有 h。原始的 v 或 w（或唇音化的 u）會保留或變化為 f。

因此，或許可以這麼說，之所以有兩種有所區別的拼寫類型的原因是 h 在無重音語系中被省略，以及 h 在加重音語系中，變成強重音之下的 f。這樣的轉換通常在土耳其發生；舉例來說，波斯語是相當強調重音的，波斯語中的 silah dar，在土耳其語中會變成 zilif dar。而另一方面，在印度語系中，儘管事實上氣音字通常會被清楚地聽見，qăhvăh 一字會被教育程度較低的階級發音為 kaiva，這是由於所有音節重音都相同的緣故。

現在來看看法國的觀點。賈丁認為，當考慮到咖啡一字的字源學時，學者們並沒有共識，而且可能永遠無法意見一致。達弗爾說，咖啡一字是由 caouhe 衍生而來，是土耳其人給由咖啡種子所製作飲料而取的名字。阿勒特、薩瓦里，以及特萊武的法國領事勞倫特・達維在他的字典中認為咖啡應該是來自阿拉伯，但指代的字彙應該是

cahoueh 或 quaweh，意思是給予體力或力量，薩瓦里說，這是因為咖啡最普遍的效用就是提升和增強。塔維尼埃挑戰此一說法。莫塞萊將咖啡一字的起源歸於 Kaffa 一字上。西爾韋斯特・德・薩西在他於 1806 年出版的著作《阿拉伯文選》中認為，與 makli 同義的 kahwa 一字，意思是在爐子中烘烤，很有可能就是咖啡一字的字源學起源。達朗貝爾在他的百科辭典中將其寫為 caffé。

賈丁推論斷定不管這些不同的字源學可能有何意義，咖啡一字源自於一個阿拉伯字彙這一點仍舊是事實，不論那個字是 kahua、kahoueh、kaffa，還是 kahwa，而且接受這種飲料的人們全都將那個阿拉伯字彙修改到適合自己的發音。這一點顯示在此字彙於不同現代語種中的書寫方式上：

- 法語，café
- 布列塔尼亞語，kafe
- 德語，kaffee（咖啡樹，kaffeebaum）
- 荷蘭語，koffie（咖啡樹，koffieboom）
- 丹麥語，kaffea
- 芬蘭語，kahvi
- 匈牙利語，kavé
- 捷克語，kava
- 波蘭語，kawa
- 羅馬尼亞語，cafea
- 克羅埃西亞語，kafa
- 西班牙語，café
- 巴斯克語，kaffia
- 義大利語，caffé
- 葡萄牙語，café
- 拉丁語（科學上的），coffea
- 土耳其語，kahué
- 希臘語，kaféo
- 阿拉伯語，qahwah（咖啡漿果，bun）
- 波斯語，qéhvé（咖啡漿果，bun）
- 安南語，ca-phé
- 高棉語，kafé
- Dukni 語，bunbund
- Taluyan 語，kaprivittulu
- 坦米爾語，kapi-kottai 或 kopi
- Canareze 語，kapi-bija
- 漢語，kia-fey，teoutsé
- 日語，kéhi
- 馬來語，kawa、koppi
- 衣索比亞語，bonn
- Foulak 語，legal cafe
- 蘇蘇語，houri caff
- 馬爾克斯語，kapi
- 奇努克語，kaufee
- 沃拉普克語，kaf
- 世界語，kafva

Chapter 11
咖啡的分類學

　　咖啡被歸類為茜草科植物的成員，以它們對神經系統的作用聞名。咖啡含有一種被稱為咖啡因的活性物質，是作用於神經系統的興奮劑，在少量的情形下是非常有益的。金雞納樹帶給我們奎寧，而吐根則能製作吐根酊——一種催吐劑和瀉藥。

科學上被稱為阿拉比卡種咖啡的咖啡樹是衣索比亞（阿比西尼亞）的原生種，但是在爪哇、蘇門答臘，以及荷屬印尼群島的其他島嶼；印度、阿拉伯、赤道非洲、太平洋群島、墨西哥、中美洲及南美洲、還有西印度群島也都生長良好。

咖啡的完整分類

　　咖啡屬於科學分類上植物門的被子植物，即 Angiospermæ，意指該植物會產生種子，而且種子會包裹在小盒子一樣的隔間，也就是子房中內，子房的位置在花朵的基部。

　　被子植物（Angiosperm）一字是由兩個希臘文字演變而來的，sperma 指的是種子，aggeion 則是盒子的意思，而這裡所指的盒子即子房。

　　這個龐大的植物門可以再分為兩個綱。分類的基礎是：由種子萌發的幼苗所長出葉子的數量。

　　咖啡同樣是由種子萌發，幼苗有兩片葉子，因此被歸類為雙子葉植物綱（Dicotyledonæ）。Dicotyledonæ 這個字由兩個希臘文字構成，di（s）意思是二，而 kotyledon 意思是腔或槽、臼。實際上，並不需要植物由種子發芽才能判斷幼苗是否擁有兩片子葉；因為成熟的植株通常會顯露出伴隨著這種種子狀態的特定特徵。

▶ 雙子葉植物

　　在所有的雙子葉植物中，成熟的葉片會有網狀葉脈，此形態連外行人都能輕易鑑別出來；還有花朵的花瓣組成呈圓形，包含二或五片花瓣，不過絕不會是三或六。

阿拉比卡種咖啡葉子與漿果的近照。

這一綱植物的莖幹一直都是經由一層被稱為形成層的細胞之生長而增加厚度，形成層是會持續不斷分裂生長的組織。形成層細胞只要活著就會分裂，此特點造就了木質樹幹的獨特外觀，當樹幹被攔腰鋸斷後，我們只要觀察其截面就能判斷樹齡。

春季時，形成層會長出大而空的細胞，可容納大量樹的汁液在其中流動；秋季時，形成層長出的細胞具有非常厚的細胞壁——因為此時沒有那麼多要運輸的樹汁。

由於這些薄皮空洞的細胞緊鄰上一個秋季的厚壁細胞，因此很容易就能分辨前一年與接下來一年的成長；這樣形成的標記被稱為年輪。

如果我們只有咖啡植株的葉子和莖幹的話，那麼，對咖啡的分類就只能做到綱的地步。

為了更進一步，我們得要有植物的花朵，因為植物學的分類從這一點起，就是根據花朵來進行的。

根據花朵是否具備花冠——花朵引人注目的部分，通常賦予花朵其獨特色彩——雙子葉植物綱可再區分為兩個亞綱，整朵花為一個整體，或可以區分為數個部分。

咖啡花與其花冠的排列是一個整體，構成管狀的排列，因此咖啡這種植物被歸屬在合瓣花類（Sympetalæ）或後生花被類（Metachlamydeæ），意思是它的花瓣是融合在一起的。

分類的下一步將植物歸類於亞綱之下適當的分類部門，也就是目。植物根據它們的不同特徵被劃分到不同的目中。咖啡屬於被命名為茜草目（Rubiales）的分類層級（根據臺灣生物多樣性資料庫顯示，咖啡應屬於龍膽目）。

▶ 茜草家族

這些目會進一步被區分為不同科。咖啡被歸類為茜草（Rubiaceæ），也就是茜草科植物，我們在這一科中能找到的植物有藥草、灌木或喬木，有一些美國植物可做為代表，例如開藍花的矢車菊，這是一種開藍色小花的春季花卉，常見於美國北部空曠的草地；除此之外，還有蔓虎刺。

相較於本土物種，茜草科的異國代表植物更多，其中包括了咖啡、金雞納樹，以及吐根，這些植物在經濟方面全都具有重要價值；本科的成員以它們對神經系統的作用聞名。

咖啡含有一種被稱為咖啡因的活性物質，是作用於神經系統的興奮劑，在少量使用的前提下，對人體是非常有益的。另一方面，金雞納樹帶給我們奎寧，而吐根則能製作吐根酊——一種催吐劑和瀉藥。

科會再細分成更小的分類單位，稱為屬，咖啡植株便歸類在咖啡屬當中。咖啡屬之下有數個亞屬，我們常見的咖啡——即阿拉比卡種咖啡，被歸類在真咖啡亞屬（Eucoffea）中。

阿拉比卡種咖啡是用於交易的古老原始或常見的爪哇咖啡，「常見」一詞看似沒有必要，但除了阿拉比卡之外，還有許多其他的咖啡品種。這些品種並

未以非常高的頻率被提及，因為它們的
原生地在熱帶，而熱帶通常沒有適合的
條件進行植物研究。

　　並不是所有的植物學家都贊同咖啡

屬內物種和變種的分類。布魯塞爾皇家
植物圓的管理者 M・E・德・懷德曼在
他的著作《熱帶植物的大規模耕作》中
說，這個有趣的屬的系統分類離完成還

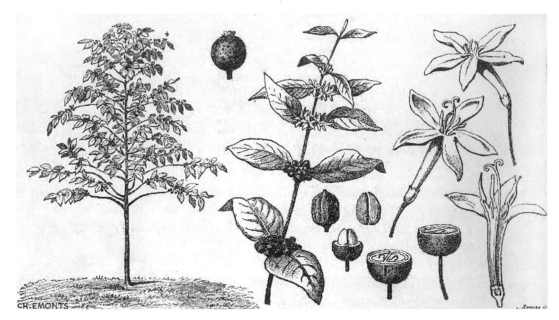

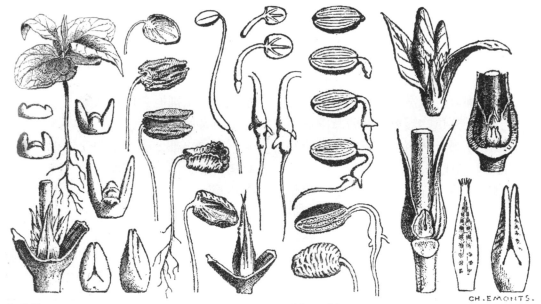

咖啡樹，顯示出植株、花與漿果的細節。翻攝自賈丁所著，《咖啡店及它們的店主》書中，由埃蒙茨
牧師所繪製的插圖。

早得很；事實上，還不如說幾乎稱不上
已經開始。

我們對阿拉比卡種咖啡最為了解的
原因，要歸因於它在商業貿易上所扮演
的重要角色。

咖啡的完整分類

界	植物
亞界（門）	被子植物
綱	雙子葉植物
亞綱	合瓣花類或後生花被類
目	茜草目
科	茜草科
屬	咖啡屬
亞屬	真咖啡亞屬
種	阿拉比卡種

就像之前說明過的，為了收成漿果
而最常被種植的咖啡植物是阿拉比卡種
咖啡，它是在熱帶區域被發現的，不過
也能夠在溫和的氣候中生長。

與在熱帶生長最為良好的植物不
同，咖啡也能夠耐受低溫。當生長在炎
熱、低窪地帶時，咖啡需要遮陰；但當
生長在緯度偏高的地區時，不需要這
樣的保護咖啡也能欣欣向榮。弗里曼
說，目前有大約 8 種獲得承認的咖啡
（Coffea）品種。

阿拉比卡種咖啡

阿拉比卡種咖啡是一種有著常綠葉
片的灌木，完全長成的高度約莫有 14 到
20 呎。

▶ 直立枝和側枝

這種灌木會長出二型性枝條，意即
兩種型態的枝條，分別被稱為直立枝和
側枝。植物在幼生期時有一主要樹幹，
即直立枝，而這直立枝最終無論如何都
會發出側芽，即側枝。側枝會長出其他
更多側枝，被稱為次生側枝；但沒有側
枝能長出直立枝來。

側枝是兩兩成對生長的，而且彼此
相對，每對側枝是由環繞著樹幹的輪生
體生長而來。側枝只有在其依附於直立
枝的接合點還年輕時才會生長；而如果
它們由接合點處被折斷，直立枝沒有能
力再讓側枝重生。

直立枝也能生長出新的直立枝，但
如果直立枝被砍斷，那個位置的側枝會
有增厚的傾向。這一點很令人滿意，因
為側枝是花生長的地方，花朵很少出現
在直立枝上。

這件事實被用在修剪咖啡樹上，直
立枝會被剪短，然後側枝就會變得更有
生產力。某些國家的咖啡農會將他們的
咖啡樹修剪保持在約 6 呎的高度，而在
其他咖啡產地國則習慣讓咖啡生長到約
12 呎高。

▶ 葉片

咖啡的葉片是矛尖形的，就是長矛
的形狀，兩兩對生。葉片的寬度在 3 到
6 吋之間，有逐漸變細的尖端，葉子基部
會稍微變細，以非常短的葉柄與在基部
短短的葉柄間托葉連結在一起。咖啡的
葉片很薄，但是質地緻密，稍微帶有皮
革感。

葉片上層是非常深的綠色，底下的顏色則淺很多。葉片屬於全緣葉（葉的邊緣平滑完整，沒有缺刻）的且呈波浪狀。在一些熱帶國家，當地的原住民會用咖啡樹的葉子炮製一種咖啡茶。

▶ 咖啡花

咖啡花尺寸嬌小，色白，而且香氣非常濃郁，氣味具有細緻的特色。花朵成簇生長在葉片的葉腋，一季能有數次收獲，取決於特定季節裡的熱度和溼度狀況。不同的花期被區分為主花期和次花期。

在半乾燥的高海拔地帶，例如哥斯大黎加或瓜地馬拉，花期只有一季，時間大約在 3 月，而且在多數情況下，花和果實不會同時出現在樹上。但在常年

阿拉比卡種咖啡，花及果實──哥斯大黎加。

下雨的低地種植園，開花和結果基本上整年都持續不斷；而成熟的果實、青果、盛開的花，還有花苞可以同時在同一根樹枝上被發現，並不是會混雜在一起，而是依上述順序排列出現。

咖啡花也是管狀的，花冠的管狀結構可分為5個白色的節。荷屬印度農業局植物配種部門的主任 P‧J‧S‧克萊默博士說，花朵上的花瓣數目根本就不固定，甚至同一棵樹上所開的花也是如此。花冠結構的長度大約是1.5 吋，而管狀部分本身大約有⅜吋長。5根雄蕊的花藥由花冠筒頂端伸出，伴隨著二裂雌蕊的頂端。

咖啡花的花萼的結構是如此細小，除非已充分了解它的存在，否則很容易被忽略，花萼是環狀的，有細小、鋸齒狀的缺刻。

儘管通常咖啡花的顏色是白的，新鮮的雄蕊和雌蕊可能會帶有淡淡的綠色，而某些栽培品種的花冠是淡粉色的。

咖啡花的顏色與狀態完全取決於氣候。有時花朵十分細小、香氣非常濃，而且數量非常多；也有時候，在氣候並不炎熱乾燥時，花朵尺寸會非常大，但數量不是那麼多。上述兩組咖啡花在需要時都會「結出果實」；但有時，尤其在非常乾燥的季節，咖啡開出的花數量稀少、細小，而且結構並不完整，花瓣通常是綠色而非白色，這些花朵無法結出果實。

在炎熱且陽光充足的日子開出的花朵結出果實的收獲，比在潮溼的日子裡開出的花要好很多，因為前者被昆蟲

和風力授粉的機率要高很多。咖啡莊園
在開花季節的美景是其非常轉瞬即逝的
特色：前一天，觸目所及都還是綿延數
哩、香氣馥鬱的廣闊雪白花海，而兩天
後的景象會讓人想起維庸《古美人歌》
中的詩句——

舊時白雪，如今何在？
冬日寒風已將其吹落殆盡。

　　不過，在咖啡莊園裡不能歸咎於冬
日寒風：是無止境的夏天那輕柔、溫和
的微風造成嚴重的破壞，留下一片無論
如何不算討厭的墨綠、淡綠、苔綠色葉
片構成的畫卷。
　　咖啡花朵的確美麗，不過，咖啡種
植者眼中所看見的，不只是它們的美麗
和香氣。他看得更加深遠，在他的心靈
之眼中，他看見了一袋袋的咖啡生豆，
對他來說，這代表的是所有勞苦工作的
目標和報償。在所有的花朵凋謝之後，
出現的是商業上尚稱為「咖啡漿果」的
果實。

▶ 咖啡漿果

　　由植物學觀點來看，「漿果」這個
稱呼並不恰當，這些小小的果實並不屬
於以葡萄為最佳代表的漿果類，而應該
屬於以櫻桃和桃子為最佳代表的核果類。
在 6 或 7 個月的時間內，這些咖啡核果
會發育成小小的紅色球體，和一般的櫻
桃差不多大小；但它不是圓的，而是有
點橢圓，在遠離中心的一端有一個細小
的臍。咖啡核果通常有兩個子房室，每

種植在夏威夷群島的阿拉比卡種咖啡之漿果。

個子房室中包含一顆小「石子」（種子
與其羊皮紙質地的覆蓋物），咖啡豆（種
子）便是由此獲得的。
　　有少數核果中會有三顆種子，而其
他在枝條外側的核果則會只有一顆圓形
的種子，這種豆子被稱為圓豆。採摘的
次數取決於同一季節中不同的開花時期；
而阿拉比卡種一棵樹一年可能可以收獲 1
到 12 磅的咖啡豆。
　　在像是印度和非洲等區域，鳥類和
猴子會以成熟的咖啡漿果為食。根據阿
諾德的說法，印度所謂的「獼猴咖啡」
是通過該動物消化道的未消化咖啡豆。
　　包裹咖啡豆的果肉目前來說並沒有
商業上的重要性。儘管在不同時期，原
住民已經花費許多努力想將咖啡果肉做

為食物來應用，但它的風味卻無法受到太大的歡迎，於是鳥類被容許獨佔這些果肉做為食物。

由人類觀點來看，咖啡果肉，或科學上所稱的肉質果，是一種相當討厭的東西，因為要取得咖啡豆就必須將果肉去除。這有兩種方法可以辦到：

第一種方法是日曬法，讓整個果實得以乾燥，之後再將其敲開。

第二種是水洗法，這種方法是將果肉以機器去除，此步驟之後，便得到 2 顆溼黏的種子包。接著，這些看起來跟種子很相似的種子包會進行發酵，然後再進行水洗；這個步驟讓它們脫去所有的果膠。而在被徹底乾燥之後，內果皮——也就是所謂的覆蓋物，就能輕鬆地被打破和去除了。在覆蓋物被去除的同時，在其下方的一層薄薄的銀色膜，也就是銀皮，也會跟著脫落。這層銀皮的碎屑經常會在包裹於覆蓋物內之咖啡豆的溝槽中發現。

我們已經提過，1 株咖啡樹 1 年的產量由 1 到 12 磅不等，不過，這當然會隨著每棵樹的個體差異還有區域而有所變化。在某些國家，全年的收獲量每畝少於 200 磅，然而也有記錄顯示，位於巴西的一塊土地上，一棵咖啡樹的產量大約是 17 磅，這讓該地的畝產量提高非常多。

咖啡豆只要經過相當的時間之後，就會失去栽種所需要的生命力；而若是將咖啡豆徹底乾燥，或是存放超過 3 或 4 個月的時間，它們對栽種就一點用處都沒有了。

咖啡種子需要大約 6 週的時間發芽，並生長至破土而出。由種子開始栽種的咖啡樹在 3 年之內會開始開花，但是在一開始的 5 到 6 年間，是無法期待有好收成的。

除了一些例外的情況之外，咖啡樹在大約 30 年內便會變得衰老無用。

▶ 咖啡植株的繁殖

咖啡樹還可以用除了種子以外的方式進行繁殖。

直立枝的枝條可以用來扦插，在直立枝發根後，便能長出會產生種子的側枝。中美洲的原住民有時會用咖啡樹的直立枝來圍籬笆，看見圍籬的柱子「成長茁壯」的景象是很稀鬆平常的。

咖啡樹的木材也被用來製作櫥櫃，因為它比大部分的原生樹種木料更牢固，每立方英呎的重量大約是 43 磅，抗壓強度每平方英吋有 5800 磅，斷裂強度則是每平方英吋 1 萬 900 磅。

用插枝方法來繁殖咖啡植株有兩項優於種子繁殖的獨特優勢：

其中一點是能夠省去生產種子的鉅額花費，另一點則是提供了雜交的一種方法——為咖啡植株進行雜交，或許會帶來不僅有趣、還可能是非常有利可圖的結果。

咖啡植株的雜交是由荷蘭政府以完全科學的態度及方法，於 1900 年在爪哇 Bangelan 的實驗園內開始進行的。P・J・S・克萊默博士在他的研究中，一共辨識出 12 種阿拉比卡種咖啡的變種，那就是：

Laurina 種，是阿拉比卡種咖啡與 C. mauritiana 的雜交品種，葉小且窄，有硬挺密集的枝條，幼生葉片近乎白色，漿果的形狀窄長，咖啡豆則呈窄橢圓形。

Murta 種，葉小，枝條密集，咖啡豆的型態與典型的阿拉比卡種咖啡一樣，此品種可耐酷寒。

Menosperma 種，這是一個很獨特的種類，具有窄葉和如柳樹般向下彎曲的枝條，漿果之內很少包含超過一顆的種子。

Mokka 種（Coffea Mokkæ），葉形小並且具有密集的簇葉，漿果形狀小而圓，咖啡豆形狀小而圓，類似裂莢豌豆，並且具有比阿拉比卡種咖啡更加強烈的風味。

Purpurescens 種，具紅色葉片的變種，色澤堪比榛木和紫葉山毛櫸，產量較阿拉比卡種咖啡稍低。

Variegata 種，具有雜色、帶白色斑紋或白點的葉片。

Amarella 種，結出的漿果呈黃色，色澤堪比草莓的白色果實變種。

Bullata 種，具有寬大、卷曲的葉片；硬挺、厚實的纖細枝條，以及圓形、多肉的漿果，許多漿果沒有咖啡豆包含其中。

Angustifolia 種，一種窄葉變種，其漿果更近似橢圓形，而且與上述品種一樣，是貧瘠的生產者。

Erecta 種，比典型阿拉比卡種強健的變種，較適應多風地帶，產量與常見的阿拉比卡種一樣。

Maragogipe 種，定義明確的變種，具有邊緣上色的淡綠色葉片；漿果寬大，通常果實中間較為窄小；果實稀少的品種；有時每株樹只有數顆漿果。

Columnaris 種，強健的一株變種，有時生長高度會達到 25 呎，葉片相當寬大且圍繞在基部，但卻是結果能力缺乏的品種，建議種植在乾燥氣候區。

狹葉咖啡

阿拉比卡種咖啡有一個難纏的對手，那就是狹葉種咖啡。此一變種咖啡的風味甚至被某些人判定比阿拉比卡種更為出眾。

不過，這個品種有一極大的缺陷，

阿拉比卡種咖啡的難纏對手——狹葉種咖啡；獅子山的高地咖啡是由此品種而來。

即它在能確保有任何有價值的收獲之前
所需要的成長時間十分漫長。儘管此一
品種需要的成熟時間如此漫長，一旦種
植園開始有收成，一次的收獲量便與阿
拉比卡種咖啡一樣大量，有時還稍微更
多一些。此品種的葉片較前述所有品種
小，而花朵擁有數目為 6 到 9 不等的部
位。這個品種是獅子山的原生種，在該
地生長於野外。

賴比瑞亞種咖啡

　　儘管是首選的主要豆種，阿拉比卡
種咖啡的豆子並不是唯一供貿易用的咖
啡豆；在此僅簡潔的描述一些為商業用
途而生產的其他變種。

　　賴比瑞亞種咖啡就屬於這種類型的
變種。以此品種的漿果所製作的咖啡，
品質遜於阿拉比卡種咖啡，但是該植物
本身卻有著耐寒的生長特質，此一獨特
的優點使得這個品種成為令人心動的雜
交選擇。

　　相較於阿拉比卡種咖啡，賴比瑞亞
種咖啡的樹形更大也更健壯，在其原生
地會生長至 30 呎高。這個品種能生長在
更為炎熱的氣候下，並能耐受強烈的日
光照射。

　　賴比瑞亞種咖啡葉片的尺寸，是阿
拉比卡種咖啡葉片的兩倍大，長度約 6
到 12 英吋，質地非常厚且結實，而且像
皮革一樣強韌。葉片的尖端尖銳。花朵
也比阿拉比卡種咖啡的花朵大，而且開
花時會聚集成密集的花簇。

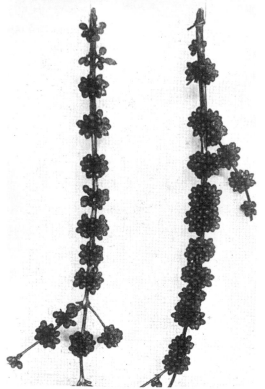

種植在 P・I・拉毛實驗站的賴比瑞亞種咖啡樹
（上圖）、咖啡枝條（下圖）。

在當季的任何時候，同一棵樹都可能開花，花色白或粉紅，甚至可能是綠色的，氣味芳香，連同果實一起，有些果實是綠色的，有些已經成熟，帶著明亮的紅色光澤。

已知賴比瑞亞種的花冠可以分為 7 節——儘管一般規則是 5 節。其果實大而圓，呈暗紅色；果肉的汁水不多，還帶有些微苦味。和阿拉比卡種咖啡不同，賴比瑞亞種咖啡的核果成熟後不會由樹上掉落，所以採收時間可以視種植者的方便而延期。

克萊默博士由與賴比瑞亞種同類的樹種中，辨識出以下品種：

Abeokutae 種，葉小，顏色為亮綠色，花苞在將開放前通常是粉紅色（這在賴比瑞亞種咖啡中從未出現），果實較小且有鮮明的紅色條紋及黃色有光澤的外皮，所生產的豆子比賴比瑞亞種咖啡的豆子稍小，但咖啡豆的風味和口感都獲得捐客的讚美。

Dewevrei 種，葉片邊緣卷曲，具有硬挺的枝條與厚皮的漿果，有時候會開粉紅色的花，咖啡豆通常都比賴比瑞亞種咖啡生產的小，商業貿易對此品種沒有太大的興趣。

Arnoldiana 種，Coffea abeokutae 的近親，葉片顏色比較深，漿果小而且顏色均勻。

Laurentii gillet 種，勿將此品種與被歸類在羅布斯塔咖啡的 C. laurentii 混淆，此品種更近於賴比瑞亞種咖啡，橢圓形且相對薄皮的漿果為其特徵。

一株開滿花的 5 年生 excelsa 咖啡。這個品種是 1905 年在西非的查德湖地區發現的。它是賴比瑞亞種的小豆變種。

Excelsa 種，健壯且具抗病性的品種，1905 年由奧古斯特・謝瓦利埃在西非距離查德湖不遠的沙里河區域發現。葉片寬大呈暗綠色，底面呈淡綠帶微藍色；花朵大且呈白色，一到五朵腋生成簇；漿果形狀短且寬，色澤深紅，咖啡豆尺寸較羅布斯塔種小，與摩卡種十分相似，但顏色與阿拉比卡種一樣是鮮黃色的。此品種咖啡的咖啡因含量極高，香氣非常明顯。

Dybowskii 種，與 excelsa 種具有相似抗病性的另一個變種，但此品種葉片及果實的特徵與 excelsa 種不同。

Lamboray 種，具有彎曲的溝狀葉片，以及軟皮、橢圓形的果實。

Wanni Rukula 種，葉大，生長旺盛，漿果形小。

Coffea aruwimensis 種，不同型態的混合品種。

最後的三個品種是克萊默博士在 Bangelan 的時候，從位在比屬剛果的 Frére Gillet 處獲得。

羅布斯塔種咖啡

1898 年，埃米勒‧洛朗發現一個咖啡品種生長在剛果野外，這個品種隨即被布魯塞爾的一家園藝公司帶走，並為了銷售的目的進行培植。即使發現者已將這個品種命名為 Coffea laurentii，這家公司還是將羅布斯塔種咖啡定為此品種

的命名。這個品種與阿拉比卡種及賴比瑞亞種大不相同，尺寸比這兩者巨大許多。基於這個品種的枝條非常長，並彎曲朝向地面的緣故，因此樹型呈傘狀。

羅布斯塔種的葉片比賴比瑞亞種的要薄很多，但不像阿拉比卡種的葉片那麼薄。整體來說，這是一株十分強健的變種，甚至在樹齡未滿 1 年的時候就會開花。這個品種全年都會開花，花朵由有 6 節的花冠構成。所結出核果比賴比瑞亞種的核果小，但皮薄很多，因此，咖啡豆事實上並未變小。核果在 10 個月內會成熟。

儘管此品種早在樹齡 1 年時就會結果，但頭兩年的收成是不能算數的，但到了第四年，一次收成的量會很可觀。

1921 年，負責美國農業部化學處生藥實驗室的阿諾‧菲赫費爾，公布了

位於蘇門答臘西海岸的一齡羅布斯塔莊園。

開花中的羅布斯塔種咖啡，爪哇，皮恩格。

可靠的發現，證實哈特維奇（1851～1917年，德國藥劑師和史前學家，對植物學頗有研究）似乎讓羅布斯塔種、阿拉比卡種和賴比瑞亞種之間的分化成為可能。這些主要是胚乳的獨特折疊型態，在羅布斯塔種咖啡豆的例子中，通常都顯示出一種獨特的鈎狀型態。胚芽的尺寸，特別是支根和胚軸間的關係，在賴比瑞亞種、阿拉比卡種和羅布斯塔種的分化是十分有用的（見右下切片圖）。

菲赫費爾與雷波繼續進行了一系列羅布斯塔種的杯測，測試的結果發現口感與風味無疑是良好的。他們將研究和測試的結果總結如下：

被限制在只能由阿拉比卡種咖啡和賴比瑞亞種咖啡取得咖啡豆的時代已經過去。

擁有讓它們富有魅力之品質的其他咖啡品種——甚至不是那些已經有名聲流傳的——已被發掘並種植。在這些品種中，羅布斯塔種咖啡獲得極大經濟上的重要性，種植數量也日益增加。如同報告中似乎隱約指出的，現在還沒有可能獲得像古老「標準」阿拉比卡種咖啡、

以爪哇咖啡或「Fancy Java」之名著稱、價值已然確立的同樣風味之品系。

植物學起源尚未徹底釐清，屬於羅布斯塔種族群的此一變種值得近一步的研究。讓羅布斯塔咖啡與其他品種或族群有所區別的解剖學方法，可能可以成為獨特的助力……

和在大多數咖啡品種一樣，同樣出現咖啡因的存在。平均來說，其含量似乎比南美洲咖啡品種稍高（甚至超過2%）。無論如何，沒有任何情況下咖啡因的含量會超過在一般咖啡中所觀察到最高含量的限制……由於此品種快速生長、早熟以及多產、對枯萎病的抗病性，還有許多其他值得擁有的品質，羅布斯塔種咖啡值得獲得關注及認可。

在羅布斯塔種的變種當中，Coffea

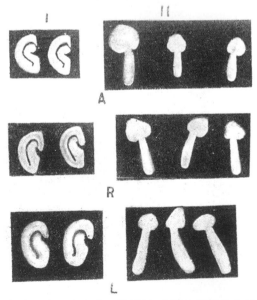

咖啡豆的分化特徵，橫切面。I欄：成熟的咖啡豆。II欄：胚。A：阿拉比卡種咖啡，R：羅布斯塔種咖啡，L：賴比瑞亞種咖啡。

被結實累累的收獲壓彎枝條的 Coffea Ugandæ。

canephora 是一個獨特的品種，它的生長、葉型與漿果都被完整的描繪。此品種的枝條修長，比羅布斯塔種的細；葉片呈深綠色且較窄；花朵通常帶有淡紅色；未成熟的漿果是紫色的，成熟漿果則是亮紅色的橢圓形。產量與羅布斯塔種相差無幾，差別只在於咖啡豆的形狀，此品種的咖啡豆較窄，而且更為橢圓，讓它看來更引人注目。和羅布斯塔種咖啡一樣，Coffea canephora 似乎更適應高緯度地區。其他 canephora 的變種包括：

Madagascar 種，具有小且略有條紋的亮紅色漿果，以及小而圓的咖啡豆。

Quillouensis 種，具有深綠色葉簇及紅棕色的嫩葉。

Stenophylla 種，有著紫色的未成熟漿果。

其他與羅布斯塔種同類的品種還有：

Ugandæ 種，據說這個品種的產出有著比羅布斯塔種更好的風味。

Bukobensis 種，與 uganda 種的區別在於漿果的顏色，此品種的漿果是暗紅色的。

Quillou 種，具有鮮紅色的果實、紫銅色的銀皮，3 磅果實能製作出 1 磅在市場上銷售的咖啡。比起羅布斯塔種，有些人更偏好 quillou 種，因為烘焙後咖啡豆口感上的差異。

一些有趣的雜交種

最受歡迎的雜交種要屬賴比瑞亞種與阿拉比卡種雜交後的品種了。克萊默

樹齡 18 個月，開花中的 Coffea quillou。

說明，這個雜交種結合了賴比瑞亞種的強勁口感與舊官方爪哇（阿拉比卡種）的細緻風味，成就了絕妙的咖啡，他進一步說：

這個雜交品種不僅對烘豆師而言有其價值，對種植者同樣價值非凡。這是一個強壯的樹種，幾乎沒有葉片類疾病；可以很好的忍受乾旱，也能忍受傾盆大雨；關於遮陰和管理方面，它們並沒有特殊需求；總是能有相當不錯、甚至經常是相當大量的收穫。果實整年都能夠成熟，而且並不像阿拉比卡種一般容易掉落。

其他值得一提的雜交種還有：

Coffea excelsa x liberica；C. abeokutæ x liberica；C. dybowskii x excelsa；C. stenophylla x abeokutæ；C. congensis x ugandæ；C. ugandæ x congensis；以及 C. robusta x maragogipe。

還有許多與主要類別——阿拉比卡種、羅布斯塔種及賴比瑞亞種——相距甚遠的咖啡屬品種；儘管有一些具有商業價值，但大多數只有從科學的觀點看來是有趣的。後者可能值得一提的有：Coffea bengalensis；C. perieri；C. mauritiana；C. macrocarpa；C. madagascariensis；以及 C. schumanniana。

西非法屬熱內亞卡瑪耶尼實驗園的 M・梅森尼爾，培植出一株大有可為的咖啡品種，叫做 affinis 種。這是 C. stenophylla 種與賴比瑞亞種其中的一個品種雜交而來。

其他克萊默博士辨識出來前景看好的品種還有：

Coffea congensis 種，漿果與阿拉比卡種的類似，當為市場準備就緒時，漿果是綠色或有點藍的；以及 Coffea congensis var. chalotii 種，這可能是 C. congensis 與 C. conephora 種的雜交種。

無咖啡因咖啡

一些生長在葛摩群島和馬達加斯加野外的特定樹種被認為是無咖啡因的咖啡樹。它們是否有資格被放進這個類別是有疑問的。

某些法國和德國的調查者曾記述這些地區出產的咖啡是完全沒有咖啡因的。一開始，許多人認為這些樹種必然代表了一個全新的屬；但深入調查後發現，這些樹種依然與我們常見的所有咖啡一樣，歸類於相同的咖啡屬。

法國國家博物館暨殖民地植物園的杜博教授在對這些樹種進行研究後，將它們在植物學上的分類定為 C. gallienii、C. bonnieri、C. mogeneti，以及

哈特維奇記述哈瑙賽克在以下品種中沒有發現咖啡因：C. mauritiana、C. humboliana、C. gallienii、C. bonneiri，以及 C. mogeneti。

咖啡的黴菌疾病

和所有其他生物一樣，咖啡樹也有其特定的疾病和天敵，其中最常見的是某些黴菌疾病。

黴菌的菌絲會長進咖啡樹的組織中，還會在葉片上造成斑點，最終會造成葉片的掉落，從而剝奪了這棵植物炮製自身食物的唯一手段。

咖啡在昆蟲界最致命的死敵是一種小型鱗翅類變種，被稱為咖啡潛葉蛾的昆蟲。這種蛾是衣蛾的近親，而且與衣蛾相似，在幼蟲階段會鑽孔，以葉片的葉肉為食。這會讓葉片的外觀看起來像被火烤過一般皺縮或乾枯。

由黴菌引起的咖啡植株疾病主要有3種。

最常見的是小斑黴菌 *Pellicularia tokeroga*，這是一種傳播不快、但會造成極大損失的疾病。儘管這種黴菌不會產生孢子，但被寄生的葉片會死亡乾枯，並帶著黴菌乾燥的菌絲隨風飄走。提供這些菌絲足以讓其獲得營養的、新鮮潮溼的咖啡葉片，它們就能開始生長。

要擺脫這種疾病，方法就是在乾季時用水噴灑咖啡樹。

1869 年，一種名為咖啡駝孢銹菌（*Hemileia vastatrix*）的黴菌疾病侵襲錫

野生的「無咖啡因」咖啡樹 Mantsaka 種，即 Café Sauvage ——馬達加斯加。

C. augagneuri。貝特朗教授對這些樹種的咖啡豆進行研究後，宣布它們是無咖啡因的；但拉柏利在寫到同一種咖啡時卻說，儘管咖啡豆是無咖啡因的，但含有一種非常苦澀的物質 cafamarine，不適合用來浸泡製作咖啡。

W・O・威爾考克斯博士在檢驗由馬達加斯加來的部分野生咖啡樣本後，發現咖啡豆並非無咖啡因的；而儘管咖啡因含量很低，卻並未比一些波多黎各變種的含量更低。

蘭的咖啡工業，而最終將其摧毀。那是一種微小的黴菌，由風力傳播的孢子會黏附在咖啡樹的葉片上並萌發。

另一種常見的疾病是褐根病，這種疾病最終會在地底將咖啡樹纏繞致死。此疾病的傳播速度緩慢，但樹木基部堆積的腐爛物質似乎有利其傳播。有時候，在樹根周圍挖一圈溝槽就足以防止引起疾病的菌絲觸及樹根。剩下一種常見的疾病是由名為 *Stilbium flavidum* 的黴菌所引起的，這種病菌只會在溼度極大的區域出現。此疾病會同時對葉片和果實造成影響，並因此被稱為葉斑病和果斑病。

咖啡替代品

一種被廣泛使用、由咖啡植株的葉片浸泡而成的飲料，被記錄出現在爪哇和德國，而針對浸泡液分析後，倫敦的藥劑學雜誌說，這是一種十分有營養價值的飲料：

咖啡植株的葉片中含有咖啡因此一事實早已為人所知，但直到戰爭發生，咖啡葉片才被商業化來生產咖啡因這種藥物。這個想法發源自蘇門答臘，在現今系統下種植的咖啡，經常會受到胭脂屬昆蟲的侵襲。在漿果收成不足的情況下，種植者得為含咖啡因產品尋找替代品，他們收集葉片，並從葉片中提煉出純咖啡因。隨著戰爭的發生，咖啡因的需求大幅擴張，以至於由咖啡葉片大規模萃取咖啡因的製程必須有賴於成噸購買咖啡葉片的荷蘭工廠。

Chapter 12
全球咖啡禮儀與習慣

　　倒出來的第 1 杯必須由煮製咖啡的人自己喝下，證明「壺中的死亡」並不存在；接下來他便服務賓客，拒絕絕對是不可饒恕的羞辱；不過一個人一次喝的量並不多，因為喚做 finjans 的咖啡杯，尺寸最多也只會和一個大的蛋殼差不多，而且從來不會裝超過半滿。

　　自從阿拉伯的謝赫・奧馬發現咖啡的飲用方法後，東方的咖啡禮儀及習慣 600 餘年來發生的改變極少。然而，做為一種西方人士，特別是美國人的飲料，咖啡在準備及供應方面已經有了許多改良。

　　在此披露一項針對咖啡已經成為飲食清單固定項目的主要國家所做的咖啡社會習俗簡略調查，結果顯示不同民族如何將此一普遍的飲料改造成適合自己國家的需求和偏好。

　　以下的介紹將從非洲開始，阿比西尼亞、阿爾及利亞、埃及、葡屬東非和南非共和國對飲用咖啡都十分熱衷。

非洲的咖啡禮儀及習慣

　　在阿比西尼亞和索馬利蘭的原住民族群中，仍然保留著最原始的咖啡製備方法。在這裡，四處流浪的蓋拉族仍然將研磨成粉的咖啡豆與油脂混合當做日用口糧，而其他土著部落則偏愛 kisher，也就是用烤過的咖啡豆殼製作的飲料。煮沸 1 小時會得到一種帶有一絲甜味、稻草色的湯汁。

　　在非洲習俗已經根深蒂固的區域，咖啡這種飲料是仿照阿拉伯與土耳其的方法，用烘烤過的豆子製作的。白種人居民通常會用與家鄉一樣的方式準備和提供咖啡；所以可能會得到英國、法國、德國、希臘或義大利風格的咖啡。在大型城鎮中，或許還能找到法式路邊咖啡廳與土耳其咖啡館的改造版。

　　埃及與烏干達等在赤道附近省分的原住民會食用生的咖啡漿果；或先以沸水煮過後，在陽光下曬乾，然後再食用。在朋友聚會中交換咖啡豆是一種當地的習慣。

　　某些阿比西尼亞的土著部落會專門為製備咖啡製作塗成紅色和黃色的獨特陶製器皿，這些器皿通常會在伊斯蘭教徒前往麥加的旅程中伴隨他們，而且在絕大多數都是咖啡迷的朝聖者中銷路格外的好。

▶「馬札格蘭」甜味冷咖啡

　　土耳其和阿拉伯的咖啡習慣在阿爾

衣索比亞哈勒爾的本土咖啡廳。

及利亞和埃及十分普遍，並在與歐洲文化接觸後發生了某種程度上的更改。開羅、突尼斯和有阿爾及爾的摩爾風格咖啡館數個世紀以來，為作家、藝術家和旅行家提供了靈感與仿效的對象。隨著時光的流逝，它們並沒有多大的變化。馬札格蘭——一種加了水或冰的甜味冷咖啡——發源於阿爾及利亞。

這種飲料的名字可能源自 1837 年被塔夫納條約保留給法國的同名要塞。據說法國殖民地部隊是第一批於馬札格蘭附近行軍時，被供應用咖啡糖漿和冷水製作之飲料的人。當這些人回到法國首都時，他們將飲料裝在高腳杯裡，引進他們喜愛的咖啡廳中，這種飲料在咖啡廳中以馬札格蘭咖啡之名為人所知。咖啡糖漿加塞爾茲礦泉水，還有咖啡糖漿加熱水都是這種咖啡的變種。

賈丁說：「把咖啡裝進玻璃杯中的風潮，一點存在的理由都沒有，而且絕非放棄用杯子喝咖啡的正當理由。」

▶ 摩爾式「洞穴」咖啡館

一群阿拉伯人蹲踞在移動式爐子周圍，還有一張桌子放著準備盛放滾燙咖啡的杯子，在阿爾及利亞任何一個城鎮的主要街道及公共廣場都是司空見慣的場景。這些乾渴的阿拉伯人走近那位商人，用不多的金額買到他的飲料並繼續自己的事情；除非他寧願走進咖啡廳內，在那裡他可能會得到數杯飲料讓他慢條斯理地飲用，他可以盤坐在地毯上，同時抽著他的長煙管。

這的確是整個近東地區常見的景象，幾乎每個角落都能找到棚子或咖啡帳棚（奢華咖啡館的陽春版）、咖啡店，以及流動的咖啡小販。

在一項未發表的工作中，安東·盧梭男爵和羅蘭得·德·布西神學士對一家阿爾及爾典型的摩爾式咖啡廳做出如下敘述：

我們輕鬆地走進一個窄而深、飾以咖啡廳之名的洞穴。整個洞穴縱長的左右兩側有兩張鋪著席子的長椅；遍布凹痕的杯子、火鉗、一盒紅糖，全都放在靠近一個小爐子的地方，這就是這個地方全部的家具布置。

當夜晚來臨，一盞懸掛在天花板上的油燈發出昏暗的光線，映照出兩排正在聆聽一個樂隊以小型三弦提琴撥弦伴奏、抑揚頓挫帶著鼻音哼唱的原住民們的模糊身影。

就像在歐洲一樣，此地的咖啡廳天意使然地成了遊手好閒的人和八卦謠言、房地產掮客交流資訊，還有玩紙牌遊戲的人經常出沒的場所。

最近抵達的歐洲人尤其喜愛光顧此處。有些人只是為了滿足自己的好奇心；其他人則是出於對本地文化習俗的蔑視。

阿爾及爾的摩爾式咖啡館。

他們像法國人一般入睡，醒來卻成了回教徒！

他們對「土耳其藝術」的熱愛只足夠帶領他們流連在當地的商店，擺出一副東方人的姿態。

如果我們暫時離開城市內部，沿著兩行乳香或蘆薈間的灌木小徑，那是一條不太可靠的路徑之一，會帶領人們偶爾通往一座山丘的峰頂，有時又深入某些深谷的內部，不久，那生鏽長笛的旋律和變調的 Djouwak 琴將穿透寬大的開口，洩露某些涼爽且寧靜的避靜之所和可輕易由外觀認出的某些鄉下咖啡廳之所在。在我看來，沒有什麼比得上這些沿著小溪邊緣、隨處散布之小巧建築的

開羅的咖啡館。

魅力，掩映在濃密的灌木之下，因附近百姓的來往而充滿生氣。

一些為逃離城市喧囂從鄰近區域前來的老摩爾人是這些宜人休閒場所的忠實顧客。他們於拂曉時分安頓在此，並懂得如何用他們的旅遊故事和年輕時的冒險經歷，還有完全由他們的豐富想像力創造出的傳奇故事來讓自己一天中的每時每刻過得快活有趣。

▶ 埃及咖啡廳

由傑洛姆所繪製，懸掛在紐約大都會藝術博物館名為「開羅咖啡館」的畫作，讓人對於埃及咖啡廳的氛圍有很好的了解。咖啡的準備和其中的服務是修改過的土耳其－阿拉伯式。咖啡被研磨成粉，加糖在土耳其咖啡壺中煮沸，冒著沸騰的泡泡裝在小杯子裡上桌。一如往昔，說書人、歌手，還有舞者為咖啡館提供娛樂消遣，在這方面，東方的習俗並未有太大的改變。

在較具規模埃及城市的新街區上，驢子或許已被電車、雙座四輪馬車和計程車所取代，不過，在古老的亞歷山大港和開羅，通往當地咖啡館的道路一如既往的骯髒且氣味難聞。所有的商業交易都會提供咖啡。時下的埃及女性會嚼食口香糖，而男性則吸食香菸，法國百貨公司會提供特價出清，飯店則會宣傳茶舞派對；但是埃及咖啡依舊是和 300 年前、糖首次在開羅被加進咖啡時一模一樣地裝在小杯子中的咖啡粉和糖。

在葡屬東印度地區，當地原住民會仿效眾所周知的非洲特有方式煮製並飲

開羅一家理髮店提供的咖啡服務。

用咖啡,但白人族群則採用歐洲的習慣。在南非共和國內,普遍流行以荷蘭和英國的習慣準備和供應咖啡。

亞洲的咖啡禮儀及習慣

要是只考慮它帶給世界咖啡這項餽贈,「阿拉伯樂土」便值得稱為是「被祝福的」。

▶ 阿拉伯人好客的象徵

咖啡飲料的功效第一次在此地被公諸於世;咖啡植株在此首次被密集栽種。在習以為常地飲用咖啡數個世紀之後,我們發現阿拉伯人現在(和從前一樣)是世界上最強壯和最高貴民族之一,大多數人都心智優秀且身體康健,而且變老得如此優雅,以至於很少發生心智機能比身體機能還早喪失的情形。他們是咖啡於健康有益的活見證。

房屋的特色是咖啡室。 阿拉伯人是人盡皆知地好客,而千百年來,他們好客的象徵一直都是民主政治的偉大飲料——咖啡。他們的房子甚至就是圍繞著這杯象徵人類兄弟情誼的飲料所建立的。威廉·華勒斯描寫阿拉伯人生哲學、禮儀及習慣時說道:

阿拉伯房子的主要特色是 kahwah,也就是咖啡室,那是一個鋪著草席的巨大房間,有時候會配置地毯和幾個墊子。房間的一頭是一個用來煮製咖啡的小火爐或壁爐。男士們在這個房間內聚會、接待賓客,甚至讓他們在這裡暫住;女士們很少進入這個房間,除非是很偶爾當陌生人出現時,她們才會在此處暫待。這些房間有的非常寬敞,裡面還有支撐

一間阿拉伯咖啡館。

的柱子；通常會有一面牆的建築方向橫
切過 Ka'ba（麥加的神聖祭壇）的界線方
位。這是用來幫助那些在特定的祈禱時
間到來，但是恰好正待在 kahwah 的祈禱
者們。

一開始迎賓時，會上幾輪沒加牛奶
或糖、有時會加上一些小荳蔻的咖啡；
咖啡在兩餐之間的全時段可能都會供應，
或無論何時提供給有需要的場合。咖啡
豆永遠是新鮮烘焙、研磨和烹煮的。

咖啡館速寫。阿拉伯人平均一天會
喝 25 到 30 杯（fin-djans）咖啡。阿拉伯
隨處可見能購買到這種飲料的咖啡廳。

下層階級的民眾整天擠滿咖啡廳。
店前通常有可供人坐下的門廊或長凳。
房間、長凳，還有那些小椅子欠缺像是
曾經的大馬士革和君士坦丁堡這些城市
中奢侈豪華的「caffinets」內的潔淨與高
雅，但是有著同樣的飲料。葉門全境沒
有一個集鎮或小村落無法找出一處上面
寫著「咖啡小屋」的樸素小屋子。

阿拉伯人在飲用咖啡前會先喝水，
但從不在飲用咖啡後喝水。「從前在敘

利亞，」一位旅行者說，「因為我在喝
完我的咖啡後立刻要求喝水，讓我被認
出我是個異鄉人。」侍者說，「如果你
是本地人，你不會喝水來破壞口中咖啡
的滋味。」

在阿拉伯的路邊小旅館或小客棧分
享 1 杯由 araba，也就是勤奮的司機，在
戶外煮製的咖啡是一種冒險。他會由車
座掛包中拿出他放置其中的咖啡工具箱，
裡面有他的生豆補給，他會將生豆放在
一個置於明火上的有孔小鐵盤上充分烘
烤，在豆子變化成正確顏色時，熟練地
一次一顆將它們取下。然後他會在研缽
中將豆子搗碎，用一個開口的、有著長
直柄的水壺，也就是 ibrik（某種銅製的
大杯子，也做 jezveh），將水煮沸，放
入咖啡粉末，在裡面的液體沸騰到杯緣
時，於火焰上方前後移動這個容器；然
後，在重複這個動作三次之後，容器中
愉快地冒著泡泡的內容物倒入一個小小
的蛋型飲用杯中。

Café sultan，或稱為 kisher，指的是
由乾燥並烘烤過的咖啡果殼製成的原始
湯汁，阿拉伯及土耳其的部分地區現在
仍然會飲用這種飲料。

咖啡在阿拉伯是生意上的例行公
事，就和在其他東方國家中一樣。商店
主人會在開始討價還價前，為顧客送上
咖啡。曾有一位紐約的理髮師因為用茶
和音樂款待客戶而得到好些有用的宣傳。
那已經是「老把戲」了，阿拉伯和土耳
其的理髮店已經提供咖啡、菸草，還有
糖果糕點來服務他們的客戶長達好幾個
世紀了。

家庭裡的古老咖啡禮節。要想一窺現今在阿拉伯家庭中依舊可見、只有略微修改的阿拉伯古老咖啡禮節，便需求助於帕爾格雷夫。他首先描述了住宅，然後便是禮節的部分：

K'hāwah（咖啡室）是一個大型、橢圓型的大廳，高度大約是 20 呎，寬度大約在 16 呎上下；牆壁以粗略裝飾的手法刷上棕色和白色，而且到處都有凹陷的小小三角形壁龕，是用來收藏書本的地方——反正加菲爾一家（加菲爾是一小部族的首領）也沒有過剩的油燈和其他類似的物品需要收納。屋頂由木料構成，而且是平的；地板鋪蓋著細緻潔淨的沙子，沿著牆壁還裝飾著長條的地毯，上面以適當的距離堆放著覆蓋了褪色絲綢的軟墊。稍微差一些的房宅通常會用毛氈毯代替地毯。

在一個角落，也就是離門口最遠的地方，設置了一處小壁爐，或者更正確的說，一個小火爐，用大塊的方型花崗岩或其他堅硬的石材構成，每一邊大約是 20 吋；內部是空心的，通往一根很深的煙囪，煙囪開口在上方，下方以一根小水平管或管孔互通，讓以風箱驅動的空氣，可以流動到堆放在位於煙囪圓錐向內約一半深度的格柵上點燃的煤炭上。這樣一來，燃料就能很快的達到白熱的溫度，而放在漏斗開口上的咖啡壺裡的水便能輕而易舉地達到沸騰。

咖啡爐子的系統在卓夫和傑貝爾·肖默兩地是通用的，但在納季德當地，以及我向南及向東所拜訪的阿拉伯更為遙遠的地區，在地面所挖出坑洞中燃燒的明火火爐取代了壁爐，坑洞周圍有凸起的石頭邊沿，還有為燃料設計的柴架，就像現在可能在西班牙還能見到的一樣。

對阿拉伯人來說，這種布置上的差異是由於柴木在南部的數量非常豐富，因此當地居民得以用較多木材來燃燒；反之，從整個卓夫到傑貝爾·肖默，木材十分稀少，唯一唾手可得的燃料是劣質的煤炭，通常是由相當遙遠的地方運來，並且會被節約的使用。

K'hāwah 的這一角同時也是尊貴之處，名聲與咖啡從這個角落，以漸進等級圍繞著房間向外輻射，因此，主人自己，或是他特別想要取悅致意的客人，會坐在這個角落。

根據情況，火爐或壁爐較寬的一側會設置一排豪華的銅製咖啡壺，各有不同的尺寸和樣式。在卓夫此地，它們的樣式會與大馬士革流行的相似；但在納季德和東部地區，它們的樣式是不同的，而且有更多裝飾性的流行樣式，非常高瘦，除了擁有長長的、鳥喙形狀的壺嘴高聳的尖頂壺蓋之外，還帶有一些裝飾性的圓圈及精緻浮雕的飾邊。

一位回教徒家中正在沖泡客人的咖啡。

　　這些器皿的數量通常都過分龐大，我曾在一處爐邊見過一打的咖啡壺被排成一列——就算是為了煮製咖啡所需，最多也只需要 3 個就夠了。在卓夫，5 或 6 個咖啡壺被認為是了不起的；對南部地區來說，這個數字必須翻倍；這一切是為了暗指賓客來訪之頻繁，致使主人不得不因此準備大量的咖啡，來顯示物主的財富與慷慨。

　　在爐邊座位的後方——至少在那些富有的咖啡館內，會有一個通常名字帶有表示親暱或喜愛意味之暱稱的黑奴；以目前的情況來說是 Soweylim，Sālim 的暱稱。他的工作是煮製和倒出咖啡；如果家中沒有奴隸，在自己是一家之主的前提之下，或可能由他其中一個兒子執行這項待客的責任；我們很快就會看到，這是件冗長乏味的工作。

　　我們進入屋內。在跨過門檻時說聲「Bismillah」（意為「以神之名」）才合乎體統；不這麼做會被視為惡兆，不論是對進入室內的訪客和本來就在屋內的人來說都是。接著訪客安靜的前行，直到來到約橫跨房間一半的位置，他向所有人致意，但會特別看向主人，合乎習俗的問候語是「Essalamu'aleykum」，意即「願平安歸於你」，正確地說是「降臨在你身上」。

　　當這一切進行時，屋內所有其他人都留在原位靜止不動，且一言不發。不過一收到額手禮致敬，而主人若正好是（或無論如何都想要看起來像是）一位嚴謹的瓦哈比派教徒的話，會回以標準長度的傳統客套話，「W' 'aleykumu-s-salāmu, w'rahmat' Ullahi w'barakátuh。」依照所有人的理解，整句的意思就是「也願平安、神的慈悲和祂的祝福歸於（或降臨）你。」但如果他恰好有反對瓦哈比教派的傾向，他很可能會說「Marhab'i」或「Ahlan w' sahlan」，意即「歡迎」或「榮幸，而且很高興」，或是其他類似的話；這類詞句有著無窮無盡卻又高雅的變化。

　　透過走近和行禮致敬，所有的致意都遵照如此的範例進行。賓客接著走向主人，主人也會朝前走 1 到 2 步，將他張開的手放在賓客的掌中，但不會抓握或搖晃，那些行為根本無法被認為是禮貌得體的。與此同時，每人再次重複他的問候，接續著有固定語句的有禮詢問：「你好嗎？」「近況如何？」等等，用的都是極為關注的腔調，並且會重複三或四次，直到兩方之中有人做出判斷並說出「El hamdu l'illāh」，意即「讓我們讚美神」，或是具同樣重要性的話：「好的。」這就是將儀式性質詢合乎時宜地轉移話題的信號了。

　　在小小的禮儀競爭後，接著賓客向在一側的黑奴及在另一側離他最近的鄰座道擾問候之後，便在爐火旁的榮譽座位落座。當然，因著他榮譽權威的分量，已經為他準備最好的軟墊與看起來最新的地毯。鞋子或者說涼鞋，因為實際上只有後者會在阿拉伯被使用，在將要踏上地毯之前會被脫下放在沙地上，它們會被留在附近的地上。不過，對一個正統的阿拉伯人——無論是貝都因人或都市居民、富人或窮人、出身高貴者或出

身低下者——來說，騎馬杖或棍都是不可分割的伴侶，它們會被留在手中，並且在談話停頓期間充當讓人把玩的物件，就和我們的曾祖母把玩扇子一樣。

Soweylim 一刻不耽誤地開始他的咖啡煮製。這個過程始於以風箱鼓風大約 5 分鐘，還有排放煤炭，直到產生足夠的熱度。接著，他將最大尺寸的咖啡壺、一個巨大的機器，還有大約 ⅔ 滿的清水放在灼熱的煤炭堆邊緣，好讓其內容物在進行其他作業時能夠漸漸變熱。然後他會從附近牆上的壁龕中拿出一條髒兮兮、打結的破布包，並將結打開，從中倒出 3 到 4 把未烘焙的咖啡，放在一個小小的草編盤子上，再仔細挑出任何發黑的顆粒，或其他在大量買進時經常會混雜在漿果當中的異物。

隨後，在經過很大程度的清潔與搖動後，他將如此清洗過的豆粒倒進一個很大的開口鐵杓，並將鐵杓放在煙囪口上，同時用風箱鼓風並輕柔地一圈一圈攪拌豆粒，直到它們發出細碎的爆裂聲、發紅，而且有點冒煙，在遠遠沒有達到因土耳其和歐洲採用的錯誤方法而變成黑色或燒焦的程度之前，小心地將它們由熱源移開；接著他將它們放在草編盤子上冷卻一會兒。

隨後，他把大咖啡壺中的溫水放置在火焰的縫隙中，如此一來，水就得以在正確的時刻準備沸騰，與此同時，將一個中間有一條狹窄溝槽的巨大石製研缽拉動到靠近他兩條光裸的腿中間，溝槽的寬度恰好足以容納他正拿在手中那支 1 呎長、1.5 吋厚的石製碾搥。他將半烘焙的漿果倒進研缽中搗碎，以非比尋常的熟練度準確地敲進那條狹窄的溝槽中，他的敲打從來沒有發生失誤，直到豆子被敲碎，但並未變成粉末的狀態。隨後他將其舀出，豆子現在變成一種粗糙、帶紅色的砂礫狀，和在某些國家流傳，細緻如煤炭灰的咖啡粉大相徑庭，那些咖啡粉中每一絲真正香氣的微粒早已被燒焦或磨碎。

在以彷彿整個卓夫的福祉都取決於此的極度認真和審慎精確執行完所有的操作之後，他拿出一個較小的咖啡壺放在手邊，從較大的容器中將熱水倒進小咖啡壺中，大約至超過一半的量，然後再將搗碎的咖啡搖動加入其中。接著，將小咖啡壺放在火上煮沸，間或用一根小棒子加以攪拌，在水面上升時檢查沸騰狀況，同時防止溢出。

沸騰階段通常不會太長或太劇烈，恰恰相反，這個階段也是愈輕微愈好。在間歇時，他會從另一個打結的破布包中，拿出一些叫做 heyl 的芳香種子，這是一項印度產物，但是很遺憾，我對它的正式名稱一無所知；又或者他會拿出一點點的番紅花，並且在輕輕搗碎這些原料後，將它們丟進即將沸騰的咖啡中來增添風味。像這樣額外添加香料，在阿拉伯被認為是不可或缺的——儘管這在東方其他地區通常是被省略的；至於加糖，則是完全沒有聽說過的瀆神行為。

最後，他將以過濾為目的的某種棕櫚樹皮內層纖維放在壺嘴將汁液濾出，並且準備好精美的雜色草編托盤，以及用來盛裝咖啡的小咖啡杯。

　　以上這所有的準備工作，需要耗費整整半個小時。

　　與此同時，我們正忙於與我們的主人及他的朋友們積極地對話。但我們的謝拉拉特嚮導蘇萊曼，和真正的貝都因人一樣，儘管被反覆邀請，他仍對身處於一群城裡人當中、冒險涉足上層階級感到非常尷尬，因此就蹲坐在靠近入口的沙地上。加菲爾的許多親戚都在場；他們以銀裝飾的寶劍昭示著這個家族的重要性。其他人也前來接待我們，我們在入口通道遇見的人事先宣告了我們的到來，這算是城鎮裡的一件大事；某些人的穿著顯示出他們的貧窮，其他則是較富裕的階層，不過所有人都表現得非常有禮貌且舉止高雅。

　　他們問許多關於我們故鄉和城鎮的問題（我們佯稱自己來自敘利亞的大馬士革）；他們對我們的回答很滿意——這對繼續維持假身分是非常重要的；接著詢問關於我們的旅程、我們的買賣、我們帶來了什麼，關於我們的醫藥、我們的貨物和物品等等。

　　打從一開始我們就能輕易地看出，病人和買主很可能都大量存在。在每年這個時節拜訪卓夫的行商不是沒有就是非常稀少，因為在6、7月的熱浪下跑進廣闊的沙漠中橫衝直撞的人，不是瘋子就是離發瘋不遠；身為瘋子中的一員，我很確定我一點都沒有再經歷一次的意願。由此我們發現幾乎沒有遇到危險和競爭者，而市場幾乎完全任我們宰割。

　　45分鐘即將過去，黑奴仍舊在烘焙或搗碎咖啡時，此時出現了一個高瘦的

男孩，他是加菲爾的長子，帶著一個和其他盤子一樣的草編大圓盤，以優雅的動作一推，將盤子拋在靠近我們面前的沙地上。接著他拿出一個放滿椰棗的大木碗，在那一堆椰棗的正中間是一整杯融化的奶油，並說「Semmoo」，照字面上理解是「唸出神之名」；意思是：「幹勁十足地開始吃吧！」

　　離開火爐旁的座位，並在我們對面的沙地上就座；我們向盤子靠近，而在一番有禮的覷覷作態後，其他4到5位客人也加入了我們的圈子。然後每個人都從那一大堆多汁的、半切開的椰棗中拿起1或2顆，將它們浸入奶油中，就

拿著咖啡招待用具的努比亞女奴，波斯。

這樣食用到他覺得滿足，那時他會起身並清洗雙手。

此時咖啡已經準備好了，Soweylim便給大家都斟上咖啡，他一手拿著咖啡壺；另一隻手上則是托盤和杯子。根據禮儀，他倒出來的第1杯必須自己喝下，證明「壺中的死亡」並不存在；接下來他便服務賓客，從那些坐在火爐旁榮譽席位的客人開始；主人是最後才拿到咖啡的。

拒絕絕對是不可饒恕的羞辱；但每個人喝的量並不多，因為喚做 finjans 的咖啡杯，尺寸最多也只會和一個大的蛋殼差不多，而且從不會裝超過半滿。這被認為是良好教養的必備條件，滿杯在此地所代表的意義與歐洲恰恰相反；我完全不知道這是怎麼造成的，唯一能想到的可能是，在埃及和敘利亞已經十分普遍的杯架「zarfs」，在阿拉伯卻相當罕見；對毫無隔熱器具、直接用手握住杯子的阿拉伯人來說，將咖啡倒得太滿顯然會過於燙手，不便取用。儘管如此，「為你的仇敵倒滿杯」是整個阿拉伯半島上所有人，不管是貝都因人還是城裡人，都耳熟能詳的諺語。

咖啡的香氣馥鬱且提神醒腦，它是真正的滋補藥，與黎凡特人吸食的黑色泥漿，或法國清淡如水的烘焙豆調製品有非常大的差異。當奴隸或自由人——這要視情況而定，將1杯咖啡呈送給你時，必然會伴隨著一句「Semm」即「奉神之名」，也就是說，你必須回以「以神之名」才能接過這杯咖啡。

當所有人都被如此服侍過後，就可以倒出第二輪咖啡了，不過這次的順序是相反的，因為這次主人是第一個喝下咖啡的，而賓客則是最後一位。在特殊情況下——例如第一次接待時，這種微紅的汁液在第三輪才被逐一傳遞；不但如此，有時候還會加上第四杯咖啡。但這些全部加起來都不到歐洲人在早餐時所喝下唯一1杯的¼。

近代的咖啡禮儀。要了解更近代的阿拉伯咖啡禮儀與習慣，我們要求助於查爾斯・M・杜提所寫的《阿拉伯沙漠旅行》：

（以氏族部落為基本單位在沙漠過遊牧生活的阿拉伯人，即貝都因人。同住一個帳篷的，就代表一個家庭，並與其他家庭組成一個氏族，許多血緣相近的氏族再組成一個部落，並擁有專屬部落的土地。部落的首領多半是從部落裡推選出來的。貝都因人還有一個更大的家族單位——由彼此有些許血緣關係的部落所組成，這些部落的各個首領們，還會組成一個「民族會議」。）

赫法曾問她丈夫宰德（一個小游牧部族的首領），對於搭建帳篷有哪些需求（宰德的部族大概有6個大帳篷）。

「把這面裝飾一下，一直到這裡。」他手指著南方對她比劃著。他的帳篷若能整天都對著熱辣的太陽，那麼來喝咖啡的造訪者當中（首領必須招待來到首領帳篷的人們喝咖啡，但宰德為人有點吝嗇），就會少一點閒漢與寄生蟲般的傢伙。由於只有部落首領能獲得支付給他們部落的獻金（朝覲地點行政當局每年都要給部落一筆

錢，這些錢會全部進首領的口袋），所以那些傢伙常常投向咖啡東道主（這裡指宰德）的懷抱是很自然的事。

我曾看過宰德在那些傢伙走近時躲開，甚至可說是很不禮貌地在他們出現的那一刻就起身（每個帳篷都有一半是隨時開放的──即來訪者的那一側，任何身處那一側的人都會置身毫無遮掩的沙漠中）。他們低聲抱怨著，因為宰德跟他們道再見，表示他必須去參加民族會議，要他們離開，去其他地方尋找喝咖啡的地方。不過，此時若有其他的部族首領跟他們同行，宰德就沒得選擇，只能老實留下並為他們準備咖啡；此外，只要是與首領有同宗族關係的人造訪，就算宰德本人不在帳篷，仍必須要有人為來客準備咖啡──除非客人溫和地提出拒絕，「真主在上，我不會喝咖啡。」宰德的妻子赫法，是他的女性近親（當時的貝都因人有近親結婚的習慣），也是一位部族首領之女，即使他常搞一些吝嗇的手段，她仍對他忠誠如一。

如果宰德沒有離開去部族會議現場喝他的午間咖啡，在我們的地盤（以作者杜提的角度而言，他是宰德的客人）站著的那些傢伙，會走向煮咖啡的爐火旁。

滿載咖啡的沙漠之舟，阿拉伯。

幾根被收集來的柴火被扔在爐邊；有一人彎下腰用燧石和鋼鐵在火絨上引火，他輕吹並以一些乾燥的駱駝糞保護這些歡快火焰的種子，讓這些碎屑放在乾燥的稻草下燃燒，並放進更多弄碎的乾燥駱駝糞來增加火力。當火焰燃起，部落首領伸手拿起他的咖啡壺──咖啡壺是被放在咖啡器具籃中搬運的；這個游牧部族習慣將每一樣物品都妥善收藏在適合的帳篷中，才不會在他們每天的遷徙中遺失。一人起身走到皮水囊處，將咖啡壺裝滿水，或會由女士們那一側的簾幕後傳過來 1 碗水；將咖啡壺放在火邊，赫法拿來她手掌大小的一把生咖啡漿果……這些漿果會被烘烤和搗碎；當所有的東西都在煮沸時，宰德會開始擺放他的小咖啡杯。

當他帶著令人愉快的認真神色解開他的杯匣時，我們發現這位牧民擁有不超過 3 或 4 個小咖啡杯，包裹在一塊褪色的破布中，他用那塊布使勁地擦拭那些杯子，彷彿如此就能讓他的杯子變乾淨一般。烘焙過的豆子在阿拉伯人之中，以寬大的響板搗碎──而且（就和他們所有的勞動一樣）帶著節奏──城鎮中用的銅研缽，或古老的木製研缽，閃亮地綴滿釘子，那是某位牧民鐵匠的傑作。

水在小小的咖啡壺中冒著泡泡，他將他細緻的咖啡粉灑進壺裡，並移回咖啡壺，讓它用文火慢慢地煮一會兒。從他打開結的手帕中，他拿出一把丁香、一片肉桂或其他香料等等，將這些東西一起搗碎，隨後，他將它們的粉末灑進壺裡。

很快地,他便倒出幾滴滾燙的液體嚐嚐;若嚐起來符合他的喜好,便敏捷地帶著悅耳的鏗鏘聲,把所有的杯子套疊在他的手上,他準備好為所有客人倒咖啡了。由他的右手邊開始;首先就是倒給其他的部落首領和重要人士——如果他們在場的話。1 小杯咖啡只夠吸啜 4 口——就像北邊城鎮的做法一樣,為賓客倒滿一整杯在貝都因人之間會被視為一種傷害,而且有著「予汝此飲然後離去」這樣的苦澀意味。

接著,這群人通常會發生一場關於誰該第一位享用咖啡的有禮爭執。有些人在拿到自己那杯咖啡時不會先喝——而是將咖啡讓給坐在他位階下一順位的人,如同獻給更高貴的人一般;但對方會舉手推拒,並激動地回答:「別,奉阿拉之名,千萬不要如此!肯定是您先用。」就這樣,這個謙讓的人(前者)匆匆地啜吸 3 口,而後舉起了他空了的小咖啡杯。但假如他實在堅持,經由此舉,他也充分展現出自己願意與位階較低之人調和一致;至於那位鄰座之人,在發覺飲用咖啡的客人們一直看著他之後,或許會以坦率的優雅接過杯子,並讓這件事看起來並非出於自願;但意志堅定者有時仍會拒絕他人和善的奉獻。

有些人或許寧願選擇階級較低的位置,而不願成為與首領有同宗關係、讓游牧民嫉妒的人;他們會早早地進入室內,在讓所有客人感到困擾之前以紊亂的順序入座。一位姍姍來遲的部落首領通常會在遠離群眾處落座;並在這種可敬的謙遜中出席,成為一位受歡迎的人。

愈靠近帳篷內側代表的是地位愈高的座位,而那通常會是某位陌生人的座位——部落首領們也被安排入座於此。在帳棚外及帳棚前方鬆散的坐成一圈是普通人的行為,一位部落成員前來並在那裡或更低處出席,在所有人眼中,他的權利是充分地被允許的;在這種良好教養的儀式中所表達出來的,是一名游牧者在同族人之間的面子。

一個貧苦之人裹著他破爛的斗篷由後方接近,以莊重的禮節隱匿身形站在該處,直到那些在他面前懶散地坐在沙地上的人將注意力移到他身上;隨後他們不情願地起身,並後退讓咖啡圈子變大好容納他的進入。不過,如果到來的是一位部落首領、一位咖啡東道主、在

波斯的咖啡服務,1737 年。

他們當中擁有好些牲口的勇者，所有在帳篷內的花花公子訪客們都會用討人喜歡的諂媚跟他打招呼說：「您請上前到這裡來。」

　　精明但手頭緊的部落首領在他們的咖啡飲用禮節上超越所有人，而宰德又比這種貌似紳士的冒牌貨更甚；他渾身充滿了趾高氣昂的自滿，面對更為謙遜的人則加倍地奉承恭維。以這種文謅謅且謙和的方式，他小心溫和地對別人做出了強求的動作，而這自抬身價的行為為他自己爭取到一塊本屬於他人的空間！以這種方式，宰德裝做是名慷慨的好人，事實上他是最吝嗇的傢伙。

　　杯子在眾人間輪流飲用傳遞了 2 圈，每個人都不感到嫌惡地在其他人以唇碰觸後繼續吸啜咖啡；對偉大的部落首領來說，杯子會重複填滿咖啡更多次，但這屬於咖啡侍者的奉承。某些部落首領雖不富裕卻十分貪圖享樂，他們會為了延長自身的快樂，而在 3 次的苦澀吸啜中，做出轉動、翻轉和搖動杯子的動作達 10 次以上。

　　咖啡的招待結束後，咖啡渣被從小的咖啡壺倒進更大的、裝滿溫水的貯藏壺中；這些游牧民將以此苦澀的鹼液製作他們的下杯飲料，並盤算著他們可以因此省下咖啡。

　　以下是一份由那個年代消息最為靈通的詩人卡迪・震德哈特所提供，製作咖啡的阿拉伯配方：

Tadj-Eddin-Aid-Almaknab-ben-

Yacoub-Mckki Molki，漢志地區所有行政區的長官（願神的慈悲降臨在他身上！）我曾於聖餐饗宴那時，在他的陪同下學得……他告訴我，沒有什麼比飲用咖啡前喝冷水更有益處的了，這是因為如此能減輕咖啡的乾性，從而在相同的程度下，讓飲用咖啡不至於造成失眠。詩人並未忘記解釋此一飲用咖啡的禮儀：
它是用藝術所製備出來的，
便應以藝術的方式飲用。
只是以自由之心所汲取的尋常飲料；
但這——
一旦小心翼翼地由明亮的火焰中移開，
並留出已自證其價值的酸橙——
首先將其加入深桶中，靜默且緩慢地，
立刻停止、現在繼續，
以此種藝術的風格飲用；

長袍大衣。東方咖啡館經營者的裝束。

一間土耳其 caffinet 的內部景象，十九世紀初期。

在令口感吸引人的同時，
它燒灼卻令人沉迷，
在它獲得勝利的時刻，它被承認的好處
穿透每個組織；它的威力凝結集中，
令人振奮的暖流流通循環，
為每一種感官帶來新生。
從大鍋中傳來全然香料的氣味
毫無防備地對你的嗅覺發動挑逗，
並使其感到深切的愉悅，
當你以滿滿的幸福，
吸入那被微風帶來的迷人香氣。

▶ 土耳其華麗咖啡館走入歷史

君士坦丁堡那「奢侈且華麗的」咖啡館已消逝無蹤，那些咖啡館讓咖啡這種飲料首度揚名世界；這些 caffinets（咖啡館）就如同在《君士坦丁堡圖解》

中，由湯瑪斯・艾隆繪製、羅伯特・華許牧師所描述的一樣：

caffinet，也就是咖啡館，是某種更為壯麗的存在，土耳其人將他對盛裝和高雅的概念全都應用於此，是他最喜愛的沉溺之所。

這座宏偉的建築通常以非常華麗的方式裝飾，建築以柱子支撐，而前方空曠開闊。建築內部由一圈加高的平臺環繞，上面覆蓋毯子或軟墊，土耳其人在其上盤膝而坐。

建築一側是彈奏曼陀林和鈴鼓的音樂家們，他們通常是希臘人，伴隨著歌手在喧鬧中詠唱旋律；這響亮而吵鬧的演奏會與寂靜且沉默寡言的土耳其式聚會形成強烈對比。對面那一側是通常屬

在一家咖啡店前烘焙咖啡，土耳其。

於出身良好階級的人們，有些人每天都可以在此地見到，而且是一整天，在咖啡與菸草的雙重影響下打瞌睡。

咖啡被裝在非常小、不比蛋杯大多少的杯子中，包含咖啡渣和所有一切，不加奶油或糖——如此純粹、濃厚和苦澀，以至於它曾恰如其分地被比擬為「燉煤灰」。

除了尋常代表菸草的 chibouk 之外，caffinet 中還有另一種製作更為精美、被稱為 narghilla 的吸菸器具。它的組成中包括了一個裝滿水的玻璃瓶，其中的水通常以蒸餾的玫瑰或其他花卉加上香味。玻璃瓶上有一個銀製或銅製的頭，從中穿出一條有彈性的長管子；菸斗的菸絲碗被放置其上，而這樣的構成讓煙被引出，冒著泡泡通過水中，清涼而芳香地抵達口中。搭配這種器具使用的是一種產於波斯西菈子，氣味類似小塊皮革片的罕見菸草。

當然從來不曾有過所謂咖啡店建築學這回事。可能直到財政比過去 50 年來更為寬裕的阿卜杜勒·哈米德時期，才

出現了比現存咖啡店裝飾得更為舒適的咖啡館。

現代咖啡店。無論如何，更現代化形式的咖啡店在土耳其的數量，和在穆拉德三世和惡名昭彰的庫普瑞利時期一樣為數眾多。

H·G·德懷特在描寫現代土耳其咖啡館時是這麼說的：

任何一個土耳其城市中，都有經營著幾乎沒有其他種類生意的大街。沒有任何一個街區會如此不幸或偏遠，沒有一或兩家咖啡店的存在；它們是貧困階級的俱樂部。

各種各樣的市井小民、生意人、不同省分或國籍的人——因為土耳其咖啡店也可以是阿爾巴尼亞咖啡店、亞美尼亞咖啡店、希臘咖啡店、希伯來咖啡店、庫德咖啡店，幾乎所有你樂意放上去的國家——在工作結束後，都會定期在由他們自己族群的人所經營的咖啡店中聚會。光臨這些簡樸咖啡館的常客如此之多，以至於一名打字學徒或學習方言的學生能從中體會到，咖啡店過去被稱為「知識的學院」是多麼精確的形容。

一間土耳其咖啡店的陳設是最簡單的。必不可少的是提供飲料的地方，還有享用飲料的空間。街上經常可以看見咖啡店的設計，視季節而定可能在一片陰影或一片陽光下，幾張凳子對過往行人發出邀請，邀他們前來享受一段沉思的時刻。雖然很少達到非常大的程度，但較大的設施會較為寬闊，在街道盡頭的那一側會開盡量多的窗戶，而另一頭

我們則可以將其稱為吧檯。那是一個帶有如此令人愉悅曲線的吧檯，總是讓我遺憾我對鏤刻一竅不通，它帶有銅製品的強烈光芒，以及陰影顏色深濃如瓷器般的精美設計。

你不會在店內站著。你會落座在沿著房間布置的長凳上。它們多少都放置了一些舒適軟墊——雖然以異鄉人的品味來說有些過高和過寬。如果你想和羅馬人一樣，那就脫掉你的鞋子，然後盤腿而坐。一張擺在你面前的桌子供你放置你的咖啡——而且通常在夏日還會放一盆香氣撲鼻的羅勒以驅趕蒼蠅。椅子或凳子四處散置。裝飾性的阿拉伯文字（有時候是出色的印刷品）會用來裝飾牆壁。甚至可能會有令你賞心悅目的掛毯和瓷器。這就是全部了。

咖啡店的氣質是需要帶著某種程度的閒適的。你絕不能像在飲用西方高酒精飲料一般，狼吞虎嚥地飲用咖啡；無需儀式，在遠離公眾視線的避靜處享用。我認為，做為一種沒那麼激烈和較沒那麼不道德的熱愛，沉迷於咖啡是一件更為人道的事。

在那些尚未被歐洲汙染的咖啡店

一家土耳其咖啡店內部。

中，咖啡店的禮儀是其最具特色的獨特特徵。某些類似的場所普遍流行於義大利，在進入和離開咖啡店時要輕觸你的帽子。然而在土耳其，我曾見過一位新來客對著擁擠咖啡屋內的人一個接著一個地致意，一次是在他進門時，第二次則是在他就座時，而人們也對他回禮致意——將右手放在心臟處並說 Merhabah 招呼問候，或做出 temennah ——即揮手三次，這是最得體的致意方法。我也曾見過所有的客人在一位老者進入時全都起身，並禮讓出代表榮譽的角落。

這些謙恭有禮的舉動是需要花時間的，然後你必須等待你的咖啡被煮製。為了最終的這杯咖啡，新鮮烘焙是必要的，以1個鐵製圓桶在柴火燃起的火堆上烘烤，並在1個銅製的磨豆器中將其碾磨成最細緻的粉末，這些粉末被放進1個有著長柄的小無蓋銅壺中。咖啡粉放在壺中，以裝滿木炭的黃銅火盆煮沸3次到起泡，隨你喜好加或不加糖都可以。但藉由添加牛奶褻瀆咖啡是一種前所未聞的瀆聖行為。

有些 kahvehjis（專門負責製備咖啡的人）會輕快地拍打餘燼中的壺好讓咖啡渣沉澱。與此同時你可以吸菸，那也能耗點時間，特別是——按照土耳其人的說法，如果你「吸飲」的是 narguileh 的話，那是一個巨大的卡拉夫玻璃水瓶，有一個放置菸草的金屬頂端和一捲長皮革管子，由此吸入水冷後的煙霧。一開始的效果十分奇妙地讓人感到撫慰和無害——儘管對新手來說，到最後是驚人地乏味。使用的菸草並非一般的菸葉，

黎凡特的街頭咖啡小販，1714 年。

而是從波斯來的、被稱為 tunbeki 的更為粗糙和氣味濃重的品種。同一種菸草曾大量被放在有長嘴柄的紅色淺陶菸斗中吸食。這些菸斗現在主要在古董商店才看得到了。

當你的咖啡準備好的時候，它會被倒進 1 個餐後咖啡杯或 1 個很小的碗中，並放在托盤上，與 1 杯水一起送上來給你。異鄉人幾乎總是會因為飲用這些提神飲料時的禮節而被認出來。

土耳其人會先啜飲一口水，一部分是為了飲用咖啡做準備，同時也是因為在其他人只喜歡更濃烈的飲料時，他卻是前一種液體（指水）的鑑賞家。他從碟子上拿起他的咖啡杯──不管杯子有

沒有把手，他以自己獨有的靈巧方式駕馭這兩樣東西。

不包括水菸斗在內，所有這一切的時價是 10 帕拉──1 美分的零頭──這個價格會讓 kahvehji 對你嚷著「神保佑你」。更誇飾浮華的場所會收你 20 帕拉，在少數讓人眼花繚亂的地方，價格會提高到一個皮亞斯特（不到五美分）或 1.5 個皮亞斯特，然而那就開始看起來像敲詐勒索了。

你要注意一點，最好不要打賞侍者小費。我已經經常因為收費並未超過價目表上的價格而感到驚訝，儘管我給出面額較大的金額用以找零，這一點絕對清楚暴露出我異鄉人的身分。那是極少發生在與他本身同一教派的旅行者身上的經歷。我甚至遇過侍者不願向我收取分毫費用的狀況，不但如此，當我試圖堅持付款時還被堅決地拒絕了，單純只因為我是個異鄉人，因此被視為遠道而來的客人。

然而，當你已經享用過咖啡──或 1 杯茶──還有你的菸之後，沒有任何理由讓你應該離開。正好相反，反倒是有你應該繼續留下的理由，尤其是如果你恰好在日落後不久進入咖啡店的話。這個時候，最具當地色彩的咖啡店正是最熱鬧的時刻，它們的顧客在一天當中稍早的時刻很可能都在工作。後來他們會一起消失不見，因為君士坦丁堡還未完全遺忘咖啡帳棚的習慣，除了齋戒月這個神聖的月分之外，伊斯坦堡在夜晚猶如一座被遺棄之城。但在夜色剛剛降臨時，這座城市充滿了會讓一個局外人滿

足於單純透過咖啡店的明亮窗戶觀看的生活氣息。

還有理髮廳，在那裡男士們不只剃去下巴的毛髮，還根據他們的「祖籍」修剪頭上的不同部分。他們當中也有下棋的人，他們會玩波斯雙陸棋，還有各種用狹長的卡片進行的遊戲。他們說橋牌是來自於君士坦丁堡的。確實，我相信一個 Pera 俱樂部聲稱擁有將那項熱愛傳播到西方世界的殊榮。不過我必須承認，我還沒有在大眾咖啡館裡看過一個慷慨的人。

咖啡館裡的餘興消遣。不幸地，咖啡店中流行的最令人愉快的消遣方式逐漸變成最少見的；那是由巡迴說書人所提供的節目，這些說書人依舊在東方延續著吟遊詩人的傳統。他們講述的故事或多或少都與《一千零一夜》裡的故事相似，即使可能更不適合提供給店內混雜的顧客——因為除了這些人之外，其他人是永遠不會出現在咖啡店的。

這些說書人有時在角色的獨白或對話上有驚人的機敏。他們會在一幕劇的關鍵時刻收取他們的報酬，直到觀眾們用一些更為「實在」的表示，證明自己對故事感興趣的誠意，否則他們會拒絕繼續演出。

音樂演出是更為常見的。無疑地，總會有人認為經常由留聲機中流洩出的聲響算不上是音樂。音樂演出通常是由一對帶著一支擴口笛子和 2 個小小的葫蘆所做的鼓的吉普賽人演出，有時候會由傑出的魯特琴演奏者組成的所謂的管弦樂隊演出——一群在以欄杆圍起的高

君士坦丁堡街頭的咖啡服務。

臺上演出的音樂家，他們會演唱長歌，同時演奏帶有奇特曲線的有弦樂器。

以我個人來說，我對音樂的了解並不深，無法理解那些歌曲反覆出現的抑揚頓挫聲調與他們不連續的韻律，對古風調式來說可能具有的關連性。但只要那些音樂家開始演奏，我便會聆聽那無窮無盡的重複旋律，那持續奏響的小調音階。

有音樂從遠處傳來的想像令我感到愉悅，由峽谷中不知名的河流處傳來、由廣袤平原上閃爍的篝火處傳來。難道這樣的黑暗、這樣的憂思、這樣久久不散又難以捉摸的氣息，不是通過樂音輕唱傳遞的嗎？

歌曲中也有閃光點，牧羊人短笛的奏響、騎馬者的飛撲，還有野蠻人突然發出的呼喊，但這些音符全都回歸到最純樸生活的單音調上，就像終日敲響的駝鈴一樣。而最重要的是，這是亞洲的基調，如此罕見地被刺探，它既非愉快，也並非絕望。

齋戒月和拜蘭節。一年之中，某些季節中的消遣娛樂比另一些季節來得更多，比如說齋戒月和兩次拜蘭節。整個齋戒月期間，純粹的土耳其咖啡店在白天是不開門的，因為在這段期間，人們不被容許沉溺於咖啡館所帶來的享樂中；不過他們會整晚開門營業。只有在一年中的這個月，才能在少數幾個較具規模的土耳其咖啡店看見土耳其皮影戲。

拜蘭節是分別持續 3 天及 4 天的慶典，前者是為了慶祝齋戒月的結束，後者則在某些方面呼應猶太人的逾越節。舞蹈在拜蘭節期間是咖啡店的一項獨有的特色。相較於其他人，肩負著君士坦丁堡重責大任的庫德族人尤其喜愛這種運動方式——儘管船夫們會與他們針鋒相對。這些黝黑的部落男子其中一位會演奏一把類似 pochelle 的小提琴，或者其中兩人會一人演奏笛子，另一人敲著一個大鼓，同時其他人會在他們周圍圍成一圈跳舞，有時會跳到他們因疲憊而倒下。詭異的音樂和別具一格的服裝，還有舞者們的動作，是一幅令人難以忘懷的景象。

基督徒的咖啡店。基督徒的咖啡店也有自己的節慶季節，通常和教堂的慶典時間一致。不過，由於每一季都有自己的守護聖人、當地教會或聖泉的聖人，祂們的節日會以為期 3 天的 panayiri 來慶祝。街道妝點著旗幟和一串串的彩紙，桌椅陳列在人行道上，莫酒為了紀念那位舉行慶典的聖人而被倒出。由於這個原因，還有希臘人更活潑的個性使然，狂歡所造成的音響效果會比土耳其人的吵鬧許多。在希臘 panayiri 期間，你甚至還能看到男男女女狂亂共舞的景象。

為這些狂歡縱慾定調的樂器則是 lanterna，那是一種在君士坦丁堡十分少見的手持風琴。更確切來說，那是一種會發出響亮且令人愉快的聲音的手持鋼琴，它那融合了歐、亞風情的和聲，因頻繁敲響的鈴聲而顯得更有生氣。

各個角落的咖啡店。然而，咖啡店最早開始讓政府當局覺得可疑的，是它們真正的資源——提供了同類人士聚會、社交談話，以及對人生的沉思冥想的便利。這導致咖啡店對在該地區生存有高超巧妙的處事技巧。它們會尋找陰涼處、宜人的角落、開放的廣場、水邊的景色，或開闊的風景。在君士坦丁堡，它們享有無窮盡的地點選項，這座城市範圍如此龐大、被丘陵與海洋切割得如此破碎、城市中的人生百態又是如此的變化多端。城市中最平常不過的咖啡店類型可以由葡萄藤或紫藤下，往外觀看那流轉不息的世界。

富有盛名的咖啡館還能在俯瞰馬摩拉海的棕櫚之地、巨人山上、殺人者的落腳處，以及流入黃金之角的河流沿岸這些地方找到。

耶路撒冷的戶外咖啡茶話會。

一間敘利亞的咖啡館——根據賈丁所述。

一開始，土耳其人製備咖啡的方法是用阿拉伯式的方式，費羅斯先生在他的著作《小亞細亞行腳》中如此敘述：

每杯咖啡都是分別準備的，用來準備咖啡的小碟子或杓子的尺寸大約是 1 英吋寬、2 英吋深；咖啡被仔細地用杵和研缽碾碎後，會裝進前述容器到超過一半的容量，然後加滿水；在置於火上數秒後，內容物會被倒出來，或者說震出來（因其比巧克力還要濃稠），不加奶油或糖，裝在尺寸和形狀與半個蛋殼差不多的瓷杯中，瓷杯的一側圍繞著方便用手拿取的裝飾性金屬。

後來，土耳其人設法尋找改進的方法，就是在煮沸的步驟中加入糖——這

土耳其的咖啡製備。

是歐洲嗜甜人士認可的方法。以下是改良後的土耳其式食譜：

首先，將水煮沸。2 杯咖啡需要加入 3 塊糖，然後將燒水壺移回火上。加入 2 滿匙咖啡粉，充分攪拌並讓壺中內容物煮沸 4 次。

在每次煮沸的間隔，將壺由火上移開，並輕拍壺底，直到上層的泡沫平息下來。

最後一次煮沸之後，將咖啡先倒入其中一個杯子內，然後再倒入另一個，如此以便均勻分配泡沫。

▶ 近東地區的咖啡習俗百年未變

敘利亞和巴勒斯坦沿用的是土耳其—阿拉伯式咖啡沖煮法。黃銅製的長柄勺 ibriks，被拿來做煮沸之用。

現今近東地區飲用咖啡的禮儀和習慣與 50 年前或甚至 100 年前的並沒有什麼兩樣。大馬士革就是最好的證明。以下關於這座古老城市內咖啡廳的描繪寫於 1836 年，並附有巴特利特和波瑟的畫作（左頁）；不過該段文字也有可能寫於 1935 年，在謝姆西於 1554 年將最早的咖啡館由大馬士革帶到君士坦丁堡之後，咖啡館的布置或其精神所經歷的改變可說是微不足道：

插圖（左頁）中所示的這一類咖啡廳，可能是一個異鄉人在大馬士革所能找到最奢華的了。花園、販售亭、噴泉，還有果林，大量圍繞在每個東方首府的四周；咖啡廳的位置在一條快速流動的

河流正中央，沐浴在這條河的波浪中，是這座古老的城市獨特的風景；它們為了驅逐陽光而如此建造，同時它們允許微風的吹入；透光的屋頂是由一排細長的柱子支撐，而整座建築的每一面都相當開闊。

這些房舍有少數位於城鎮的外緣，在其中一條小河上，有著能讓眼睛休息的繁茂花園和樹木等植被；其他的則在城市的中心地帶。爬上數個通往其中的階梯就得以離開悶熱的街道，而能遠離喧囂、無遮蔭的大街，在此消磨一段時間是很令人愉快的——在大街上你只能看見簡陋的通道和大廈的三角牆根，對比於一個涼爽、令人愉快、平靜的休息與恢復精神的場所，在此你可以放鬆且

在優裕的環境中沉思與冥想，而且每時每刻都感受到河面吹來的微風。

在2或3種情況下，一條輕便的木橋會通往平臺，而在接近平臺和幾乎在平臺範圍之外的地方，有1或2棵巨大且宏偉的樹，它們伸展的枝葉構成一頂華蓋，比起《一千零一夜》中金碧輝煌的屋頂，這綠色華蓋在正午時分更加的受歡迎。

高聳的亭子屋頂和柱子全都是木製的；地板是木製的，有時候是泥土的，而且會規律地灑水在上面，地面高出河面的距離只有數英吋，而小河就在顧客的腳下沖刷而過，在顧客啜吸他的咖啡或冰凍果子露時，他的腳幾乎是浸泡在河裡的。地板上擺放著數不清的小椅子，

大馬士革的一家河畔咖啡廳，十九世紀；翻自巴特利特和波瑟的畫作。

你可以由其中拿起一張，並將其放在你最喜歡的位置。

或許你會想要坐在遠離人群的地方、樹蔭的正下方或能夠讓你吸菸的受歡迎的角落，注視著集結成沉靜而莊重小群體的混雜賓客，他們不愍與異教徒有任何親密交流。

這裡有充裕的食物提供給觀察人物、服裝，還有意圖的觀察家；商人、修理工、士兵、紳士、花花公子、面對過去看起來相當明智，而未來卻模糊黯淡的嚴肅老者；一位戴著他綠色纏頭巾的 hadge 吹噓他前往麥加的旅程，而且對他的敘述及冒險加油添醋、誇大其詞：又長又直的菸斗、有著柔軟捲曲管子和玻璃瓶的水煙筒廣受歡迎；不過最常用的是較為粗劣的 argille。

從日出到日落，這些房舍從不曾空無一人。我們已習慣每天一大清早、在早餐前造訪其中一間，但早已有不計其數的人在那裡了。然而這「宜人的黎明時刻」，是一整天當中最安靜和孤寂的時刻，也是最涼爽的時候。帶著紅色光芒冉冉升起的太陽閃爍照耀在水面上，熱氣尚未傳達到空氣之中，而新的客人一就座，侍者就立刻送上裝在小杯中的摩卡咖啡和菸斗。他最喜愛的那家咖啡廳有巴拉達河流經──即古代的法珥法河。如此眾多的水聲從未像在大馬士革這般悅耳，空氣中充滿這聲響，沒有混雜的言語衝突聲、車輪滾動聲、男僕或騎馬者行進的聲音。喜愛在此休閒娛樂的小團體有一半時間是安靜的；而當他們開始交談，他們的音量通常「低微，

如同常聽說的幽靈一般」或是用迅速由耳邊滑過的簡短莊重的語句交流。

然而非常大一部分這個城市中土耳其人生活的興奮激動，在這些咖啡館中被削減緩解，它們是他的歌劇、劇場、座談會。當他由睡眠中睜開眼，他心心念念的，就是他的咖啡廳，同時立即毫不猶豫地轉頭前去；白日他期待著在喜愛的場所度過夜晚，去看著那河流、那天上的星辰，以及他友人的臉孔；還有看著月光灑落在世間一切事物之上。

穆罕默德在未來的國度中遺漏了咖啡館這一點，犯下了一個極為嚴重的錯誤：若他曾見識過大馬士革的咖啡館，他必然會在他的天堂河畔為它們留下一席之地，並相信若沒有咖啡館，真正的信徒必將感到憂鬱空虛。

這些咖啡館沒有修飾或華麗可言：沒有沙發、鏡子或打著褶的帳幔，只負擔得起一些常綠植物和匍匐植物，大馬士革著名的絲綢和錦緞在這裡毫無用武之地，一切都是簡樸和家常的；當然，有著華麗鍍金鏡子和奢侈品的巴黎式咖啡廳總是更受到旅行者的想像與感官的歡迎。遊蕩在乾燥、多石地帶和沙漠地區許多天後，雙唇開始渴望水汽的滋潤，安坐在一條狂野、奔騰洪流的岸邊，凝視著它帶起的白色泡沫及破碎的波浪，直到你感覺它們幾乎噴湧在你每一條神經和纖維中，並讓你的靈魂浸浴在其中，這是件多麼美妙的事情。而當你緩慢地吞吐你裝有最醇美菸草的菸斗，沙漠中的砂礫和炙熱的陽光再次浮現在你眼前，那時你祈求雲彩的陰影能出現在你的路

途上——即使一片也好。河岸有一部分被樹林覆蓋，它們柔軟鮮綠、蔥蔥籠籠，與清澈的急流形成美麗的對比，而且幾乎垂落到河流的懷抱之中。

接近咖啡館處有 1 或 2 個數英呎高的大瀑布，它們連續不斷的聲響，和散播在周遭的清涼是完美的奢侈品——無論在炙熱的白天或是昏暗的傍晚。那裡有 2 到 3 間與前述建造方式不同的咖啡廳：低矮的迴廊將平臺與潮水隔開；地上有噴泉在噴水，地面還陳設了非常樸素的沙發及軟墊；同時總是有大量最粗俗類型的音樂及舞蹈。

阿拉伯說書人提供了唯一讓智力滿足的活動，他們有幾位是學識出眾且聰明的：在他進門後沒多久，一群人就將這位天賦異稟的人團團圍住，並在經過適當的停頓以集中聽眾或刺激他們期待的情緒之後，開始講述他的故事。那是一幅別具一格的景象——那阿拉伯人有著熱烈且優雅的姿勢，而他的聽眾因深切且如孩童般的全神貫注而寂靜無聲地坐在急速流動的潮水邊，他以獨特且如音樂般美妙的聲音說出的每個重音，在咖啡廳內處處可聞。這棟建築的正對面是另一家在每一方面都極為相似的咖啡館。還有幾家較小的咖啡館，對客人的選擇更為挑剔，土耳其紳士們通常會去那裡組織晚宴和消磨白天的時間。

夜晚，是拜訪這些場所最適合的時段。照耀在水面的刺眼陽光消逝無蹤；那時的顧客數量最多，因為那是他們最喜愛的時刻；懸掛在細長柱子上的油燈被點燃；穿著各式各色彩繽紛服飾的土耳其人蜂擁而入，擠在平臺上，有些人站著不動，因為他們的身旁就是柱子，他們手裡拿著自己的長菸斗——人類的高貴典型，就好像內在非凡的才智散發出來一般；有些人斜倚在圍欄上，其他人則或成群或獨自一人坐著，好像沉浸在「極端孤寂的思緒」中一般。而比起隱隱約約、力爭被聽見的笛子和吉他演奏，瀑布奔騰的水聲是更為甜美的樂音。

插圖（見 167 頁）中的大瀑布非常純淨，激起的泡沫在月光下十分宜人。我們在這樣的夜晚於此度過好多小時。法珥法河清澈的河水滔滔向前奔流時，映照出每根柱子；還有每個穿著飄動的服飾、緩緩移動的大馬士革人。油燈的光線奇妙地與月光混在一起，帶著柔和又鮮明的光輝灑落在水面，也落在柱子與屋頂下、身處其中如畫的人群身上。

細長的黃銅咖啡研磨器有時候會在土耳其官員的裝備中，被當做組合器具來使用。那些裝備通常是銀製的，可能會被稱做是可拆卸、可折疊的咖啡工具組，因為它們被製造出來的用途集咖啡壺、咖啡研磨器、咖啡容器及咖啡杯各功能之大成。

生的或烘焙過的咖啡豆被放在下層保存。將此裝置的蓋子旋開大概要花 1 分鐘的時間。

要煮製 1 杯咖啡，咖啡豆會被先倒出來，其中 3 到 4 顆會被放進中層。鋼製的曲柄會被安裝在由中層伸出的方形桿上，這根桿子旋轉時，會帶動內部的研磨裝置。磨好的咖啡會向下落在底層

並加水進去。接下來壺被放在火爐上，內容物被煮沸。咖啡壺也被當做杯子使用。整個過程只需要不過幾分鐘的時間。杯子被涮乾淨，咖啡豆被換新，器具被重新組合在一起，整件裝備被滑進官員所穿的短上衣內，然後他神清氣爽地繼續自己的工作。

　　在大部分時間都是喝茶的伊朗地區，煮製咖啡沿用了土耳其－阿拉伯式的方法。錫蘭和印度的原住民族群也是用同樣的方法，白人則沿用歐洲的慣常作法。在印度，很多人認為咖啡只不過是一種飲料。一間著名的英國茶葉公司在印度推出的一種由印度咖啡與菊苣混合而成的罐裝「法國咖啡」，並且得到了一定的成功。

　　歐洲式煮製咖啡的方法流行在中國及日本，還有法國和荷蘭的殖民地。在遠東地區旅行時，咖啡愛好者得鼓起勇氣忍受的最艱困之事便是歐洲的瓶裝咖啡萃取液——時常成為懶惰廚師用來調製1杯令人望而生畏的咖啡的補給品。

　　在爪哇地區，用法式滴漏法製備濃縮萃取液是一種很受歡迎的方法，然後將1湯匙萃取液加入1杯熱牛奶中，這是一種很棒的飲料——當萃取液在每次供應時都是新鮮製作的前提下。

歐洲的咖啡製作

　　在歐洲，咖啡一開始是由檸檬水小販所販賣的，在佛羅倫斯，那些販售咖啡、巧克力和其他飲料的人不被叫做

caffetiéri（咖啡商人），而是 limonáji（檸檬水小販）。巴斯卡的第一家巴黎咖啡店除了咖啡，還供應其他飲料；普羅可布的咖啡廳則是以一家檸檬水商店起家的。一直到身為後到者的咖啡開始領先其他飲料後，普羅可布才將其整個提神休閒場所改名為咖啡廳。

　　到了今天，歐洲幾乎每個國家都能提供2種極端不同的咖啡製作法。在巴黎及維也納，你會發現咖啡被以最盡善盡美的方式沖煮和供應；不過此地同樣也經常發現沖煮得像在英國一樣糟糕的咖啡，而那代表著一樁好生意。主要的困難點似乎是在菊苣的味道，因為在長期使用的情況下，大多數人都習慣了菊苣的味道。而現在，咖啡加菊苣一點都不是種難喝的飲料：確實，筆者必須承認，待在法國一段時間後，筆者已經對這種飲料發展出一定程度的喜好——但它並不是真正的咖啡。

　　菊苣在歐洲並不會被視為一種攙雜物，如果你想的話，可以把它看做添加物或修飾物。而且如此眾多的人養成了咖啡加菊苣的口味，導致如果有機會遇到的話，他們能不能欣賞1杯真正的咖啡是很讓人懷疑的。當然這是一種普遍的現象；但和所有的普遍現象一樣，這也是危險的，因為在任何歐洲國家，甚至是英國，喝到恰當沖煮的好咖啡多半是發生在一般人的家中，很少是在飯店或餐廳中。

▶ 奧地利跟風法式風格

　　咖啡在奧地利是依循著法式風格製

伯頓・霍姆斯攝影，維也納格拉本大街上的施朗格爾咖啡廳，攝於世界大戰前。

作的，通常是用滴濾法或使用一般稱為維也納咖啡機的壓濾器具。餐廳會使用一個配有金屬過濾器和布袋的大型咖啡壺。在研磨的咖啡粉浸泡約 6 分鐘後，一個螺旋轉動的裝置會將金屬過濾器拉起，造成的壓力會迫使液體由裝著咖啡粉的布袋中流出。

維也納的咖啡廳很有名，但世界大戰讓它們的榮光黯然失色。曾有一種說法表示，維也納咖啡廳在總體傑出與平實的價格方面，是無可匹敵的。從早上 8 點 30 分到 10 點，絕大多數人習慣在咖啡廳內享用早餐，就著 1 杯咖啡或茶，搭配麵包捲和奶油。Mélangé 是加牛奶的意思；「棕」咖啡是比較濃的，而 schwarzer 是不加奶的咖啡。在所有的咖啡廳中，顧客可以買到咖啡、茶、利口酒、冰品、瓶裝啤酒、火腿、蛋等等物

品。最典型的是位於格拉本大街上的施朗格爾咖啡廳。當時該處還有搭配咖啡的乳製品，是一個獨特的地方。還有許多有趣的咖啡廳開設在大眾公園。

查爾斯・J・羅斯伯特曾在為《紐約時報》撰寫的文稿中說：

維也納的咖啡廳一直是全球其他地方咖啡廳的範例，但結果無一例外都成了贗品。我認為，最接近真正維也納咖啡廳的，是位於紐約的老 Fleischmann 咖啡廳樓上的空間。這是因為一般的紐約人不知道這個地方，以至於此處對國際主義者仍維持著神聖不可侵犯的地位：音樂家、藝術家、作家和其他被信賴託付咖啡廳存在祕密的波希米亞人。

最重要的是其精神特質，而正是那些常客的特質造就了維也納咖啡廳。那

裡是每個人的俱樂部，也是屬於每個人的，人們在那裡放鬆休息，並遺忘所有存活於世的煩憂，可以翻閱世界各地以每一種已知語言印刷的報紙和雜誌，可以下棋、玩紙牌遊戲；可以與朋友閒聊；還能喝到獨特的維也納咖啡，只有去年紫羅蘭的香氣堪可用來描述它的芬芳。

午餐時間過後，咖啡廳就客滿了，忙碌的男士們這時享用他們的咖啡並吸菸；另一個客滿的時段是在大約五點左右，所有的人和他們的妻子沿著格拉本大街和克恩勝大街漫步，然後造訪一家喜愛的咖啡廳，在那裡享用咖啡或巧克力，還有蛋糕——用美味麵團做的牛角麵包和新月麵包塞滿了果醬，或者也有可能是令人讚嘆的奶油圓蛋糕，相較之下，我們的海綿蛋糕簡直就像鉛塊一樣。最後是夜晚時分，那時會有家族宴會以及那些從劇院、音樂會，以及歌劇院回家的人們。

儘管維也納的咖啡廳生活幾乎被世界大戰給抹殺殆盡，至少時間讓它過去的榮光得以恢復一部分。我們獲悉《巧克力士兵》的作曲家奧斯卡·施特勞斯在維也納過著相對奢華的生活，並將他大部分的時間消磨在咖啡廳內，通常是下午 2 點到 5 點間，以及晚上 11 點直到隔天清晨，可在咖啡廳中發現他「被較不出名且貧困的音樂家們圍繞，在某種程度上，這些人是由他所贊助的；和他在一起的還有許多維也納的重要作曲家、歌劇劇作家、男女演員和歌手。」

以維也納咖啡而言，咖啡通常是用壓濾式咖啡壺或以滴漏的程序製作。平常的時候會以 2 份咖啡加 1 份熱牛奶，上面再覆蓋打發奶油的方式供應。然而在 1914 年到 1918 年間，以及接下來的戰後時期，美味打發奶油的閃亮桂冠讓位給了煉乳，同時糖精取代了糖。

▶ 比利時最愛法式滴漏法

法式滴漏法是比利時最為普遍採用的咖啡沖煮法。做為修飾劑的菊苣被大量是用。二十世紀的歐洲君主中，最愛喝咖啡的據說就是已故比利時國王阿爾貝；國王陛下會在早餐前、早餐後、午餐當中、下午、晚餐後各喝 1 杯咖啡，然後在晚上再來 1 杯。

▶ 被咖啡界嫌棄的英國人

在英倫群島，即使浸泡、典型的過濾方式（滴漏法），以及過濾法都有許多擁護者，咖啡依然還是用煮沸的方式製備。最受歡迎的一種器具是粗陶水壺，可選擇不搭配棉布袋，或搭配棉布袋讓水罐變成咖啡比金來使用。在不加棉布袋使用時，最好的方法是先暖壺。每 1

最受歡迎的英式咖啡製備方法。

品脫的咖啡液需要將 1 盎司（3 甜點匙滿匙）新鮮現磨的咖啡粉放入壺中。由壺的上方注入煮沸的水——需要水量的¾。在以木質湯匙攪拌後，倒入剩餘需補足的水，隨後壺被移回「爐架」上浸泡，並靜置 3 到 5 分鐘。有些人會在最後靜置步驟前攪拌第二次。

最好的商業管理機構強調家庭式研磨，而且反對將咖啡煮沸。他們也主張把咖啡當做早餐、午餐後，及晚餐後的飲料。

從美國人的觀點看來，英式咖啡製備法主要的缺陷在烘焙、處理還有沖煮。此法被指控在一開始，咖啡豆就沒有適當的調製，而它們在研磨前經常已經是不新鮮的。英國人傾向極淺或淺烘焙，然而最好的美式沖煮法需要的烘焙度是中烘焙、深烘焙或城市烘焙。南部丘陵地區偏愛相當更濃的棕色調烘焙，而蘭開夏、約克夏的西瑞丁，以及蘇格蘭南部則偏好顏色較淡的。貿易商在多數情況下，要求成熟栗子的棕色調烘焙。

英國的咖啡烘焙近年來有顯著的改善，這要歸因於由這個行業領頭人以及零售批發商的思維所發想出的，關於烘焙主題的聰明研究，而做為食品雜貨零售商代表的零售批發商，一般說來，對於其所從事行業的知識與經驗，是比任何其他國家的食品雜貨零售商要豐富的。數年前，烘焙過程中會用加入奶油或豬油的方法，讓咖啡豆的外觀看來更好；不過現在這種作法已經不像從前那麼普遍了。

然而，英國的消費者在這種國際性飲料出現一致的改善之前，仍需要大量的教育。儘管比起從前，咖啡的烘焙可能更為仔細，也「調製」得更好，但咖啡豆在烘焙完畢後未售出的儲存時間依然過長，再不然就是研磨後，隔了太長的時間才用來沖煮。不管怎麼樣，這些陋習都被糾正過來，消費者們處處被勸導要購買新鮮烘焙的咖啡，而且使用時要新鮮現磨。

另一個讓英國在咖啡愛好者間背負惡名的因素，毫無疑問的必然是「罐裝咖啡」，這些產品是由咖啡粉和菊苣所組成的，而且以「法式」咖啡之名流行了一段時間。它們會受到青睞的原因，可能是因為處理起來很容易。包裝咖啡在英國的發展不如美國；但多少有一些有限的發展範圍，市面上也有數個完全是純咖啡的品牌。

小杯黑咖啡是午餐會、晚餐後，甚至是白天內受歡迎的飲料——尤其是在城市中。倫敦市內還有專門製作這種咖啡的咖啡廳；例如在倫敦市的皮爾咖啡館、格魯姆咖啡館，以及尼諾咖啡廳；還有 London Café 公司及 Ye Mecca 公司旗下的商店。

一家 Ye Mecca 公司的咖啡廳，倫敦。

一家倫敦的 A.B.C. 商店。

位於皮卡迪利的聖詹姆斯餐廳，倫敦。

　　儘管在一般家庭中習慣用浸泡法製備咖啡，但在飯店和餐廳則會採用某些形式的過濾器具、提取器或蒸汽機器。

　　美國訪客會抱怨英國的咖啡對他們而言太過厚重和濃稠。餐廳會供應裝在粗陶器或銀質壺中的「白」咖啡（加牛奶），或「黑」咖啡。在像里昂餐館或 A.B.C. 餐廳等連鎖餐廳，價目表上會有「摻有少量咖啡的熱牛奶。」

　　至於煮沸法，此法已經普遍在西歐各國遭到質疑。在英國如此受歡迎的浸泡法，可能也要為英國咖啡所招致的某些不友善評論負一部分責任；因為毫無疑問的，此法導致了過度浸泡的弊端，造成和煮沸法一樣糟糕的結果。

　　茶館扼殺咖啡館。 然而，絕大多數的英國人都是根深蒂固的飲茶人士，這項經過數個世紀，深植於民間的飲用「振奮人心的 1 杯」的全國性習慣能否有所改變，仍是極度讓人存疑的。

　　如同本書中已經談到過的，十七世紀和十八世紀時的倫敦咖啡館被另一種主要賣點是食物而非飲料的咖啡館所取代。隨著時間的流逝，這些咖啡館也開始向要求現代化飯店、奢華的飲茶休息室、時髦的餐廳、連鎖商店、茶館，以及咖啡廳（不管有沒有供應咖啡）等轉變中的文明進程影響低頭。有一段時間，英國出現一種有著以木板草草搭建成的隔間、砂質地板和「個人房」的特殊類型「咖啡店」經常會被下層勞工階級光顧；但最終因為它們可疑的屬性而遭警方勒令停業。

　　在倫敦其他可能獲得以英式或其他歐洲大陸方式製作咖啡的地方當中，特別值得一提的有：Monico 咖啡廳，這裡

位於倫敦皮卡迪利圓環的 Monico 咖啡廳。

是前去造訪並來杯咖啡和利口酒的好地方，這裡同時也是現代化餐廳的先驅者之一。加蒂咖啡館的專長是 café filtré，也就是用過濾法製備的咖啡。國際化的薩佛伊飯店和它著名的飲茶休息室。皮卡迪利飯店的路易十四餐廳提供精緻並奢華的體驗服務。華爾道夫飯店的美國顧客和它的棕櫚樹中庭。里昂大眾咖啡廳和它的冰咖啡。托卡德羅每週 1 次、由印度本土廚師烹調的印度咖哩特餐。隸屬經營了遍布全國、將近 200 家類似機構的半慈善性質的 Trust-House 股份有限公司的聖殿酒吧餐廳，會提供酒精性飲料，不過重點放在非致醉性飲料上，其中就有特製摩卡。擁有幾十家附帶零售商店的餐廳和茶館的史萊特股份有限公司。英國茶桌協會和史萊特公司一樣，是維多利亞女王時期古早麵包店的成熟類型。卡多馬連鎖咖啡廳，你可以合理地確定自己能在那裡獲得 1 杯滿意的咖啡還有 1 片蛋糕。還有皇家咖啡廳以及奧德尼奴咖啡館。

補充以上所述，查爾斯·庫珀，《美食家》和《餐桌風景》曾經的編輯為本書準備了一些舊日倫敦咖啡館如何演進成今日供所有來客消費的茶館、飲茶休息室、咖啡廳和餐廳的記錄。庫珀先生談及這種轉變時說：

50 到 60 年前盛極一時的老式倫敦咖啡館，在過去 40 年內徹底的被現代茶館消滅。

這些老式的會所主要座落在河岸街與艦隊街上及附近，還有律師學院周邊

聖殿酒吧餐廳，倫敦。

等地。它們並未在外觀和裝修上做出太多廚本的花費。

店內被分隔成包廂或座席，一般來說都算得上整齊清潔；價格中庸，食物簡單卻極為美味──現在沒有任何足以與其匹敵的。豬排在烤架上被烤製。茶和咖啡都是最好的；火腿則是約克火腿，而培根是最好的威爾特培根；這裡是最後還會製作真正黃油土司的店家。這項藝術如今已經失傳。

它們的服務對象僅限男士，其顧客則是由記者、藝術家、演員、律師學院的人與學生所組成。一個住在房間的人可以舒舒服服地在其中一間咖啡館用早餐，而且舒適放鬆地閱讀所有的早報。

這些老咖啡館中，位置在最西邊的，大概是最近剛被賣出的 Panton 街乾草市場的史東咖啡館。現在或許還有機會享用 1 杯好咖啡的艦隊街的格魯姆咖啡館，主要會被大律師在餐時段左右經常光顧。他們通常是一群隨便解決午餐的人。

就像我曾經說過的，茶館扼殺了咖啡館。

在咖啡館繁榮興旺的時期，除了能

夠在少數幾家甜食店喝到一杯淡薄無味的茶之外，倫敦完全沒有讓女士們在沒有男士陪同的情況下享用茶點的設施。這個問題在女性侍者開始存在前的那段時期並不是很重要。當女性就業的領域開始擴大，新生的工作需求被創造出來，而咖啡館並未能躬逢其盛。

倫敦茶館的先驅是加氣麵包有限公司，更讓人熟知的名稱是 A.B.C.。我認為外省工業中心的豪華咖啡聽正在開始興起——不過是做為禁酒宣傳的一部分，用來對抗酒吧的吸引力。

加氣麵包公司成立的時間約在上個世紀中，成立的目的在製造與銷售以道格里什博士取得專利的加氣法製作的麵包。為了將麵包供給家庭消費，向大眾銷售而開設了麵包店；但為了讓人們有試吃的機會，營業的店中還會提供 1 杯茶，以及麵包與奶油。

這個附加目的在短時間內成為這家公司營業項目中最重要的部分。公司大量增加商店的數量，並擴充菜單的內容，將熟食也納入其中；儘管當時的 A.B.C. 與其競爭對手每天供應了數千人的飲食，我依舊對是否有任何人會外帶一條麵包回家這件事存疑。

A.B.C. 有許多競爭者，里昂、立頓、史萊特、牛奶快遞公司、Cabin、先驅者咖啡廳，還有其他公司，也都開始設立類似的商店——舉一反三。

所有這些地方的菜單都十分相似，大致上的設備、價格，還有顧客的社會階層也是如此。它們為廉價階級的顧客提供飲食服務。在忙碌的城市中心，它

位於艦隊街的格魯姆咖啡館，倫敦。

史萊特咖啡館，較高級的連鎖咖啡店，倫敦。

們的常客主要是年輕的男女辦事員和商店店員，還有在此購物的都會女性以及與她們同類型的顧客。年輕的員工們會以能配合她們不深的口袋的價格買到 1 份適中的中餐。

在戰爭發生前，1 杯茶加上 1 個麵包捲及奶油普遍的價格是 4 便士，而一般的價目表都是符合此比例的。現今的價格上漲了至少 50%。在最糟的食物管制時期，價目表變得十分貧乏且非常索然無味。在大多數情況下，它是樸素又有益健康的，並沒有將自己偽裝成精品。茶通常一如往例的十分優良；咖啡就不在同一水準上了。這些商店全都是為少量、快速的餐點所設計的場所。

里昂公司有不同等級的茶點店。大眾咖啡廳是比茶館略勝一籌的，角落咖啡館也是。幾年前，A.B.C. 與位於牛津街、歷史悠久的巴斯札德甜點店——一家著名的蛋糕店合併。

Monico 和蓋提斯咖啡館所吸引的客群與那些被茶店服務的顧客階層截然不同，儘管經常光顧那些時髦飯店休息室的，可能並非博芬夫人會稱之為「時髦的野心人士」。

一件很有趣的事情是，薩佛伊飯店是七〇年代吉伯特和蘇利文歌劇合作關係的結果，多伊利‧卡特曾將他部分的營利花費在建設位於薩佛伊戲院旁一片荒地上的這間飯店。他把 M‧利茲從蒙地卡羅帶來打理飯店和餐廳，還有當時最偉大的廚師埃斯科菲耶負責管理烹飪事務。他們讓薩佛伊因其宴會而聲名遠播，同時總是能夠維持高水準的名聲，即使在於 1934 年過世的埃斯科菲耶後來執掌卡爾登飯店，還有利茲在皮卡迪利的飯店時亦然。

咖啡攤。倫敦城市生活一項獨具一格的特色就是咖啡攤。「1 杯咖啡和 2 片厚片麵包」是一個世代或不到一個世代前，咖啡攤主顧們通常會有的要求，而

位於河岸街的蓋提斯咖啡館，倫敦。

薩佛伊飯店的飲茶休息室，倫敦。

當時咖啡攤的東西可說相當地鬆散混亂，包括放置杯子和盤子的櫃臺板、放置未使用杯盤的架子、食品架、攤主用的遮蓋物，還有提供給顧客的帆布遮雨篷。咖啡的主要成分是菊苣，而 2 片「厚片麵包」是在當時麵包價格低廉到 ¼ 條只要 4 便士的情況下，真正純正的麵包，覆蓋在上面的是實在的人造奶油。攤主會自己把攤子拖到攤位去。1 杯熱飲賣 1 便士，固體食品的價格是 ½ 便士──對那些身無長物的可憐乞丐來說，是節省的一餐。

近年來，這些經常被警察查緝的老式男士們流連的場所，已經被更豪華、帶輪子的咖啡攤取代，無論貧富、聲名遠播或籍籍無名者，真正民主地在此聚首。這些攤位的全套裝備需耗資 750 英鎊。咖啡的品質比較好，菜單的種類更為多樣，品質也更高。據說那些在好的地點擁有 2 個咖啡攤的業主，1 年的淨利可達 1500 英鎊。

▶ 法國人的「格調」

要不是因為那幾乎無可避免的極深烘焙，還有經常讓人焦慮不安的菊苣添加問題，在法國，咖啡可以稱得上是十分純粹的樂趣──至少在美國人的眼中看來是如此。你很少，應該說幾乎不會在法國發現用錯誤方式沖煮的咖啡──它絕不會被煮沸。

只略遜於美國，法國每年消耗的咖啡約 300 萬袋，種類包括由東印度群島、摩卡、海地（這是最受歡迎的）、中美洲、哥倫比亞和巴西等地出產的咖啡。

儘管法國有為數眾多的咖啡烘焙批發商和零售商，家庭烘焙依然持續存在，尤其是在鄉村地區。可在盛有炭火的鐵盒上手動旋轉的小型鐵片圓桶烘焙器甚至在大城市的百貨公司中都十分暢銷。在風和日麗的好天氣裡，看見居民們在自家門前的路邊轉動著烘焙器，是法國任何一個村莊或城市常見的景象。安馬・G・畢森在《茶與咖啡貿易期刊》中簡潔地為我們描述法國南部的鄉村咖啡烘焙：

我曾在法國某個城鎮看過一位老人帶著一套比家用種類大一點的機器，一臺容量大約 10 磅。用來烘焙咖啡的並不是圓桶，而是架在鐵皮架子上的空心鐵皮球。球的頂端有一個可以用金屬工具開啟的小滑門。他在鐵皮架子上點燃炭火。他的烘焙器正前方是一個自製的冷卻用平底鍋，鍋沿是木製的，底部鋪了一層極細的金屬篩子。

在這個特別的午後，這位老人佔了一個路邊的位置；而一隻大黑貓就著炭火所散發的溫暖，蜷縮著身體，在最靠近火邊的平底鍋裡安睡。老人一點注意力都沒有分給貓兒，而是繼續烘烤他那一球咖啡，並若有所思地吸著香菸。當他的咖啡變黑並燒焦，而且焦黑到應有的程度時，他停下轉動鐵皮球的動作，將頂端的滑門打開，把鐵皮球翻轉後，熱燙的咖啡便從裡面滾出來，而讓他高興的是，咖啡落在正在睡覺的貓兒身上，貓兒跳出平底鍋，倉皇奔逃到街上，並鑽進一棟老房子底下的洞裡。

我後來得知，這老傢伙遊走在城鎮間，從家家戶戶收集咖啡並以每公斤幾蘇的價格代為烘焙為生——很像磨剪刀師在一個美國小鎮中經營手藝的模式。

相當多的食品雜貨商會用簡陋的裝置自己烘焙咖啡，與上述情形極為類似：不過大型咖啡烘焙商讓這種傳統的作法逐漸被淘汰。

巴黎和其他大城市的店主會每天新鮮烘焙他們的咖啡。他們用的機器大部分都是圓桶樣式的，利用瓦斯燃料，並以電力旋轉。不變的是，這些設備會矗立在街道清晰可見的地方。

烘焙樣品，或測試表格在法國之所以引人注目是因為它們的付之闕如。對這個議題的探討透露出咖啡是靠著形容來販賣的；而當法國商人被問道，「你要如何知道這批貨製做成成品後，品質是符合你所形容的？」他會回答，這是從咖啡大致上的外觀和生豆的氣味得到的結論。或許這種採購杯中成品的散漫態度其中一個原因是咖啡的烘焙非常深此一事實，實際上它們幾乎被燒焦到成炭的程度；而除非咖啡的本質非常糟糕，否則燒焦的氣味會消弭任何它可能帶有的異味。

咖啡相當經常地以生豆的形式出售給消費者，這個事實曾經是、而且直到現在還是中美洲咖啡銷售獨占鰲頭的原因。說到要和法國人做買賣，格調會優先於所有其他的因素。

在美國的咖啡商人看來，法國人把藝術品味套用到咖啡上的時候，幾乎將其提升到不合理的極端；因為咖啡是種來喝的，而非用來觀賞的。

由於能將烘焙好的咖啡直接送到消費者手中的大型烘焙商的出現，聖多斯咖啡豆得以進入市場分 1 杯羹。烘焙商用達 50% 和 60% 的聖多斯咖啡豆為材料，混合西印度群島及中美洲咖啡豆所製作的調和豆取得很好的成果。

不列塔尼則是對不限種類的公豆需求很高。這個情形是由於此地區的居民依舊大量從事自家烘焙的緣故，並因為他們沒有改良的手持烘焙器，而且仍舊用將平底鍋放進爐子內烤箱的方式來烘焙咖啡豆，因此已經習慣於使用咖啡公豆。公豆在平底鍋中能恰到好處地四處滾動，令它們能烘焙得更為均勻。

幾乎所有的咖啡都是自家研磨的，這對消費者來說毫無壞處；不過，對於會將不同等級的咖啡粉混進調和咖啡的業者來說，可能會造成一些生意上的困難——雖然這種魚目混珠並不會造成什麼實質上的傷害。

商店中使用的是磨豆機，它們屬於「暴力手段」類型，同時屬於自古相傳的傳統。如果你想聽見一個法國的食品雜貨商發出咆哮，那麼就向他買 1 公斤的咖啡豆，並請他磨成粉吧！

包裝咖啡和獨家品牌尚未像美國一樣獲得應有的承認——儘管如今有數家公司已經在這個行業開始起步，並廣泛地在告示牌上、有軌電車，還有地鐵中發布廣告。然而，大部分咖啡仍然是大宗出售。法國那些販賣奶油、蛋，和乳酪的商店也大量交易咖啡。在戰爭及高

昂的價格出現前，有些規模非常龐大的公司經營咖啡、茶，還有香料等貨物的高端優質服務。

這些公司現今仍然存在，而且營業額非常傑出；但咖啡與優質商品的高昂價格讓銷售量顯著的下滑。它們採取沿線推銷與捐客的方法營運，就和某些我們美國的公司一樣。一家位於巴黎的大型商號已經在這個行業經營超過 50 年，分店和貨運點遍布法國每個鄉鎮、村莊，和小村落。

喝咖啡的時機。法國的咖啡消耗量日益增加，有人說這是因為酒類的高昂價位，另一些人則認為純粹是因為人們開始喜愛咖啡的緣故。

一般民眾間的法式早餐包括了 1 碗或 1 杯咖啡歐蕾，也就是半杯或半碗的濃厚黑咖啡加菊苣，還有半杯的熱牛奶和 1 碼長的麵包。工人將他的麵包直立起來，並浸入咖啡中，讓麵包儘可能的吸收碗中的液體。然後他開始將這兩者的混合物吸進體內。他可以從這個過程中所製造出的噪音音量來表明他的滿意程度。

在條件較好的階層當中，早餐組合則是咖啡歐蕾、麵包捲和奶油，有時候還有水果。咖啡是用滴濾法，也就是真正的過濾式咖啡壺，或是過濾製作而成的。一隻手拿著裝有滾燙牛奶的壺，另一隻拿著泡好的咖啡，兩者一起倒進杯子裡，使其同時混合。牛奶與咖啡的比例各有不同，從兩者各半到 1 份咖啡加 3 份牛奶都有。有時候，供應的方式是將少許咖啡倒入杯子當中，然後加入等量

的牛奶，就這樣交錯重複，直到杯子倒滿為止。

除了早餐以外，咖啡不會與任何一餐一起飲用，但卻總是會在正午過後和傍晚的進餐時間以小杯清咖啡的形式供應。在一般家庭中，午餐或晚餐過後的例行公事是走進沙龍中，在舒適的壁爐火焰前，享用你的小杯清咖啡與利口酒以及香菸。

法國人觀念中的晚餐後咖啡有著不尋常的濃厚和不加牛奶的口感，而他總是搭配他的利口酒一起飲用——不論他是不是已經喝過餐前開胃的雞尾酒、一瓶搭配肉類主菜的紅酒，還有搭配沙拉與餐後甜點喝下的一瓶白酒。當小杯清咖啡出現時，必定伴隨以干邑、班尼迪克汀，或薄荷甜酒的形式提供的甜香酒。法國人無法想像一個飲用晚餐後咖啡時，不攝取一點酒精的人，「那能輔助消化。」他們這麼說。

諾曼地風格。在諾曼地盛行著一種與咖啡飲用有關的獨特習慣。這個省分大量生產一種以當地獨有的特殊品種蘋果所製成、被稱做西打酒的蘋果酒——換句話說，就是單純的硬西打酒。他們會將這種硬西打酒進行蒸餾，從蒸餾物中獲得被稱為卡爾瓦多斯的飲料。

諾曼地出身的人會拿半杯咖啡，再以卡爾瓦多斯添滿後，加糖增加甜味，然後以貌似津津有味的態度飲用。冰涼的咖啡在卡爾瓦多斯倒入的時候幾乎會發出嘶嘶聲。

它嚐起來像螺絲起子，而且喝 1 杯就有和拿把鎚子敲在頭上一樣的效果。

普羅可布餐廳，1922 年；是 1689 年著名的「洞穴」餐廳的後繼者。

從蹣跚學步的年紀開始，諾曼人就如此飲用他的卡爾瓦多斯加咖啡。

法國南部的人們會利用葡萄的殘渣製作一種混合調製品。他們會將葡萄渣放進水中煮沸，得到一種被稱為 marc（應該是果渣白蘭地酒）的飲料；而這種酒被使用的方法與北邊的諾曼人使用卡爾瓦多斯的方式差不多一模一樣。然後還有廣受歡迎的夏日飲料馬札格蘭，這在當地代表的是碳酸水加冰咖啡。

偏愛滴濾和過濾法。在法國沖煮咖啡曾經是、將來也會是用滴濾和過濾的方法。大型的飯店和咖啡廳幾乎完全採用這些方法，家庭主婦也是。當客人到來，而且需要提供一些不尋常的咖啡時，廚師會用 1 次將 1 湯匙熱水倒進壓緊且磨得很細的咖啡粉中的方法滴漏咖啡，這能讓水徹底浸透咖啡粉，萃取出每一絲油脂。

他們會大量使用比正常 1 杯咖啡量所需的更多的咖啡粉，有時甚至花上 1 個小時製作 4 到 5 杯的小杯清咖啡。不

消說，當準備完成可以飲用時，成品與其說是咖啡，反倒更像糖漿。

法國某些地區將咖啡渣留下進行第二次獲甚至第三次浸泡是很常見的，不過這種作法並不被認為是好習慣。

馮・李比希關於正確製備咖啡的理念在某些情況下，以下這種方式被吸收納入法國的咖啡沖煮法當中：將用過的咖啡渣放在滴漏式咖啡壺的下層。將新鮮研磨的咖啡放在咖啡壺上層。倒入煮滾的水。這種方法的理論是舊的咖啡粉會提供稠度和濃度，而新鮮的咖啡則帶來香氣。

咖啡館和酒館不分家。林立在巴黎和其他法國大城市林蔭大道兩旁的咖啡廳全都有供應咖啡，無論是純咖啡或有加牛奶的，而且幾乎都會搭配利口酒。法國的咖啡館也可以視為酒館，或者說酒館也可以被視為咖啡館；兩者密不可分。在這些場所，無論是規模最小或最

其中一家比亞爾咖啡廳。巴黎大約有 200 家這些販賣咖啡和酒的商店。它們的主要客群是勞工、職員，以及女店員。

大的，咖啡在白天或夜晚的任何時刻都有供應。巴黎一家非常具規模咖啡廳的店主說，他的咖啡在白天的銷售幾乎與他的紅酒銷售相等。

法國人——不論年輕或年老，都能從坐在咖啡廳前的戶外人行道上啜飲咖啡或利口酒這件事當中獲得極大樂趣。他們熱愛在此處單純觀賞過往行人的人生百態消磨時光。

巴黎的林蔭大道兩側有數以百計的咖啡廳，你可以坐在那裡很長時間，在小桌子前看報紙、寫信，或單純的發呆。在上午時分，從 8 點到 11 點，雇員、時尚男士、遊客，還有鄉下人為了點杯咖啡歐蕾擠滿了咖啡廳。侍者們冷淡而有禮，他們送上報紙，並輕刷桌面——加了牛奶濃咖啡刷 2 次，完整咖啡套餐（附麵包和奶油）刷 3 次。

午間時刻的咖啡代表的是 1 小杯或 1 玻璃杯的黑咖啡，也就是 café nature。用過濾式咖啡壺或過濾器具滴漏的咖啡是一般的兩倍量，整個滴漏過程費時 8 到 10 分鐘。

有些人所認知的黑咖啡指的是等量的咖啡加上白蘭地，並添加糖和香草增加風味。當黑咖啡與等量的干邑單獨混合，混合物會變成 café gloria。馬札格蘭咖啡在夏季也有極大需求，其做為基底的咖啡與黑咖啡的作法一樣，馬札格蘭咖啡會被盛裝在一個高玻璃杯中供應，附有水供稀釋之用，以符合個人口味。

讓巴黎在十八世紀聲名遠播的咖啡廳只有極少數存活至今。那些咖啡廳中，以咖啡服務聞名的有創立於 1718 年的和平咖啡館、麗晶咖啡館；以及普雷沃斯特咖啡館，它的巧克力也同樣有名。

和平咖啡館，巴黎人在此地露天飲用咖啡。

麗晶咖啡館,巴黎,1922 年。

▶ 午後咖啡的起源在德國

德國是「午後咖啡聚會」(kaffee-klatsch)的起源地。甚至直到今日,德國家庭的團圓聚會都是在週日午後圍繞著咖啡桌進行的。

在夏日時分,氣候允許的情況下,全家人會散步進入市郊,並在有整壺咖啡販售的花園停駐。老闆會供應咖啡、杯子、湯匙,在一般情況下,每杯咖啡會放兩塊糖;顧客會自帶蛋糕。他們會在每杯咖啡中放一塊糖,並將另一塊糖帶回家給「金絲雀」,這指的是食品櫃中的糖碗。

某些花園會供應較為廉價的咖啡;在入口處會陳列出顯眼的巨大招牌,上面寫著:「一家人可以在此煮製自家的咖啡。」

在這一類花園當中,顧客只需要從業者處購買熱水,咖啡粉和蛋糕則得自行準備。

在等待咖啡煮製的期間,他可以欣賞樂隊演奏和看孩子們在樹下玩耍。用來沖煮咖啡的是法式滴漏壺或維也納滴漏壺。

德國的每個城市都有自己的咖啡廳,顧客可以在寬敞的空間內,圍坐在小桌子旁飲用咖啡,不論是有喝完或未喝完、熱氣騰騰的還是冰涼的、甜的或不甜的——這取決於糖的供應量;同時小口吃著從一座玻璃金字塔中選出來的一塊蛋糕或點心;一邊談話、調情、誹謗、打哈欠、閱讀,還有吸菸。事實上,咖啡廳就是公共閱覽室。有些地方會保有上百份每日和每週報紙與雜誌的存檔供顧客使用。

如果客人只買了 1 杯咖啡,他得以

保有座位數個小時，並一份接著一份地
看報紙。

　　在柏林，最重要街道的十字路口，
4 個街角中就有 3 個被咖啡廳所佔據。此
地便是菩提樹下大街與腓特烈大街交會
之處。西南方的角落是克蘭茨勒穩重古
老的咖啡廳，這是一處非常體面的場所，
此地的低樓層大廳甚至是保留給非吸菸
者使用的。東南方的角落則是舉世聞名
的鮑爾咖啡廳。它曾有過更為輝煌的時
期，不過現在已被競爭者遠遠拋在身後。
位於東北方角落的是維多利亞咖啡廳，
是一個新式場所，非常明亮，也沒那麼
古板。那裡並沒有保留給非吸菸者的房
間，對大多數的女士來說，就算她們自
己不吸菸，還是會為她們的護花使者點
燃雪茄。

　　波茨坦廣場周邊有許多咖啡廳。
Josty 咖啡廳可能是柏林最常被人光顧的
咖啡廳。它因為店前的樹木與寬大的陽
臺而成為最受人喜愛的咖啡廳。再更往
西一點的選帝侯大街上，有十幾家大型
咖啡廳。

　　有些咖啡廳是特定職業和行業的會

位於菩提樹下大街上的鮑爾咖啡廳，柏林。

鮑爾咖啡廳內部景象，柏林。

面之地。舉例來說，腓特烈大街上的海
軍上將咖啡廳是「藝人」交易所。所有
的舞臺工作人員與穿戴鞣製皮革的明星
每天在此聚會。歌舞隊的女孩、雜技演
員、表演空中飛人的女士、柔體雜技演
員，以及無鞍馬騎手也會在那裡出現，
在那裡發牢騷、譴責他們的經理人、交
換他們的鑽石，還有講述從前的巨大成
功。電影製作人也會前往此地為一齣新
的電影戲劇選角。在那裡，每分鐘都可
以選出完整的演出陣容。

　　然後就是位於選帝侯大街的西方咖
啡館──舊的那一個，是夢想家和詩人
的匯聚之處。它也被稱為狂妄咖啡館，

位於菩提樹下大街上的克蘭茨勒咖啡館，柏林。

該店因為聚集了一群受誇大自我所折磨的人而引人注目。

　　薩克森和圖林根是培育咖啡愛好者的溫床。據說比起世界上其他任何一個地方，薩克森每平方英吋有更多飲用咖啡的人，而單一1顆咖啡豆會被倒進更多杯子中。薩克森人喜愛自己的咖啡，但似乎擔心咖啡對他們來說太過於濃厚。所以，在咖啡倒進杯裡時，他們總是會在舉起冒著熱氣的杯子湊向嘴邊前，確認自己能看到杯底。

　　用馮·李比希煮製咖啡的方法準備咖啡的話，需先將所有咖啡粉量的¾煮沸10到15分鐘，然後將剩餘的咖啡粉加入，浸泡或說泡製6分鐘，這個方法被某些女管家奉為圭臬、虔誠地遵守。馮·李比希是主張將咖啡豆覆上一層糖的。在某些家庭當中，油脂、蛋，還有蛋殼，被用來沉澱和使咖啡清澈。

　　比起其他歐洲國家，德國的咖啡被更好的烹製（烘焙），並用更科學的方法煮製。然而近年來，在世界大戰期間和其後咖啡替代品的使用出現了驚人的成長，以至於德國的1杯咖啡已經不像從前一般是純粹令人享受的樂事了。

▶ 除了酒，希臘最愛喝咖啡

　　咖啡是希臘最受歡迎並最廣泛被飲用的非酒精性飲料——如同它在近東地區的定位一樣。

　　希臘的每年人均咖啡消耗量大約是2磅，⅔透過奧地利與法國供給，巴西則提供了剩餘⅓的絕大部分。

　　咖啡的烘焙度是深烘焙或城市烘焙，而且幾乎完全是以粉末的形式使用。它被煮製供飲用的方式主要是用製作土耳其式小杯清咖啡的方法。研磨細緻的咖啡粉甚至用來製作一般的餐桌或早餐咖啡。在私人家庭中，最常用的是君士坦丁堡生產的圓桶狀黃銅研磨器。而在遍布希臘與黎凡特村莊和鄉鎮的許多咖啡館內，則是由一位強壯的男士，用沉重的鐵製碾槌，把放進笨重的石製或大理石製研缽內的咖啡豆研磨成粉；而較貧困的家庭則使用同樣土耳其製造的黃銅製碾槌與研缽。

　　埃德蒙·弗朗索瓦·瓦倫丁·約在他的《今日希臘》中說：

　　在所有希臘咖啡館中被飲用的咖啡讓從未見識過土耳其和阿爾及利亞的旅行者感到震驚。他們因在杯子中發現食物，而非原先預期的飲料而感到訝異。然而你會逐漸習慣這種咖啡高湯，而且結果發現它更為美味可口、更為輕盈、氣味更為芬芳，尤其是比起在法國你所喝到的所有咖啡萃取液都還要更為有益健康。

　　約公布了他的僕役佩卓斯——雅典代表咖啡之第一人——的製作方法：

　　咖啡顆粒在不被燒焦的前提下被烘烤；它會在研缽或非常密實的磨中，被磨碎成細微的粉末。水被放在火上直到煮滾；隨後被取下，並投入1滿匙咖啡，並視預計要製作的杯數，以1杯1滿匙的比例加入敲碎的糖；小心地加以混合；

重新將咖啡壺放回火上，直到內容物似乎將因沸騰而溢出；咖啡壺被取下，然後再次放回；最後咖啡被迅速地倒入杯子裡。

有些喝咖啡的人會讓煮製的咖啡沸騰多達 5 次。佩卓斯規定不可將他的咖啡放在火上超過 3 次。裝滿杯子時，他會仔細地將咖啡壺上方所產生的泡沫均分到每 1 杯；這是咖啡的 kaimaki。沒有 kaimaki（即 crema，咖啡表層的咖啡油脂）的咖啡是十分丟臉的。

當咖啡被倒出來之後，是要在它熱燙混濁的時候或冷卻澄清的時候飲用，可視你的喜好選擇。用這種方式煮製的話，咖啡可以絲毫沒有不便地在一天內飲用 10 次：你不能有恃無恐地每天喝 5 杯法式咖啡。這是因為土耳其和希臘的咖啡是一種稀釋的補藥，而我們的則是濃縮的滋補劑。

我曾在巴黎遇到許多喝咖啡不加糖的人，他們藉此模仿東方的咖啡風味。我認為我應該要通知他們一聲——只限於我們私下說說，其實在雅典的大咖啡館中，糖總是伴隨著咖啡一起出現；在中東及近東地區的小客棧，還有二流的咖啡館，供應的是已經加了糖的咖啡；而在士麥那和君士坦丁堡，無論到哪裡，端給我的咖啡永遠是加了糖的。

▶ 義大利人特重早餐的咖啡歐蕾

在義大利，批發商、零售商，還有一般家庭的咖啡烘焙都是使用法式、德式、荷式，還有義式的烘焙機器。深城市烘焙，或稱義式烘焙是受偏愛的烘焙

度。義大利也有和法國及其他歐洲大陸國家一樣的咖啡廳，咖啡則是以法式滴濾法製備。餐廳和飯店則使用最早由法國人和義大利人所開發出來的快速過濾咖啡機。滲濾式咖啡壺和過濾器具則是一般家庭常用的器具。

義大利人對於烘焙的溫度和冷卻的步驟特別注意。烘焙好的咖啡會散發出相當可觀的釉光，而且使用了許多咖啡添加物。

義大利人和法國人一樣，特別注重早餐的咖啡歐蕾。晚餐時分則是供應黑咖啡。

法式流派的咖啡廳沿著羅馬的科爾索大道兩側、那不勒斯的托萊多街、米蘭的艾曼紐二世迴廊及主教座堂廣場，還有環繞著威尼斯聖馬可廣場的拱廊商場分布，弗洛里安咖啡館在聖馬可廣場依舊事業興旺。

▶ 荷蘭人很少在正餐場所喝咖啡

在荷蘭，法式咖啡廳同樣也是大型城市生活中，令人愉快的一項特色。

荷蘭咖啡的烘焙是恰到好處的，而且經過妥善沖煮。咖啡是裝在獨特的壺中供應，或是以小杯清咖啡的形式放在銀製、錫製，或黃銅製的托盤上，並附帶有一個微型水壺，裡面裝著恰好分量的奶油（通常有經過打發），1 個和單人奶油盤差不多大小的小碟子——上頭放著 3 塊方糖，以及 1 個裝水的細長玻璃杯。這是共通的服務；水杯總是會伴隨咖啡一起出現。這是一種確保美國人會喝水的方法。

在荷蘭，聚集在某些露天咖啡廳或室內咖啡館飲用晚餐後的咖啡是一項慣例。人們很少在用正餐的場所喝咖啡。像這樣的咖啡廳有很多，而有一些還經過精心設計與擺設。其中最有趣的一家是位於海牙的 Sr. Joris，店內以古老的荷蘭風格布置。法式滴濾法是在荷蘭被認可的咖啡製作方式。

▶ 歐洲其他國家的習俗

保加利亞。在保加利亞，阿拉伯－土耳其式的咖啡沖煮法十分盛行。右圖顯示一群忠實信徒組成的香客隊伍一年一度前往麥加的朝聖之旅。這位由他的護衛隊陪同的可敬穆斯林懷抱著成為朝聖者的野心。我們能從他們的外表辨認出何者為護衛隊：奇異的服裝、有著金色手柄、閃閃發光的 hanjar 匕首，還有嵌銀的手槍；一頂綴滿流蘇的小帽取代了嚴肅的頭巾。

他們與他們的駱駝分享住處，住在客棧的馬廄或駱駝商隊的客棧中。他們的提神飲料是咖啡，濃厚而且又黑又苦，裝在極小的杯子中。

丹麥和芬蘭。咖啡的沖煮和供應是仿照法國和德國的方式。

挪威及瑞典。法國和德國的影響在挪威和瑞典的咖啡烘焙、研磨、煮製，以及供應上留下印記。一般而言，並沒有用太多的菊苣，而打發奶油則被大量使用。

煮沸法在挪威有許多追隨者。使用的是一個大（無蓋）的銅製水壺。水壺中放滿水，咖啡被投入其中並煮沸。

於一間駱駝商隊客棧中停留的篷車旅行者，保加利亞。

在較貧困階級的鄉下家庭中，銅製水壺會直接拿到桌上，安放在一個木盤子上。咖啡會直接從銅水壺倒進杯子中。在富有階級的家庭中，咖啡會從銅水壺倒進廚房中的銀製咖啡壺內，然後銀咖啡壺會被端到桌上。

奧斯陸市內唯一近似於咖啡館的設施就是「咖啡室」。

那是一些小型的、一間房間的場所，在這裡可以購買更簡單類型的食物，比如說燕麥粥，就能夠和咖啡一起搭配購買。它們收費低廉，大多會被貧困階級的學生光顧，這些學生在這裡邊喝咖啡邊讀書。

俄羅斯和瑞士。俄羅斯和瑞士流行

這些咖啡壺在瑞典廣泛被用來煮沸咖啡。左，帶有木質手柄的銅壺，鐵製的腳能讓銅壺站在煤炭中。中，供爐臺使用的玻璃球形壺，被包在有毛氈內襯的銅製保溫罩中；右，供爐臺使用的手工錘鑄銅水壺。

的是法式和德式的咖啡沖煮法。然而俄羅斯飲用的茶比咖啡要來得多，而在可達成的情況下，咖啡大多數都是用土耳其式方法準備的。在一般情況下，咖啡只是一種廉價的「替代品」。而特權階級所謂的 café à la Russe 是以檸檬調味的濃厚黑咖啡。

另一種俄羅斯配方需要將咖啡放在一個大的潘趣酒碗中，蓋上一層切細的蘋果和梨；然後將干邑倒在這團東西上用火柴點燃。

羅馬尼亞和塞爾維亞。兩地飲用的咖啡是用土耳其式或法式沖煮法所製備的，取決於飲用者的社會階級和供應咖啡的場所。還有著無數替代品。

西班牙及葡萄牙。法式咖啡廳在西班牙及葡萄牙一如像在義大利一般興盛。在馬德里，在波多德爾索勒周邊可以找到一些令人愉快的咖啡廳，那裡最受歡迎的飲料是咖啡與巧克力。咖啡是用滴濾法製作的，並以法式風格供應。

北美的咖啡禮儀及習慣

咖啡和茶被引進北美，為人們的佐餐飲料帶來了極大的改變。一開始的麥芽飲料被酒精性的烈酒和蘋果酒取代。而這些飲料隨即被茶和咖啡給替代。

▶ 更偏愛茶葉的加拿大

在加拿大，我們發現法國和英國的影響同時作用在咖啡的製備和供應上；還有從邊境傳入的「美國佬」的想法。

人行道上的咖啡廳，里斯本。

數年前——大約是 1910 年——加拿大稅務部的首席化學家 A・麥基爾提出對馮・李比希咖啡沖煮法的改良性建議，他表示加拿大人可據此得到 1 杯理想的咖啡。

這個方法結合了兩種為人所熟知的方法：

其一是煮沸一部分的咖啡粉，以便得到最大的稠度或可溶性物質。另一則是將大約等量的咖啡粉用過濾的方式沖泡，以獲得所需要的咖啡焦油。將煮出的汁液與浸泡的汁液相混合，完成的飲料就會具有豐富的稠度，同時也有該有的香氣。然而在咖啡的消耗量逐漸增加時，大多數加拿大人依然繼續喝茶。

▶ 墨西哥的特殊習慣

在墨西哥，當地的原住民有一項自己的獨特習慣。烘焙過的咖啡豆會裝在一個布袋中被研磨成粉，隨後布袋就會被浸泡在一壺煮沸的水加牛奶中。然而，牧牛人則將滾水倒進水杯中被磨碎的咖啡粉上，並用一根紅糖棒增加甜味。

墨西哥的上層階級會用以下這種有趣的方法來製備咖啡：

將 1 磅咖啡豆烘焙至內裡焦黃。將 1 茶匙奶油、1 茶匙糖，和一點點白蘭地與烘好的豆子混合，蓋上一塊厚棉布。冷卻 1 小時；之後研磨。將 1 夸特水煮沸。水滾的時候放入咖啡並迅速由火源移開。靜置數小時，然後用一個法蘭絨袋子過濾，儲存在石製的罈子中，直到需要飲用時；那時再加熱需要的分量。

經常用來為亞伯拉罕・林肯供應咖啡的布列塔尼亞咖啡壺；新薩勒姆。

▶ 進步飛速的美國

沒有任何國家在咖啡的製作上有像美國一樣如此顯著的改進。儘管在許多方面，這種國民飲料還是被平庸地製備出來，但近年來所取得的進展如此巨大，使得咖啡之友覺得不久便有希望能真正地說，美國的咖啡製備是一項國家榮譽，而不再是過去的國恥。

早餐桌之王的地位。在更為先進的家庭和最好的飯店及餐廳中，咖啡的品質已經達到一致的優良，並以一切應有的形式供應。美式的早餐咖啡是一種優良的飲料，因為其中添加了牛奶或奶油，還有糖；與歐洲不同，內容同樣豐富的 1 杯咖啡也會被當做正午還有傍晚用餐時的一部分，再次供應給大多數人。

在禁酒時期，咖啡的飲用有增加的趨勢，直接取代了麥芽酒與酒精性烈酒的地位。飯店的咖啡室、午後飲用咖啡

的顧客，以及工廠、商店與辦公場所的免費咖啡服務也開始出現。

在殖民地時期，做為早餐飲品的葡萄汁或麥芽啤酒首先向茶屈服，隨後是咖啡。波士頓的「茶黨運動」為咖啡的地位取得最後勝利；但與此同時，咖啡的角色或多或少都被歸於正餐後，或兩餐間的飲料，就和歐洲人做的一樣。在華盛頓執政時期，正餐通常在下午 3 點供應，而在非正式的晚宴上，客人們「枯坐到日落——然後是咖啡時間。」

在十九世紀初期，穩固地堅守住做為一種偉大美國早餐飲料的地位；而咖啡佔據此一地位的安全性看來似乎是毋庸置疑能夠名流青史的。

一日之始，一日之終。時至今日，美國所有的階層都以 1 杯咖啡開始及終結每一天。在一般家庭中，咖啡以煮沸、浸泡或泡製、滴濾，還有過濾等方式製備；飯店和餐廳則是用泡製、滴濾和過濾等方法。最佳的慣例作法則偏向真正的滴濾（法式滴濾），或過濾法。

在美國家庭中浸泡咖啡——一項英國傳家寶——通常會用磁器或是陶製水罐。將滾水注入研磨好的咖啡，直到水罐達到半滿。

泡製的混合物被輕輕攪動。接著，倒入剩餘的熱水，直到裝滿，再次輕輕攪動泡製混合物，然後靜置，最後用過濾器或濾布在供應前過濾。

當使用抽送式滲濾咖啡壺或雙層玻璃過濾器具時，一開始的水可以依使用者的喜好用冷的或是煮沸的。有些人會在煮製過程開始前，用冷水沖溼咖啡壺。

對真正的滲漏式咖啡壺，或者說滴漏咖啡來說，市面上有許多原則上正確，而且外觀很吸引人的美製器具。最新的過濾器具會在下一章描述。

各地的咖啡風俗。在紐奧良享譽已久的克里奧咖啡，也就是法式市場咖啡，是由用滴濾壺煮製的一種濃縮咖啡萃取液所製成的。

首先，將足量的沸水倒在研磨好的咖啡粉上，使其充分浸溼，之後進一步加入更多的熱水，以一次 1 湯匙、每匙間隔 5 分鐘的頻率將水加到咖啡粉上。將如此得到的萃取液放在用軟木塞塞緊的瓶子中，在有需要的時候用來製作咖啡歐蕾或黑咖啡。一種克里奧咖啡製作法的變化是將 3 茶匙的糖放到平底鍋中製成焦糖，加入 1 杯水，用小火慢慢煮到糖融化；將此液體倒進放在滴漏壺中的咖啡粉上，加入所需分量的熱水，供應時可隨自己的意願選擇是否加奶，或添加奶油或熱牛奶。

在紐奧良，咖啡通常在起床時於床邊供應，做為一種早餐的餐前儀式。

1876 年的「費城百年博覽會」成為將維也納咖啡廳引進美國的場合。Fleischmann 的維也納咖啡廳與麵包店是我們第一屆世界博覽會的特色。後來它搬到了紐約百老匯，於恩典堂隔壁繼續提供棒極了的維也納風格咖啡。

機會仍在等待那些能夠為我們較大的城市帶回維也納咖啡廳或某些美國化形式的歐洲大陸咖啡館或露天人行道咖啡廳，讓茶、咖啡，和巧克力成為特色的勇士。

舊阿斯特豪斯酒店有許多年都是以咖啡聞名，1840 年到 1922 年間的 Dorlon 咖啡館也是如此。

已故羅斯福上校的家庭成員於 1919 年在紐約開創了一家巴西咖啡館企業。它最早的名稱是 Café Paulista，不過後來則被稱 Double R 咖啡館或南美洲俱樂部，四〇年代時在巴西有一家分店，還有一家位於萊星頓大道上的阿根廷分店。這裡的咖啡是用巴西風格煮製並供應的；也就是深城市烘焙、徹底研磨成粉、用過濾法製作、供應黑咖啡或加熱牛奶。同時也提供三明治、蛋糕，還有油炸小煎餅。

這家企業並不成功。即使在紐約市，有沒有足夠多的拉丁人能讓一間只供應以巴西式方法所煮製咖啡的咖啡館維持下去確實是很令人懷疑的。

紐約獨有的俱樂部之一是以咖啡館之名而聞名遐邇。它位於西 45 街，由 1915 年 12 月開始就已存在，當時它以一場非正式的晚宴開始，在這場晚宴上，身為原始成員之一、已故的約瑟夫‧H‧喬特概略敘述了這個俱樂部的成立目的與運作方針。

阿斯特豪斯飯店的咖啡服務，紐約。

咖啡館的創立者相信——由於紐約社交俱樂部中不斷增加的高昂稅金和禮節俗套與約束導致的結果——此處需要一個價格中庸的用餐及聚會場所，這個場所應該用盡可能簡單的方式和最少的花費來經營。

在這項事業一開始的時候，建構、採用，而且從那時開始實踐一套最不正規的章程：「不接受官員、不穿制服、不用給小費、不安排固定演說、不准賒帳、沒有任何規則。」

整體而言，俱樂部的會員多半都是畫家、作家、雕刻家、建築師、演員，以及其他各行業的成員。會員被預設以現金支付所有的點單。會員資格並非由提名候選人的機制決定。俱樂部會邀請那些它相信贊同俱樂部創建人理念的人加入。

在紐約華爾道夫－阿斯托里亞酒店中為個人服務的咖啡煮製方法被許多不只是提供甕煮咖啡的一流飯店與餐廳吸收採用。

華爾道夫－阿斯托里亞酒店使用的是法式滴濾，再加上小心謹慎地注意製作 1 杯完美好咖啡的所有影響因素。一位飯店的侍者是如此描述的：

使用的是一個瓷製的法式咖啡滴漏壺。壺被存放在一個溫暖的加熱器上；當有人點咖啡時，這個壺會被用沸水沖洗消毒。

將 1 平匙的咖啡研磨到和小顆粒砂糖差不多粗細，然後放入上層，也就是咖啡壺過濾器的部分。接著將新鮮煮沸

的水穿過咖啡粉倒入壺中，讓其過濾進入咖啡壺的下層部分。

根據我們的經驗，成功的祕訣在於整個過程中，咖啡粉要新鮮現磨，並且水愈接近沸騰愈好──基於這個理由，咖啡壺應該被放置在爐子或爐灶上。

咖啡粉的量可以依個人的口味而有所變化。我們在煮製晚餐後咖啡時，會比準備早餐咖啡時多加入約 10% 的研磨咖啡。我們使用的是爪哇和波哥大混合的綜合咖啡。

紐約國賓飯店的主廚 C・史考提如此描述那間飯店製作咖啡的方法：

首先，最基本的要點是，咖啡的品質是所能取得的咖啡中最好的；第二，使用法式過濾壺或咖啡袋，如此所得到的咖啡是比較好的。

早餐咖啡的比例是 12 盎司的咖啡配上 1 加侖的水。

正餐咖啡則是 16 盎司咖啡配上 1 加侖的水。

倒在咖啡上的水應該是煮沸的，而且水應該放回爐子上加熱數次。任何時候我們都不會允許咖啡粉放在甕裡超過 15 到 20 分鐘。

在最好的飯店中，咖啡通常是放在銀製的壺和罐子中供應，包括了新鮮煮製的咖啡、熱牛奶或奶油（有時候兩者皆有），還有塔糖。

許多重要的飯店和某些大型鐵路系統採納了以下慣例：只要顧客或旅人坐在早餐桌前或進入餐車中，就提供免費的小杯清咖啡。「小黑人」，侍者們這麼稱呼它們，或者是「咖啡雞尾酒」。

南美洲的咖啡習慣

阿根廷。 做為一種休閒飲料，咖啡在阿根廷是很受歡迎的。Café con leche ──也就是咖啡加牛奶，其中咖啡的比例由 ¼ 到 ⅔ 不等──是阿根廷常見的早餐飲料。用餐後通常會喝一小杯咖啡，在很大程度上，咖啡也會在咖啡廳中被消耗掉。

巴西。 在巴西，每個人無時無刻都在喝咖啡。讓這飲料成為特色產品，並仿照歐洲大陸原始版本的咖啡廳在里約熱內盧、聖多斯，以及聖保羅隨處可見。一般習慣將咖啡豆烘焙到極深，幾乎到碳化的程度，研磨到極細，然後按照土耳其式煮製方法將其煮沸，用法式滴漏壺滴濾，浸泡在冷水中數個小時，在需要使用時將此液體過濾並加熱，或用吊掛在金屬線圈上的錐形亞麻布袋過濾。

巴西人熱愛光顧咖啡廳，在那裡自在地品嚐啜飲他的咖啡。

在這一方面，他相當的大陸化。敞開的大門還有大理石圓桌，他們的小杯子和茶托被放在糖盆周圍，構成了一幅吸引人的畫面。顧客將其中一個杯子拉到自己面前，放進半杯綿糖，一位侍者立刻上前將杯中剩餘的空間倒滿咖啡，這樣 1 杯咖啡的收費是 1 托斯陶，大約 1½ 美分。

一個巴西人一天喝掉 12 杯到 24 杯咖啡是很常見的事。

如果某人在進行社交訪問時，對共和國總理、任何次要官員，或生意上的熟人提出邀請，這對服務的侍者來說便是該上咖啡的信號。咖啡歐蕾在早上很受歡迎；除此之外都絕不會用到牛奶或奶油。如同在東方一般，咖啡在巴西也是好客的象徵。

哥倫比亞。和大部分拉丁美洲國家一樣，咖啡會伴隨所有的社交與商業會談出現。在俱樂部、餐廳、飯店，或人行道咖啡廳中，人們飲用的永遠是以小杯清咖啡形式供應的黑咖啡。

智利、巴拉圭，以及烏拉圭。這些國家所盛行的咖啡製作法與供應習慣差不多都是相同的。

其他國家的咖啡飲用

澳洲及紐西蘭。在澳洲及紐西蘭，英式咖啡烘焙、研磨，還有煮製的方法被視為標準。飲料中通常有 30% 到 40% 的菊苣。在荒野中，水會用斑馬鍋煮沸。然後加入被研磨成粉的咖啡；隨後此液體被再次煮沸，咖啡就煮好了。在城市中，採用的基本上是同樣的方法。在對極點（北半球對澳洲及紐西蘭的稱呼），一般的規則似乎是「讓它煮到沸騰」，然後再將其由火上移開。

古巴。古巴的慣例則是將咖啡磨細，放進懸掛在承接容器上方的法蘭絨布袋中，然後倒入冷水。重複多次這個步驟，直到大部分咖啡徹底吸飽水份。第一次滴下來的咖啡會再次被倒入袋中。最終結果是極為濃縮的萃取液，可以依想要的方式用來製作咖啡歐蕾，或黑咖啡。

馬丁尼克、巴拿馬、菲律賓。在這些地方，咖啡是用法式和美式方法製作而成的。

Chapter 13
咖啡器具的演進

在大約 1817 年，據說是由比金先生發明的咖啡比金在英國被廣泛使用在咖啡的製作上。壺的邊緣懸掛的是裝有咖啡粉的法蘭絨或棉布袋，熱水倒入後會穿過這個袋子，如此袋子便能當做濾器使用。直到現在，咖啡比金在英國還是廣受歡迎。

在咖啡最早被人類加以利用時——也就是在衣索比亞，時間大約是西元 800 年——是被視為一種食物。整個完整的漿果，包括咖啡豆和果殼，都放在一個研缽中搗碎，並加上油脂揉成食物球。後來乾燥的漿果也用類似的方式處理，粗糙的石製研缽和杵構成了原始的咖啡研磨器。

最古老的咖啡研磨器。古埃及的研缽和杵，可能曾被用來搗碎咖啡。

各式咖啡器具的發展

乾燥的果殼和生豆是最早被拿來烘焙的，時間大約在西元 1200 年到 1300 年之間，使用粗糙燒製的陶盤或石製器皿，放在篝火上烘烤。這些就是原始的烘焙用具。

接下去，咖啡豆被放在小型的磨石間碾磨，一塊磨石在另一塊上面轉動。隨後出現的是希臘人和羅馬人為研磨穀

類使用的磨臼。這種磨臼由兩塊圓錐形的磨石構成，一塊是空心的，安放在另一塊磨石上；龐貝城中曾發現這種磨臼的樣本。整個構想與大多數現代金屬研磨器所使用的概念完全相同。

1400 年到 1500 年間，出現了獨特的陶製和金屬製咖啡烘烤盤。這些盤子是圓形的，直徑 4 到 6 吋，厚度約1/16 吋，形狀稍微有點內凹，同時打有小孔，有點像現代廚房用的漏杓。土耳其和波斯兩地使用此一器具在炭盆上（開口的平底鍋或盆子，用來盛裝點燃的煤炭）一次烘焙一點點咖啡豆。炭盆通常會架設在腳架上，而且裝飾得富麗堂皇。

在大約同一個時間，我們注意到熟悉的金屬製小型土耳其圓柱咖啡磨豆器和最早的土耳其咖啡壺——即咖啡燒煮壺的首次出現。小巧的、用於飲用的中國瓷杯讓整套用具得以完善。

希臘與羅馬的穀物磨臼。也被用來研磨咖啡。

最早的咖啡烘焙器，大約是 1400 年。

最早的咖啡燒煮壺和無蓋的英國麥芽啤酒杯很像，頂部比底部小一點，裝有一個供傾倒用的帶溝槽的蓋子，還有一根又長又直的把手。這些壺是黃銅製的，可容納 1 到 6 杯裝滿的小杯子的量。隨後大口水壺的設計有所改進，有圓滾滾的壺身、有領的頂端，還有蓋子。

土耳其式咖啡研磨器似乎已經昭示著單人圓柱研磨器在後來（1650 年）會變得常見，並且發展成大型的現代圓筒商用烘焙機。

在早期文明中，為個人提供的咖啡服務，最早採用粗糙的陶碗和碟子做為飲用的器皿；但早在 1350 年，波斯、埃及，以及土耳其以製陶方法做出的大口水壺便被拿來在供應咖啡時使用。在十七世紀，類似樣式、但以金屬製成的大口水壺是東方國家和西歐地區喜愛的供應咖啡的器具。

一個以四足站立的香料研磨器在 1428 年和 1448 年年間被發明出來；這項器具後來被用來研磨咖啡。十八世紀時，研磨器添加了收集咖啡粉的抽屜。

在 1500 年和 1600 年間，為了烘焙咖啡，帶有長柄和使其能站立在火中之腳架的鐵製淺杓在巴格達被使用，美索不達米亞的阿拉伯人也用同樣的器具烘焙咖啡。這些烘焙器有長約 34 吋的柄，碗狀的部分直徑約 8 吋。它們會配有一根攪動咖啡豆的金屬攪拌棒（鍋鏟）。

另一種類型的烘焙器在 1600 年左右被開發出來。它的形狀像是一隻站著的鐵蜘蛛，如前所述，這是為了讓烘焙器能放置在明火中。白鑞（錫鉛合金）製供應咖啡的壺在這個時期首度被採用。

在 1600 年和 1632 年間，木製、鐵製、黃銅製和青銅製的研缽和杵在歐洲被普遍使用，用以搗碎烘焙過的咖啡豆。延續好幾個世紀，咖啡鑑賞家認為，將咖啡豆放進研缽中搗碎要早於用最有效率的磨豆器研磨。裴瑞格林·懷特在五月花號上的父母於 1620 年將一個用於搗碎咖啡製作咖啡「粉末」的木製研缽和杵帶往美國。

當拉羅克談到他的父親於 1644 年從君士坦丁堡將製作咖啡的器具帶回馬賽時，他毫無疑問地提及當時東方所特有的器具，包括烘焙盤、圓筒研磨器、小型的長柄燒水壺，還有 fenjeyns（fin-djans）小巧的瓷製飲用杯。

當貝尼耶在大約十七世紀中訪問偉大的開羅時，整個城市有 1000 家以上的咖啡館，他只發現了兩位了解咖啡豆烘焙藝術的人。

在大約 1650 年，受到原始的土耳其式口袋研磨器的啟發，發展出單人金屬

十七世紀用來製作咖啡粉的青銅製與黃銅製研缽。左，青銅製（德國）。中，黃銅製（英國）。右，青銅製（荷蘭，1632 年）。

製圓筒咖啡烘焙器，通常是馬口鐵或鍍錫的銅。這是設計給放在炭盆的明火上使用的。

　　大約這個時期也出現了一種結合製作和供應的金屬咖啡壺，毫無疑問是今日所熟知常見咖啡壺類型的原版。

　　在大約 1660 年，Elford 的白鐵（鍍錫的鐵片）機器在英國出現，「用一個插座點燃火焰。」這機器不過就是更大的單人圓筒烘焙器，是為家用或商用設計的。法國人和荷蘭人對其做出修改。十七世紀時，義大利人生產了一些設計美觀的鑄鐵製咖啡烘焙器。

　　在 Elford 的機器出現之前，甚至是在其後的兩個世紀，自家使用無蓋陶製塔盤、舊布丁盤，還有平底鍋來烘焙咖啡，都是很常見的作法。

　　在現代廚房爐具的時代到來之前，咖啡烘焙通常都是在沒有火焰的炭火上進行的。

　　1665 年，大馬士革首次出現了一種土耳其式複合咖啡研磨器的改良較本，它可以用來研磨、煮製和飲用咖啡，並且附帶有可折疊的把手和存放咖啡豆用的杯子。

　　大約在這個時期，包括了長柄燒水壺和放在黃銅支架上的陶瓷飲用杯的土耳其式咖啡組合也流行起來。

烘焙、製作還有供應咖啡的器具。十七世紀早期，如達弗爾所繪。

　　1665 年，住在倫敦「聖圖里斯街煎鍋招牌那裡」的尼可拉斯‧布克廣告自己是「唯一以製作把咖啡研磨成粉的磨豆器而聞名的人……，每個磨豆器的價格是 40 到 45 先令。」

　　藉著結合巴格達烘焙器所具有的長柄和原始圓筒烘焙器的概念，荷蘭人完善製作了一種帶有可供其在明火中手持並轉動之長柄的小型密閉式鐵片圓筒烘焙器。

　　從 1670 年一直到步入十九世紀中葉，這類型的家用烘焙器在荷蘭、法國、英國，以及美國擁有極大的支持──尤

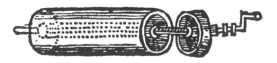

最早的圓筒烘焙器，大約在 1650 年。

土耳其式咖啡磨豆器。美國國家歷史博物館彼得典藏中一件精緻的樣本。

美國國家歷史博物館彼得典藏中的歷史文物：(1) 巴格達咖啡烘焙杓及攪拌棒。(2) 用來搗碎咖啡的鐵製研缽和杵。(3) 華盛頓將軍及其夫人使用的咖啡磨豆器。(4) 維農山莊中使用的咖啡烘焙鍋。(5) 有鴉喙形壺嘴的巴格達咖啡壺。

其是在鄉村地區。歐洲和美國的博物館保存有許多的樣本。

　　鐵製圓筒的尺寸大約是直徑 5 吋，長度是 6 到 8 吋，底部連接有 3 到 4 支鐵棒，並裝有一個木質手柄。咖啡生豆從一個滑門放進圓筒中。藉由將從烘焙圓筒較遠端伸出之鐵棒的一端擱在常見的壁爐起重機的勾子上，讓烘焙器得以在火焰上方取得平衡，主婦們已經習慣慢慢旋轉圓筒，直到咖啡豆轉變至適宜的色澤。

　　可以放在口袋裡的攜帶式咖啡製作裝備在 1691 年的法國相當流行。

　　這些裝備包括了一個烘焙器、一個研磨器、一盞油燈、燈油、杯子、碟子、湯匙、咖啡，還有糖。烘焙器起初是用錫板或鍍錫的銅板所製作的，若是為貴族而製作的，則會使用銀和金。1754 年，在送往駐紮於馬賽的國王軍隊的貨物中，提到有一個 8 吋長、直徑 4 吋的白銀製烘焙器。

　　「倫敦咖啡大師」漢佛瑞・博班特在 1722 年寫下以下這段文字：

　　　我認為烘焙咖啡漿果最好的方式是在打滿小洞的鐵製容器中進行，做成可使用炙叉於炭火上方旋轉，讓咖啡豆保持旋轉，偶爾搖晃一下以避免燒焦，當咖啡豆被從容器中取出時，將它們攤開鋪在錫或鐵質的板子上，直到強烈的熱量散去。

　　　我會建議每個家庭自己烘焙咖啡，因為如此一來，他們將幾乎可以保證不會拿到任何受損的漿果，或遭遇任何對咖啡飲用者來說非常有害的增加重量的詭計。在荷蘭，大多數知名人士都自己烘焙咖啡漿果。

在 1700 年和 1800 年間，發展出一種小型攜帶式家庭爐具，使用焦炭或煤炭做為燃料，以鐵製作，並安裝了供咖啡烘焙使用的水平圓筒。這些爐具還裝備有供旋轉用的鐵質手柄。

這種烘焙器的修改版是加上一個三邊的罩子，而且是用三足站立，這樣的設計，可以讓烘焙器坐在開放式火爐的爐邊，靠近火焰或直接放進悶燒的餘燼中。由於此烘焙器容量較大，因此小旅館和咖啡館都可能曾用這一款烘焙器烘焙大批量的咖啡。

另一種在十八世紀晚期出現的烘焙器類型，是懸掛在一個裡面可生火的高的鐵製盒狀格子，或爐子上方的鐵皮烘焙器。這也是設計用來烘焙相對大量的咖啡的。在某些樣本中，這種烘焙器會裝有腳。

大的銀質咖啡壺「加上所有使用同樣材質的附屬用具」於 1672 年由巴斯可

十八世紀的咖啡烘焙器。艾塞克斯學會，塞勒姆，麻薩諸塞洲。

在巴黎的聖日耳曼集市中首次使用。英國和美國的銀匠仍然持續打造款式最為美觀的銀質咖啡壺；這些咖啡壺在英國和美國都有一些著名的典藏。

東方式咖啡供應壺幾乎一直都是金屬材質的，而且在古老的樣式中，有著優雅的曲線，加上一個 S 形、略微彎曲的裝飾壺嘴，裝在低於容器中線的位置。用同樣方式裝飾的手柄塑造出裝飾性的平衡感。

西元 1692 年的時候，燈籠型直線排列咖啡供應壺（帶有標準的錐形蓋、壺蓋按壓片，把手與壺嘴呈 90° 角）被引進了英國，接替了有弧度的東方式咖啡供應壺。

1700 年，用比較廉價的金屬——像是錫和大不列顛金屬（一種特殊鉛錫合金）——製作而成的咖啡壺開始在一般人家的桌上出現。1701 年出現在英國的銀質咖啡壺具有完美的半球形，同時壺身逐漸變細的程度較少。

1700 年與 1800 年間，銀製、金製，以及精美的瓷製咖啡供應壺在歐洲皇室間廣為流行。

1704 年，布爾的咖啡烘焙器在英國註冊專利。這可能標誌著煤炭首次在商用烘焙中的使用。

1710 年，受到法國家庭歡迎的咖啡烘焙器是有著光澤表面的陶盤。同年，供浸泡咖啡粉之用的棉麻混紡（亞麻）布袋被引進法國。

到了 1714 年，英國的咖啡供應壺上供拇指按壓的部分已經消失，把手也不再與壺嘴呈直角。英國咖啡壺的壺身在

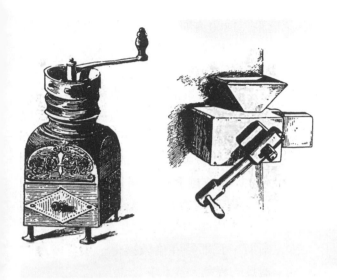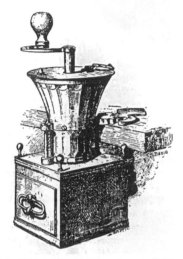

早期法國的壁掛式及桌上型研磨器。左，收藏於哈萊門博物館中的十七世紀咖啡研磨器。中，十八世紀的壁掛式磨豆器。右，十八世紀的鐵製磨豆器。

1725 年有進一步的修改，逐漸變窄的趨勢愈來愈少。

咖啡研磨器在 1720 年的法國如此普遍，以至於每個研磨器的價格只要 1 美金 20 美分。

從原始的香料研磨器為起點，法國人很快便將其發展成咖啡研磨器。

在一開始，它們被稱為咖啡磨臼；後來在十八世紀的時候，烘焙器開始以磨臼之名為人所知。它們是鐵製的，保留了古人用來磨碎小麥的水平磨石的原理——一塊磨石在另一塊移動的時候是固定的。它們是低矮的箱形物品，中心處有一根能繞著一片固定的波浪狀鐵板旋轉的鐵柄；此外，也有可以釘在牆上的類型。

一開始，並沒有能夠接收咖啡粉的抽屜，但後來的樣式有提供這項設計。在盛粉盒發明出來之前，磨好的咖啡粉是用一個塗了油脂的皮革所製成的袋子盛裝的，或是放在外層以蜂蠟處理過的皮袋中——這可能是為保存風味而出現的雙層紙袋的起源。

法國人將與生俱來的藝術天分充分地投入在咖啡研磨器的製作上，就跟他們在烘焙器與咖啡供應壺上的投入一樣。在許多情況之下，他們會用銀與金製作外層部分。

到了 1750 年，直線排列型咖啡供應壺在英國開始屈服於偏愛圓滾滾壺身和彎曲壺嘴之藝術的反動運動。

在大約 1760 年，法國發明家專注於改善製作咖啡的器具。一位巴黎的錫匠唐‧馬丁在 1763 年發明了一種甕形壺，採用法蘭絨袋子進行浸泡。也是巴黎錫匠的 L'Aine 製作出被稱為 diligence 的另一種浸泡器具。

英國咖啡供應壺風格的徹底變革發生在 1770 年，回歸土耳其大口水壺的流暢線條；而在 1800 年和 1900 年間，咖

英國與法國的咖啡研磨器。十九世紀。

啡供應壺的風格出現了逐漸回歸到把手與壺嘴呈直角的現象。

在大約巴西開始積極種植咖啡的時間，威廉・潘特獲得第一項給予「咖啡去殼磨豆機」的英國專利。時間是在1775年。

1779年，理查・迪爾曼以一項製作研磨咖啡之磨豆器的新方法被核發英國專利。

1798年，第一項改良後之咖啡研磨磨豆器的美國專利，被核發給小湯瑪斯・布魯福。那是一臺壁掛式磨豆器，裝有薄鐵板，咖啡豆被放進在兩個圓形螺絲間鐵板內，鐵板的寬度是3吋，圍繞中心處有較粗的牙，而邊緣的牙則是細而淺的。

最初的法式滴濾壺

德貝洛依（或稱 Du Belloy）的咖啡

壺在1800年於巴黎出現。一開始是錫製的；但後來以陶瓷和銀製作——那是最初的法國滴濾壺。

這個器具從未申請專利，但它似乎為許多法國、英國，還有美國的發明家提供了靈感。

第一項咖啡濾器的法國專利，在1802年被核發給德諾貝、亨理恩和胡許；專利內容是「以浸泡方式的藥物學－化學咖啡製作器具」。同一年，查爾斯・瓦耶特在倫敦獲得一項蒸餾咖啡器具的專利。

1806年，阿德羅被核發一項器具的法國專利，該器具「不需煮沸並暴露在空氣中即可過濾咖啡。」

「過濾」這個字在這裡使用可能有誤導的嫌疑，因為該字在法國、英國，還有美國的專利命名上已經被使用過許多次，而在那些專利中該字代表的經常是滲濾的意思，或是和過濾有極大差異的意思。

滲濾真正的意思是讓水滴下、穿過陶瓷或金屬的細微縫隙；過濾的意思則

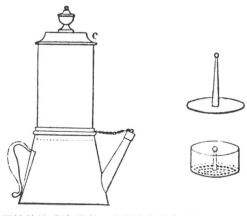

原始的法式滴漏壺。德貝洛依的咖啡壺。

是讓水滴下、穿過有孔洞的材質——通常是布或紙張。

德貝洛依的咖啡壺是一種滲濾式咖啡壺；阿德羅的咖啡壺也是。讓阿德羅得以獲得專利的改進是「將一般過濾咖啡壺中使用的白鐵濾器（sic）以堅硬的錫鉍合金構成的濾器替代」，以及使用「以同樣材質製作，有打洞的裝藥棒。」裝藥棒是用來將咖啡粉壓緊和鋪平，使其成為平滑並均勻的樣子。

阿德羅在他的規格說明書中說：「它能阻止沸水從高處倒入時產生的擾動。抓握裝藥棒的柄，並將其維持在距離咖啡粉半吋的地方，如此一來，它便只會受到水的作用，而水則被裝藥棒分散，並因此能幫助必然會在每一個顆粒產生的萃取作用。」

詹姆斯・亨克於 1806 年被核發一項咖啡乾燥機的英國專利，「一項由一位外邦人傳達給他的發明。」

滲濾式咖啡壺是在大約 1806 年由皇家學會會員、美裔英籍科學家、慈善家兼行政官員班傑明・湯普森，於巴黎所發明的。他被稱為倫福德伯爵，這是教宗贈與他的頭銜。

倫福德的發明，在 1812 年於倫敦首次公諸於大眾面前。他因為自己發明的器具獲得極高的讚譽，這是由於他為了這項發明物，以「關於咖啡的絕佳品質及以完美的方式製作咖啡的藝術」為題，在巴黎所發表的一篇精心寫就的論文，同時，他也讓這篇論文在 1812 年於倫敦發表。

那是一個簡單的滲濾式咖啡壺，裝

倫福德伯爵的滲濾式咖啡壺。

有一個熱水保溫罩，對德貝洛依發明的法式滴漏或滲濾式咖啡壺來說是一項真正的改進，但與阿德羅獲得專利的器具十分類似。

無論如何，倫福德伯爵是一號別具一格的人物，同時也是一位優秀的廣告人。他通常被冠以發明咖啡滲濾器具的榮譽；但只要檢視他的器具便會發現：嚴格說來，德貝洛依的壺同樣也是滲漏器具，而且很明顯地比倫福德的發明大概早了 6 年。

德貝洛依利用的原理是，將有孔的金屬或陶瓷網格保持在懸吊狀態時，讓熱水滴下，穿過研磨好的咖啡；這是真正的滲濾式作法。

如上段所述的，阿德羅所做的改進是完全一樣的事情。在他的論文中，倫福德伯爵承認這種製作咖啡的方法並非新創，但他宣稱他所做的改良是新的。

他的改良是在上層，也就是滲濾器具中裝上一個裝藥棒，用來將咖啡粉壓縮到一定的厚度，這可藉由將放置在磨好的咖啡上的錫製滲濾圓盤分水器裝上四個凸出物（或者說腳）來達成，這四隻腳能讓分水器維持懸吊，並與盛裝咖啡粉的網格保持在半吋內，而且免於受到「攪動」的影響。

他的論點是 ⅔ 吋厚的咖啡粉應該在加入熱水前被弄平並壓縮到半吋厚。事實上，用德貝洛依和阿德羅的咖啡壺基本上也能得到相同的結果，上述兩種壺也裝備有分水器和填塞器，不過在滲濾步驟開始前的咖啡粉深度這件事情上無法保證有同樣的數字精確性。德貝洛依的分水器在底部並沒有凸起，這一點被倫福德伯爵特別加以強調。然後就是熱水保溫罩的部分，這是阿德羅熱空氣浴的改良版本。

那些追隨倫福德伯爵腳步的發明家輕忽了對他將科學的精確性附加到咖啡製作上的重要性；不過很有趣的是，我們可以發現現代的複雜咖啡機器，還有大部分的過濾器具中，保留了如此多德貝洛依、阿德羅，以及倫福德等人咖啡壺設計中的特色。

優秀的改良版本在英美

法國的發明家繼續專心致力於解決咖啡烘焙與咖啡製作的問題，並衍生出許多新奇的想法。這些點子有一部分被荷蘭人、德國人，還有義大利人加以改進；不過在留存下來的眾多改良版本中，最好的是在英國與美國完成的。

1815 年，塞內被核發一項「無需煮沸的咖啡製作器具」的法國專利。1819 年，羅倫斯生產出滲濾器具的原型，熱水會被一根管子吸上去，並灑在咖啡粉上。同年，一位名為莫理斯的巴黎錫匠兼燈具師傅仿照歐洲與美國所有逆過濾咖啡壺的先驅，製作出逆過濾雙重滴漏咖啡壺。另一位名為格德的錫匠在 1820 年因採用布質濾材做為滲濾壺的一項改良手法而獲得專利。到了 1825 年，藉由蒸氣壓力和部分真空原理作用的泵浦式滲濾壺在法國、荷蘭、德國，以及奧地利被大量使用。

與此同時，用「鐵鍋或以鐵皮製成的中空圓筒」烘焙咖啡在英國是很普遍的作法；而在義大利的作法則是用配有鬆鬆的軟木塞的玻璃瓶來烘焙咖啡。玻璃瓶被「保持在木炭燃燒的澄澈火焰上，同時被不斷地攪動。」1812 年，安東尼・施依克獲得一項關於烘焙咖啡方法的英國專利；但他未曾提出他的規格說明書，我們恐怕永遠都無法知道那是什麼步驟。當時英國的習慣是將烘焙好的豆子放進研缽中碾碎，或用法式磨豆機研磨。

緬因州貝爾法斯特的內森・里德是第一位美國咖啡機械器具發明家。他在 1822 年被核發咖啡脫殼機的專利。

1822 年，路易斯・伯納・拉鮑特被核發一項英國專利，專利內容是藉由蒸氣的壓力迫使熱水向上穿過大部分咖啡的逆轉法式滴濾步驟。

1824 年，一位名叫卡澤納夫的巴黎錫匠在法國獲得的專利有著幾乎完全一樣的概念。卡澤納夫在他的機器中採用的是紙質的濾器。

在美洲，一項美國專利在 1813 年被核發給紐海文的亞歷山大·鄧肯·摩爾，專利內容是「研磨和搗碎咖啡」的磨豆機。在這之後的是，1818 年由新倫敦的英克里斯·威爾森所獲得之研磨咖啡用的金屬製磨豆機的美國專利。1815 年，阿奇伯德·肯里奇因「研磨咖啡之磨豆機」而獲得一項英國專利。

咖啡比金

在大約 1817 年，據說是由比金先生發明的咖啡比金在英國被廣泛使用在咖啡的製作上。它通常是一個陶製的壺。最早的壺在上半部的內部有一個類似法式滴濾壺的金屬濾器。在後來的樣式中，壺的邊緣懸掛的是裝有咖啡粉的法蘭絨或棉布袋，熱水倒入後會穿過這個袋子，如此袋子便能當做濾器使用。

這個構想是由 1711 年法國的棉亞麻混紡布袋，以及其他早期法式滴濾和過濾器具改良而來，此一器具受到極大歡迎。任何在開口處裝配有這種袋子的咖啡壺都可以被說成是咖啡比金。後來又發展出裝配有取代布袋的金屬絲網過濾器的金屬咖啡壺。直到現在，咖啡比金在英國還是廣受歡迎。

更多進一步的發展

當法國發明家忙於咖啡濾器時，英國和美國的發明家則在研究改善烘焙咖啡豆的方法。

▶ 從咖啡器具到農莊機械

巴爾的摩的佩瑞格林·威廉森因在

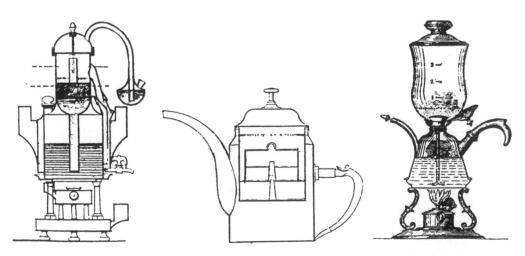

早期的法式過濾器具。左，卡澤納夫的濾紙機器，1824 年。中，高德特的濾布咖啡壺，1820 年。右，拉巴列爾的滲濾式咖啡壺。

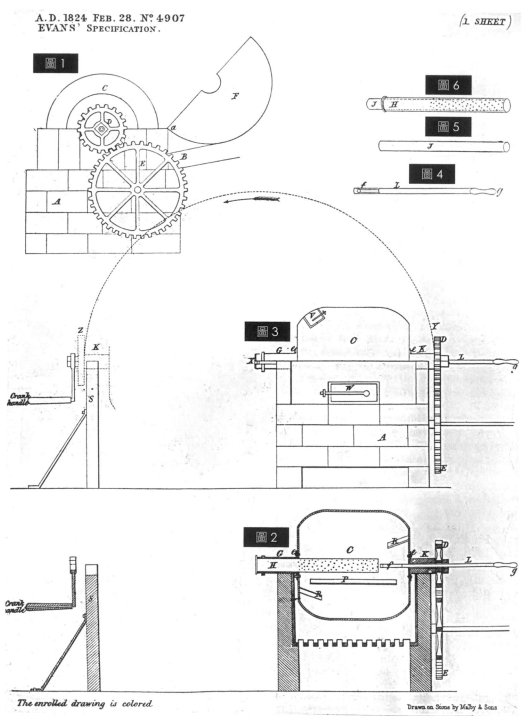

第一項英國商用咖啡烘焙機專利，1824 年。圖 1，側視圖。圖 2，剖視圖。圖 3，前視圖，顯示烘焙圓筒在清空時如何完全翻轉。圖 4，檢查器，或取豆杓。圖 5，插入圖 6 H 處防止香氣逸散的管子（J）。

1820 年對咖啡烘焙做出的改良而被核發在美國的第一項專利。

1824 年，理查‧伊凡斯因烘焙咖啡的商用方法獲得英國專利，包括了裝有供混合用的改良式凸緣的圓筒形鐵皮烘焙器；在烘焙的同時為咖啡取樣的中空管子及試驗物；以及將烘焙器徹底翻轉以便清空內容物的方法（左頁圖）。

羅斯威爾‧阿貝在 1825 年獲得一項脫殼機的美國專利，同年，美國第一項咖啡濾器的專利被核發給紐約的路易斯‧馬爹利。這標示了美國人試圖完善讓蒸氣及咖啡精油凝結，並將其返回浸泡物中的首次嘗試。

1838 年，北卡羅來納州密爾頓的安東尼‧班契尼被核發一項類似的美國專利。1844 年的羅蘭以及 1856 年偉特和謝內爾在他們的老自治領式咖啡壺中試著做出相同的結果，也就是將蒸氣凝結在壺的上層空間內。

同一期間，法國人將重點放在咖啡濾器上；而在 1827 年，巴黎的一位鍍金珠寶製造商 Jacques Augustin Gandais 生產出一臺真正能實際使用的泵浦式滲濾

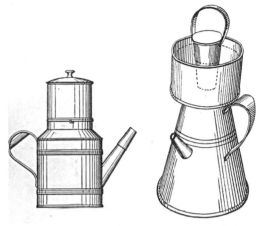

早期美國咖啡濾器之專利。圖左，偉特與謝內爾的老自治領式咖啡壺。圖右，班契尼的蒸氣凝結壺。

壺。這臺機器外部有一條向上傾斜的蒸氣管路。同樣在 1827 年，香檳沙隆的一位製造商 Nicholas Felix Durant 因首次在滲濾式咖啡壺採用內部管路將熱水噴灑在咖啡粉上而獲得一項法國專利。

1828 年，康乃狄克州梅里登的查爾斯‧帕克開始著手研究最初的帕克咖啡磨豆機，這家公司後來為他帶來名聲和財富。隔年，也就是 1829 年，第一項咖啡磨豆機的法國專利被核發給莫爾塞姆的 Colaux & Cie。同樣在 1829 年，巴黎

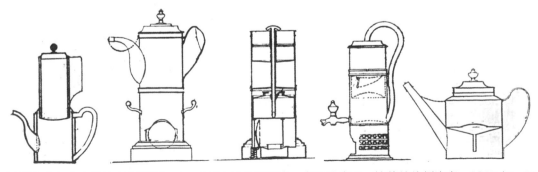

早期法式咖啡濾器的專利製圖。左，1806 年的滴漏壺。左 2 及左 3，杜蘭特的倒流壺，1827 年。緊接著（第四個），Grandai 的第一個能實際使用的泵浦式滲濾壺，1827 年。右，葛蘭汀與 Crepaux 的滲濾壺，1832 年。

的 Lauzaune 公司開始製作手搖式鐵製圓筒咖啡烘焙機。

喬治亞州傑斯帕郡的齊諾斯·布朗森在 1829 年獲得一項咖啡脫殼機的美國專利。許多其他的人在接下來的數年間追隨他的腳步。

1831 年，大衛·塞爾登因一臺有鑄鐵製研磨錐的咖啡磨豆機而被核發一項英國專利。

帕克咖啡磨豆機在家用咖啡與香料研磨器方面獲得的第一項美國專利在 1832 年核發給康乃狄克州梅里登的愛德蒙·帕克與 M·懷特。查爾斯·帕克公司的業務也是在同一年奠定基礎。1832 年及 1833 年，康乃狄克州柏林鎮的 Ammi Clark 也因改良家用咖啡及香料研磨器獲得美國專利。

康乃狄克州哈特福的阿莫斯·藍森在 1833 年獲得咖啡烘焙器的美國專利。

英國人在 1833 年到 1834 年開始出口咖啡烘焙與咖啡研磨的機器。

1834 年，約翰·查斯特·林曼因將裝配有金屬鋸齒的圓形木盤用在咖啡脫殼機上而獲得一項英國專利。

1835 年，波士頓的艾薩克·亞當斯與湯瑪斯·迪特森共同提出了改良版脫殼機。

直到 1836 年，第一項法國專利才核發給巴黎的 François RenéLacoux 的複合式咖啡烘焙研磨機。因為發明人認為金屬會在烘焙過程中給咖啡豆帶來令人不悅的風味，因此他的烘焙機是陶瓷製的。

1839 年，詹姆斯·瓦迪和莫理茲·普拉托因使用一種採用真空步驟、有玻璃製上層器皿的甕形滲濾式咖啡壺製作咖啡，而被核發了一項英國專利。

利用同樣原理，第一項玻璃製咖啡製作器具的法國專利在 1842 年被核發給里昂的瓦雪夫人。

這些都是二十世紀初期在美國大為風行之雙層玻璃「氣球」式咖啡器具的先驅者。這些器具在歐洲直到二十世紀後期都還很受歡迎。

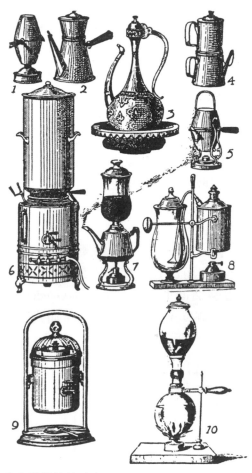

十九世紀的法式咖啡濾器。1、2：改良版法式滴濾壺。3：波斯設計款咖啡壺。4：德貝洛依咖啡壺。5：俄羅斯顛倒壺。6：新式過濾機。7：玻璃過濾壺。8：虹吸式機器。9：蒸氣噴泉咖啡壺。10：雙層玻璃「氣球」式器具。

1839 年，費城的約翰・里騰豪斯被核發了一項為解決研磨咖啡時釘子與石子的問題所設計之鑄鐵磨豆機的美國專利。他的改良意在藉由將機器停止來預防對研磨鋸齒造成的傷害。

1840 年，紐約州波蘭的阿貝爾・史提爾曼獲得一項美國專利，專利內容是在家用咖啡烘焙器上加上讓操作者得以在烘焙過程中觀察咖啡的雲母片視窗（下圖之10）。

1840 年時，威廉・麥金能開始在他於 1798 年在蘇格蘭亞伯丁創立的春園鐵

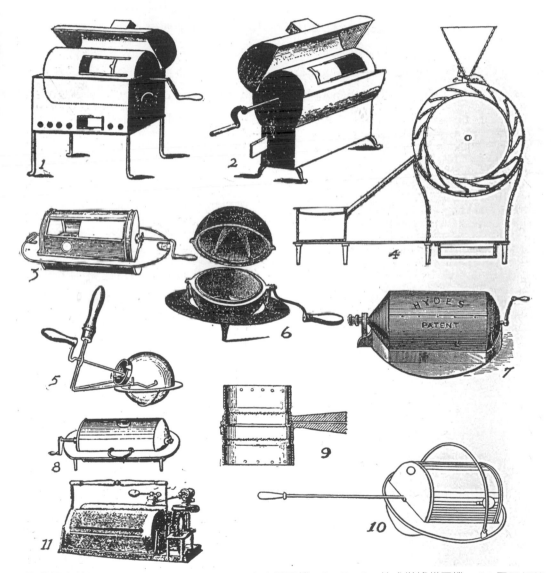

早期英國與美國的咖啡烘焙器。1、2：英式木炭烘豆機。3、5、8：美式煤爐烘豆機。4：雷明頓箕斗輪式（美國）烘豆機，1841 年。6：伍德烘豆機。7：海德爐用烘豆機。9：可翻轉爐用烘豆機。10：阿貝爾・史提爾曼爐用烘豆機。

業公司製造咖啡農莊種植機械。麥金能於 1873 年逝世，在他過世之後，他的公司繼續以 Wm. 麥金能股份有限公司的名稱存在。

1850 年，約翰・戈登有限公司開始在倫敦製造後來以「戈登出品」而舉世聞名的一系列咖啡農園機械。

威廉・沃德・安德魯斯在 1841 年因採用泵浦壓迫熱水向上穿過咖啡粉的改良式咖啡壺而獲得英國專利，泵浦的位置在以螺絲鎖在咖啡壺下層的滲濾圓筒內。這是拉布特在 19 年前提出的想法。這個主意在 1906 年於美國的紐約市場上再度出現。

巴黎的克勞德・馬利・維克多・伯納德在 1841 年獲得一項咖啡烘焙器的法國專利，專利內容是意在讓烘焙圓筒與火焰有更近距離接觸的改良。

引述發明者古怪的文字說明，這件事得以做到乃是透過了可移動腳架的幫助，還有「藉由在火爐邊緣加上一個鐵皮小圈以獲得雙倍熱能，而它帶來如此多的優點，以至於它看來值得註冊專利。」（見下頁圖之4）

不過法國人對烘焙機的態度並不是太認真，不像英國和美國，烘豆在法國還稱不上是咖啡生意的一項獨立分支，而在英美兩地，已經有敏銳之人花費功夫在純商用的咖啡烘焙機器上了。正因為如此，往這個方向加強思考的努力，注定在 1846 年的美國及 1847 年的英國開花結果。

法國的發明天才們繼續專注在咖啡的製作上，1843 年，巴黎的 Edward

Loysel de Santais 首度提出了後來被體現在 1855 年萬國博覽會上「1 小時沖煮 2000 杯咖啡」所用之流體靜力滲濾壺上的概念，隨後這個構想在義大利人的快速過濾咖啡機中被不斷地改良。

值得注意的是，Loysel 的 2000 杯咖啡指的應該是小杯清咖啡。現代的義式快速過濾咖啡機每小時可生產大約 1000 杯大杯咖啡。

牙買加京斯頓的詹姆斯・密卡克在 1845 年因一臺可獨立去皮、處理和分類咖啡豆的機器而獲得英國專利。

▶ 卡特烘豆機

波士頓的詹姆斯・W・卡特在 1846 年因他的「拉出式」烘豆機而被核發一項美國專利；這是接下來 20 年間，美洲商業烘焙最普遍被使用的機器。

卡特並沒有宣稱自己發明了圓筒烘焙器和鼓風爐的組合，不過他的確主張擁有此一組合的優先權，包括鼓風爐及烘焙器具和環繞兩者的通風空間，即通風腔室，「同樣的設計具有在通風腔室的進氣和排氣開口或通道關閉時，防止鼓風爐所散發出的熱量過於快速逸散的目的。」

卡特「拉出式」烘豆機之所以有這個稱呼，是因為鐵皮製的烘焙圓筒為了要從其「側邊」的滑門清空或重新裝填，會被以直立支柱支撐的軸由鼓風爐中拉出。

這種烘豆機在像是位於波士頓的 Dwinell-Wright 公司、位於聖路易的詹姆斯・H・富比士和威廉・史騰以及位於辛

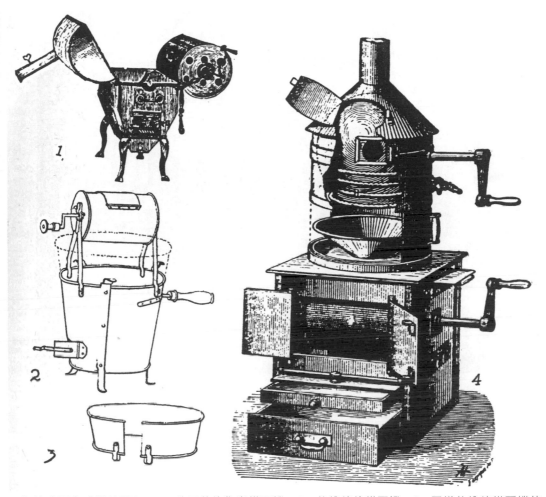

早期的法國咖啡烘焙機器。1：德爾芬的焦炭烘豆機。2：伯納德的烘豆機。3：同樣伯納德烘豆機使用的鐵皮小圈。4：Postulart 的瓦斯烘豆機。

辛那提的 D・Y・哈里森等老式工廠中還持續使用了多年。

　　下頁的插圖重現使用卡特烘豆機運作中的烘焙室，喚起了 Dwinell-Wright公司已故的喬治・S・萊特於 10 或 12 歲時的回憶——那時的他偶爾會在他父親的工廠度過一天。

　　「我注意到的唯一不同，」他在寫給作者的文字中說，「根據我的記憶，就是並沒有容納完成烘焙咖啡的冷卻盒，烘好的咖啡被倒在地板上，並在那裡被鐵耙攤開至 3 到 4 吋深，同時用灑水壺噴水上去。水和炙熱咖啡豆的接觸製造出如此大量的蒸氣，以至於烘焙室在每批咖啡從火裡拉出來後的數分鐘內都充斥著濃厚的霧氣。」

　　A・E・富比士也因此憶起 1853 年在他父親位於聖路易的工廠中的卡特烘豆機，當時他經常於放學後過去幫忙；1857 年後有時候還能操作烘豆機：

一家早期美國工廠中整排的卡特拉出式烘豆機。

烘豆機是桶狀的，一個與一側長度等長的滑門可供裝填和清空咖啡豆。一支粗重的軸穿過中心，被撐在鼓風爐後方的牆和與前方牆壁距離約 8 呎的垂直立柱上。火焰在圓筒下方，距離大約是 16 到 18 吋，以煙煤燃燒。圓筒並沒有打洞，理論上是讓蒸氣不要逸散，這當然是不對的。

由滑門邊緣噴出的煙霧是供我們辨識烘焙過程是否接近完成的媒介，在達到完成的時刻來臨前，圓筒經常被拉出並開啟檢查好幾次。當烘焙得恰到好處時，傳送帶會被轉換到游滑皮帶輪上，將圓筒停下，並將其拉出火焰。軸會在裝上手柄後，將圓筒轉至側面，咖啡就被倒進一個一定要推到圓筒下方的木製

托盤裡。咖啡在托盤中被循環攪拌，直到足夠冷卻可以裝袋。

那個年代的烘焙師必須高大健壯，足以扛起一袋重約 160 磅到 175 磅的里約咖啡豆（不像現在，一袋咖啡豆的重量是 132 磅），而且還要將整袋咖啡豆倒空到烘焙圓筒中——我們以前並沒有架設在天花板上的送料斗。

後來我們把後半部包括進來，並放進兩個正面固定的克里斯‧阿貝爾型烘焙圓筒，並從前端進行裝填和清空。我們依舊採用煙煤為燃料，火焰的位置在圓筒下方 16 到 18 吋處。

我們有其他以卡特烘豆機為範本、在當地製造的機器。密封圓筒的概念本意是要將煙霧阻擋在外，同時讓香氣保

三面遮罩的殖民地時代烘豆機。它是鑄鐵蜘蛛形烘豆機的後繼機型，懸吊在壁爐起重機上，或站立放在餘燼中。

留在內。我想我們是第一個使用孔洞的，因為我記得老傑貝茲・伯恩斯在我們引進他的其中一臺機器並對其做出討論後才出現。

富比士先生關於早年在聖路易烘焙及販售咖啡的回憶如此富有啟發性，而且為那個時代描繪出如此有趣的一幅圖像，因此它們被收錄於本書中，用來說明在美國的商用烘豆機被發展成現代機型那個時代大體上的狀況。

▶ 拓展烘焙豆市場

富比士先生進一步說明：

在所有人都在廚房爐子上烘焙咖啡的情況下，販售烘焙好的咖啡是一項艱難的工作。

人們購買生豆的價格差不多是 20 美分，但我們的「烘焙豆」要價 25 美分，我們得向顧客說明關於生豆損耗、使用

密閉圓筒讓強度及風味不至於逸散等額外的成本開銷；而在此同時，顧客在爐子上自行烘焙 1 磅咖啡時，整間房子都聞得到味道，導致了如此大量的損失，更別說他們的烘焙有多不均勻了——部分還是生的，部分經過烘焙，會產生讓人不舒服的口感。

顧客在家中燒焦咖啡豆的情況對我們的工作也有些幫助。我們對顧客說，一名男子在自家後院意外踢翻了一堆土塊並從中發現了一些燒焦的咖啡。他詰問妻子並要求解釋。她承認把咖啡燒焦了，而且把燒焦的豆子藏起來以避免他的責罵。他說，「我們以後最好買烘好的豆子，才能避免這樣的意外發生。」

我們在地下室進行烘焙。在一扇窗戶裡，我們有一臺精心打造、優美的李德＆曼恩發動機，另一扇窗戶裡則是兩個黃銅的附料斗磨臼，我們的鍋爐位置在人行道下方。我們有一個紅木做桌面的櫃臺，牆上掛著油畫，還有中式外表的貯藏箱等等，由著名的藝術家麥特・黑斯廷斯（現已過世）完成；所以你看，我們有正確的開始。

將烘焙豆引進市場是一場殘酷的鬥

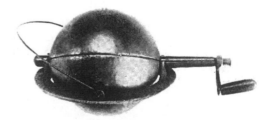

1860 年的球形爐用烘豆器。當時並沒有去石頭和分離用的機器；由於 1 袋一般的牙買加咖啡裡會含有 3 到 5 磅的石頭和樹枝，因此在烘焙過後必須以人工挑揀咖啡。

爭。我們的論點是能節省燃料、人工、保持冷靜、不再有烤焦的臉，還有我們能想到的任何事。我們只討論 3 種咖啡，里約、爪哇，還有摩卡。當聖多斯咖啡開始供應，很難讓顧客們從里約級別的風味轉變成更為溫和的聖多斯風味。他們宣稱後者沒有那種帶有澀味的口感，他們想念那種口感，並渴望里約咖啡的強烈氣味。

我們並不從事進口，而是向紐奧良和幾個當地批發雜貨商購買。沒有人送貨上門；運輸的貨物在聖路易裝運港船上交貨，用板車運貨和包裝都要另外收費。咖啡並未經過清潔或挑去石頭，而是以它被運來的原始狀態販賣。無論如何，我們當時並未使用任何等級非常低的咖啡。若有任何人抱怨有小石頭損壞了他們的磨豆機，我們會建議他們購買研磨好的咖啡，為他們展示在咖啡粉被密封包裝的情況下能維持較佳的研磨狀態；反之，烘焙過的咖啡豆較為鬆散，而且空氣能輕易地在其中流動。

經過了整整 1 年或更長的時間，我們的銷售量才達到足以營利。代客烘焙的部分，我們每磅能收取 1 美分；經過一段時間，這項服務成為規模如此大的事業，以至於我們所有的開銷都可以由此支付。我們是密西西比以西和落磯山脈以東第一家用蒸氣動力烘焙咖啡的。

茶葉部門幫我們堅持到咖啡在大眾面前佔有一席之地的時候；因為在那個時期，所有人都會喝茶，而且堅決要求要喝好茶——價格不是問題。現在情況竟如此的不同！

5 年後（1862 年），一位名為 J・內維森的英國人漂泊到鎮裡來，並在北 4 街 85 號開了一家店。他弄出一份非常誇張、導致我們將他趕走的傳單。然後出現了一位名為柴爾德斯的人；在他之後是休・米儂，現在這位米儂&格雷戈里公司的米儂的叔祖父；然後是麥特・杭特；全都轉移陣地加入多數人的陣營。

在內戰結束後，它們以極快的速度增長，來來去去變化不斷，直到現在（1992 年）我們有 19 家烘焙公司出現在這個城市中。

已故的朱里爾斯・J・史騰也在給本書作者的信中寫下下列有關卡特烘豆機時代以及 1862 年由威廉・史騰所建立的咖啡烘焙批發事業的描述：

在早期的時候，每個批發雜貨商都販售咖啡；批發雜貨商控制了國內 90% 的交易量。在那個時期，咖啡烘焙商找人在街上推銷咖啡是不划算的。在這種情況下，咖啡烘焙商所烘焙的咖啡 75% 都是代客烘焙，價格是 1 磅 1 美分。

一開始，國內這個區域（聖路易）的市場只熟悉 2 種烘焙咖啡，毫無疑問的，這些品牌其中一種就是「里約」，另一種則是「爪哇」。前者是名符其實的里約咖啡，但爪哇則大部分都是牙買加咖啡。

當時烘焙咖啡的包裝（在城市交易中使用的）是 5 磅和 10 磅裝，這種分量的包裝似乎能滿足一般雜貨商一週的需求量。偶爾會有 25 磅的包裝，在極少數

的情形下，多達 50 磅的同等級咖啡會被一次售出。

咖啡烘焙商在那個年代販售的顧客階層是小商人；在品質方面有自己想法的大型商店會購買生豆。雖然它們所販賣的烘焙豆數量非常少，它們還是會送半袋、有時候是一整袋來進行烘焙。我們花了好幾年勸說那些大型雜貨商，甚至那些一般食品雜貨商，購買已經烘焙好的咖啡。

咖啡是用老式「拉出式」圓筒烘豆機進行烘焙的。也就是說，將烘豆機停下，把圓筒拉出後取樣咖啡，以辨別何時將咖啡由火上移開是必要的。

當咖啡準備好可以出爐時，烘焙圓筒會被整個拉出來。接著它會被翻轉，然後一道寬約 9 吋、長度與圓筒等長的滑門會被打開，圓筒中的內容物會被倒進冷卻盒中。當咖啡裝進冷卻盒後，需要 2 個拿著鋤頭或木製鏟子的男士翻攪咖啡，直到徹底冷卻下來，當時並沒有像我們現在用的冷卻安排。

▶ 漸臻完備的各式改良

在卡特之後，下一個咖啡烘焙機的美國專利被核發給了巴爾的摩的 J・R・雷明頓。

雷明頓的機器是利用箕斗輪將生豆推送穿過加熱槽（以木炭加熱）。此一設計從未成功轉變成商業用途（見 209 頁圖之 4）。

1847 年到 1848 年，威廉和伊莉莎白・達金在英國因一臺「清潔與烘焙咖啡以及製作濃咖啡」的器具獲得專利。

烘豆機的規格包括一個有金、銀、白金，或合金內襯的烘焙圓筒，還有架設在天花板軌道上、將烘豆器由烘爐中移進和移出的移動式滑動臺架；而「濃咖啡」的製作則是扭絞咖啡比金內用來盛裝咖啡粉的布袋，或將擠的動作加諸於裝有咖啡粉之滲濾圓筒內的圓盤上，如此可在已經經過浸泡後，將液體由咖啡粉中擠出。

之後，烘豆的功能被保留了下來，但咖啡機就沒那麼好運了。達金的想法是，咖啡在烘焙過程中與鐵的接觸會產生有害的影響。烘焙圓筒被包覆在一臺爐子中，而不是直接暴露在爐火的熱度中。這個器具也是同類器具中，首度配有「嚐味器」——即取樣器的，能讓操作者在無須停止機器的情況下檢查正在烘焙的生豆。藉由參考此機型的模型圖（下圖）可發現，此器具製作十分精巧，而且有相當多的優點。達金公司現在仍存在於倫敦，營運販售的機器與原始型號十分相似。

1848 年，湯瑪斯・約翰・諾里斯因鍍有琺瑯的滲濾式烘焙圓筒獲得一項英國專利。順道一提，值得注意的是，這種以極度周到方式處理咖啡生豆的概念

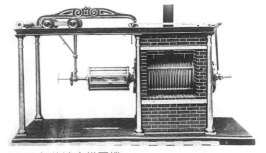

1848 年的達金烘豆機。

非常明顯是來自於法國，生豆在美國從未被認真對待過，美國的發明家選擇用魯莽的英勇來處理生豆。

咖啡研磨器的第一項英國專利在1848年被核發給路克・赫伯特。

1849年，利哈佛的 Apoleoni Pierre Preterre 將咖啡烘焙機架設在秤重器具之上，如此便可測量烘焙過程中的重量流失並自動中斷烘焙過程，因而獲得了一項英國專利。同時，他也獲得一項與1827年杜蘭特相同之真空滲濾式咖啡壺的英國專利。

也是在1849年，辛辛那提的湯瑪斯・R・伍德因一臺為廚房爐具設計的球形咖啡烘焙機獲得一項美國專利。這臺烘豆機在偏愛自己烘豆的家庭主婦間受到極大的歡迎。（見209頁圖之6。）

在大約1850年，咖啡農園機械英國發明先驅之一的約翰・沃克將他為阿拉伯咖啡設計的圓筒碎漿機帶到錫蘭。去除果肉的薄片是銅製的，被一片半月形、抬起切割刀口的沖床穿過，分割成半圓形。

1852年，愛德華・吉將咖啡烘焙機裝配上供烘焙時翻轉咖啡豆之用的傾斜凸緣而獲得一項英國專利。

Robert Bowman Tennet 因一臺雙圓筒碎漿機在1852年獲得一項英國專利，以及在1853年獲得一項美國專利。

紐約州 Fishkill Landing 的C・W・范・弗利特在1855年因一臺採用了上層為斷裂錐、下層是研磨錐的家用型咖啡磨豆機而被核發了一項美國專利。他將此專利讓渡給了康乃狄克州梅里登的查爾斯・卡特。1859年，約翰・戈登因他對咖啡碎漿機的改良而獲得了一項英國專利。

喬治・L・史奎爾在1857年於紐約州水牛城開始製造農園機械。直到1893年，他都還活躍於這一行當中，他於1910年去世。喬治・L・史奎爾製造公司依然是最重要的美國咖啡農園機械製造商之一。

1860年，一位在哥斯大黎加聖荷西的美籍機械工程師馬可斯・梅森發明一臺咖啡碎漿兼清潔機，這臺機器最終成為1873年成立於麻薩諸塞州伍斯特的馬可斯・梅森公司龐大農園機械生意的奠基石。

1860年，約翰・沃克獲得圓盤式碎漿機的英國專利。這臺機器去除果肉的銅片被用能抬起成排橢圓形小球形突出物的隱藏式沖床打孔——或說打出球形突起，但並未將銅片打穿，因此並沒有留下任何尖銳的邊緣。在錫蘭生產咖啡的50年間，沃克機械在這個產業扮演了重要的角色。這些機械仍由位於可倫坡的沃克父子股份有限公司製造，並外銷至其他咖啡生產國。

1860年，Alexius van Gülpen 開始在德國埃默里希生產咖啡生豆分級機器。

隨著諾威在1857年到1859年獲得的美國專利，另外的16項專利則被核發給好幾種不同類型的咖啡豆清潔機器，有些是設計給農園使用的，而有些則是讓咖啡豆在抵達消費國進行處理的時候所使用的。

1860年到1861年，數項美國專利

被核發給約翰及愛德蒙‧帕克的家用咖啡磨豆機。

　　1862 年，費城的 E‧J‧海德獲得一項美國專利，專利內容是咖啡烘焙機與裝配有起重機的火爐之組合，烘焙圓筒在有起重機的火爐上能夠被旋轉，並可水平迴轉以清空與重新裝填。結果證明這臺機器獲得商業上的成功。班乃狄克‧費雪在他位於紐約市的第一間烘焙工廠中使用這臺機器。這臺機器現在仍由紐約市的布拉姆霍爾‧迪恩公司製造生產中。

Chapter 14
完美的咖啡

　　正確的製備，咖啡就會是一種令人愉快的飲料；但錯誤的煮製會讓它成為施加在人類味覺上的懲罰。儘管咖啡對不正確的處理方法十分敏感，但最好的煮製方法也是最簡單的。沖煮適當的廉價咖啡會優於製備拙劣的精品咖啡。

咖啡這種飲品曾有一段稀奇古怪的演進史。它不是以一種飲料，而是以一種口糧開始為人所知。

　　咖啡首次以飲料的身分被使用時是被當做一種酒類。文明世界對咖啡的第一個認知是一種藥物。在咖啡發展的其中一個階段，在它以一種提神飲料變得被普遍接受前，這種漿果被當做一種甜點而備受青睞。而以做為一種飲料來說，咖啡的飲用可能可以追溯到大約 600 年前（作者撰寫本書之時為基準）。

研磨與煮製方法的演進

　　對教化已開的人來說，咖啡中的蛋白質及脂肪含量是完全無用的，唯一有價值的成分是水溶性的，可以很容易地用熱水萃取出來。

　　當咖啡用適當的方式製作，例如滴漏法——不管是滲濾或過濾，研磨好的咖啡粉只會與熱水有幾分鐘的接觸；因此，大部分不僅基本上不溶於水、而且加熱即凝結的蛋白質會留在未利用的咖啡渣中。

　　蛋白質在咖啡豆當中佔有很大百分比—— 14%。將這個數字與豌豆的21%、小扁豆的23%、菜豆的26%、花生的24%、小麥麵粉中大約 11% 和白麵包中不到 9% 的蛋白質含量相比，便可看出它隨著咖啡渣流失了多少。

▶ 咖啡食物球

　　除了位於布列塔尼半島海岸線外的格魯瓦以外，教化已開的文明人都不會將咖啡所含有的蛋白質成分當做食物使用，而在非洲的特定地區，咖啡則自遠古時代便被當成食物利用。

　　蘇格蘭旅行家詹姆斯・布魯斯在他1768 年到 1773 年追尋尼羅河源頭的旅程中，發現咖啡豆的這種奇特用法已經為人所知長達數個世紀。他帶回了咖啡被當做食物使用的描述，還有混合了油脂和用石頭細細研磨的咖啡所製成的球狀物樣本。

　　其他作家則提及了加拉人這個非洲的流浪部落（和大多數流浪部落一樣好戰），發現在他們漫長的行軍路程中，攜帶濃縮食物是很有必要的。在他們踏上尋機劫掠的短途旅程前，每位戰士會自己裝備許多食物球。

　　這些現代日糧棒的原型與撞球的尺寸大略一樣，由磨成粉的咖啡加上油脂塑形而成。1 球就是 1 日份口糧，即使文明人可能會覺得食物球非常難吃，但從生理學的角度看來，食物球不只是一種濃縮且有效率的食物，還含有寶貴的興奮劑——咖啡因，咖啡因能激勵戰士

發揮出最大的精力。顯然非洲叢林的野蠻人藉此解決了兩個問題；咖啡中蛋白質的利用，還有濃縮食物的生產。

進一步的研究顯示，或許早在西元800年這種習俗就已出現：在研缽中將整顆成熟的漿果、咖啡豆，還有果殼壓碎；將它們與油脂混合；並將它們團成食物球。後來，乾燥的漿果也被如此使用。格魯瓦的居民也靠著包含了烘焙過之咖啡豆的飲食而興盛。

在大約西元900年的時候，一種非洲的酒是由成熟咖啡漿果的果殼和果肉發酵製成的。

▶ 用咖啡生豆煮咖啡

帕揚說最早開始喝咖啡的人沒想過烘焙的問題，但在對乾燥咖啡豆的香氣留下深刻印象後，他們將其放進冷水中，並飲用飽含咖啡豆芳香成分的汁液。後來改良成壓碎生的咖啡豆和果殼，並將它們浸泡在水裡。

煮沸的咖啡（這在今日是個令人厭惡的名稱）似乎是在大約西元1000年發明的，即使在那個時候，咖啡豆都是未經烘焙的。

我們在醫學中讀到它們以煎煮的藥物形式被利用。乾燥的果實、咖啡豆和果殼被放在石頭或陶土做的大鍋中煮沸。使用未經過烘焙、日曬乾燥果殼的習慣仍然存在於非洲、阿拉伯，以及南亞的部分地區。蘇門答臘的原住民捨棄咖啡樹的果實，轉而使用葉片，製作出一種類似茶的浸泡飲料。葉片會被烘焙並研磨成細粉。賈丁敘述在圭亞那有一種宜人的茶，是將咖啡樹葉芽乾燥並捲起來在銅盤上略微烘烤製成的。在烏干達，當地原住民會食用未加工的漿果；他們也會用香蕉與咖啡製作一種被稱為menghai的甜蜜且美味可口的飲料。

▶ 咖啡豆的烘焙

在大約西元1200年，只用乾燥果殼製作湯汁是一種常見的作法。隨後，人們注意到烘焙能增進風味。直至今日，這種被稱為蘇丹或蘇丹咖啡的飲料，在阿拉伯仍舊受到喜愛。

發明這種飲料的榮譽被不同的法國作家謬誤地加諸在巴黎的醫學院院長安德里醫師身上。安德里醫師有自己製作蘇丹咖啡的配方，就是將咖啡果殼煮沸半個小時。這會產生一種檸檬色的液體，飲用時會加上一點點糖。

東方的傳統作法是將果殼放在陶製的壺中後置於炭火上烘烤，少量的銀皮會被混入其中，並翻轉它們直到稍微乾燥為止。接著，以4:1的比例混合的果殼和銀皮會被丟進熱水中，並再次完全煮沸至少0.5小時。

這種飲料的顏色與最好的英國啤酒有些相似，拉羅克向我們保證，它不需要加糖，「沒有需要調整的苦味。」在拉羅克和他的旅伴們於1711年到1713年踏上他們前往阿拉伯的著名旅程時，這種飲料仍然是葉門王宮及黎凡特著名人士的咖啡飲料。

在去殼的步驟之後烘烤乾燥的咖啡豆這種作法，始於十三世紀某個時期。如同在〈咖啡器具的演進〉中所描述的，

早期波斯的咖啡製作。圖中顯示裝生豆的皮袋、烘烤盤、研磨器、燒水壺，還有飲用杯。

烘烤的步驟一開始是在粗糙的石頭和陶製托盤上操作，後來則是用金屬製的盤子。有一種汁液的作法是煮沸完整的咖啡豆。下一個階段是用研缽和杵將烘焙過的豆子搗碎成粉末；接著將粉末放進熱水中製作湯汁，這種飲料連同粉渣和所有的東西全部被喝下。咖啡在接下來的 4 個世紀都是一種熬煮出的湯汁。

咖啡製備的演進

當長柄阿拉伯式金屬燒水壺在十六世紀初期出現的時候，製備和供應咖啡的方法有了很大的改良。阿拉伯人和土耳其人讓咖啡成為社交的附件，不再侷限在醫生與神職人員之間，而是成了所有人的提神飲料；與此同時，阿拉伯人與土耳其人為上層階級發展出一套咖啡禮儀，和日本的茶道禮儀一樣精彩。

▶ 加糖，不加糖

整個黎凡特地區常見的早期製備方法，是將咖啡粉浸入水中一整天，將汁液煮沸到剩一半，將其過濾，並儲存在陶罐中，供需要時取用。

十六世紀時，小型咖啡壺——即土耳其咖啡壺——讓這種作法成了更為即時的事。咖啡經過研磨成粉末後投入熱水中，當其沸騰達到接近壺口的時候，再從火中取出數次。趁還在沸騰時，人們有時候會在汁液被倒進小瓷杯之前加入肉桂和丁香，供應時會加入一滴琥珀的精華。土耳其人後來還會在沸騰過程中加糖。

從一開始無蓋的簡易土耳其咖啡壺，到大約十七世紀中期時所發展出大容量的有蓋咖啡燒煮壺，結合了現代煮製與供應壺的先驅。

這是一種用銅片製成的水壺，仿照東方大口水壺的圖案裝飾，具有寬大的底座、球狀的壺身，以及窄小的壺頸。在壺中倒入提供飲料所用碟子（杯子）容量 1.5 倍的水後，咖啡壺被放在鮮亮的火焰上。

當水沸騰時，粉末狀的咖啡被投入壺中；並且在汁液沸騰的同時，由火中移出並放回，可能會進行數次。然後咖啡壺會被放在熱的灰燼中，讓咖啡渣沉澱下來。

達弗爾描述這種土耳其與阿拉伯實行的步驟：

咖啡不應當是用喝的，而是要在儘可能熱燙的時候吸吮。

為了避免被燙傷，你大可不必將舌頭伸進杯子中，而是用杯緣抵著舌頭，雙唇分別在其上方和下方，施加如此微小的力量，使杯口不至於下傾，然後吸入咖啡；也就是說，一小口接著一小口地嚥下。

如果有人如此嬌弱，無法忍受咖啡的苦味，他可以加些糖緩和。在壺中攪動咖啡是錯誤的，因為咖啡渣是毫無價值的。在黎凡特，只有人中糟粕才會將咖啡渣吞下。

拉羅克在《阿拉伯之旅》中說：

當阿拉伯人將他們的咖啡由火中取出時，會立刻將容器裹進一塊溼布中，這會讓汁液立刻澄清，讓它的上層結成膏狀，並造成更有刺激性的蒸氣，他們喜歡在把咖啡倒進杯子裡時，使勁嗅聞蒸氣的味道。

和所有其他東方國家一樣，阿拉伯人飲用咖啡時是不加糖的。

後來，某些東方人將早期製作咖啡的方法改成把熱水倒進裝在供應杯裡的咖啡粉上，因此他們會得到「1 杯泡沫四溢且氣味香濃的飲料，」賈丁說，「我們〔法國人〕無法適應這種飲料，因為粉末還持續懸浮在其中。然而，在東方還是有可能喝到澄清的咖啡。在麥加，為了過濾咖啡，他們會讓咖啡流過放在罐子開口的乾燥藥草做的塞子。」

糖似乎是在 1625 年的開羅被加進咖啡中。維斯林記錄下開羅 3000 家咖啡館喝咖啡的人「確實開始將糖加入咖啡來修正其苦味」，而且「其他人會用咖啡漿果來製作糖梅」。

這種咖啡甜點後來在巴黎出現，大約與一種咖啡水被引進蒙佩利爾的時間相同（1700 年），咖啡水是「一種有著宜人香味的玫瑰葉飲料，某種程度上有烘焙過的咖啡的氣味」。然而這些新奇的事物旨在取悅僅有的「最體面的咖啡愛好者」；因為倦怠與無聊和現在一樣都需要新的感受。

▶ 煮沸咖啡仍受歡迎

直到徹底進入十八世紀以前，煮沸依然是製備咖啡廣受歡迎的方法。同時我們也從英國的參考文獻了解到，跟藥劑師購買咖啡豆是項慣例，在用研缽和杵將咖啡豆碾成粉末前，要先把咖啡豆放進爐子裡乾燥，或是用舊的布丁盤或平底鍋烘焙，將咖啡粉壓過一層細棉布的篩網，再以泉水煮沸 15 分鐘。

以下配方摘自一本 1662 年在倫敦出版的珍版書，記錄了十七世紀咖啡製作的細節：

1662 年的咖啡製作

如何製作現在廣泛使用，被叫做咖啡的飲料。

你可以在任何一位藥劑師那裡買到所需要的咖啡漿果，1 磅大約 3 先令；購買想要的數量，然後放進一個舊布丁盤或煎鍋，置於炭火上烘烤。過程中要持續不斷翻攪它們，直到顏色變得相當黑，而且在你用牙齒咬開其中 1 顆時，豆子

內部和外表一樣都是黑色的。如果你烘烤過頭，那麼你等於是浪費了其中的油，也就是唯一用以製造這種飲料的物質；如果烘烤得不夠，豆子就不會釋放製作飲料必須的油分；如果你繼續火烤直到豆子變白，那麼，你無法製作任何咖啡，這樣的豆子只能提供它的鹽分。

漿果按照上述方法準備好後，須再加以槌打並擠壓通過一層細棉布網篩，然後就適合使用了。

取乾淨的水燒滾，一直滾到少了 ⅓ 的水量，這樣的開水就可以使用來煮咖啡。接著，取出 ¼ 水量的開水，將你準備好的咖啡放 1 盎司進去，然後慢火煮沸，滾個 15 分鐘，這樣就適合你飲用了；在你所能接受的最熱燙的程度喝下 120 西西左右。

在大約這個時期的英國，咖啡飲料經常會和糖果、甚至是芥末混合。然而在咖啡館，通常供應的是黑咖啡，沒有加糖或牛奶。

在大約 1660 年時，荷蘭派往中國的大使紐霍夫首先嘗試將牛奶加進咖啡，模仿加牛奶的茶。

法國格勒諾布爾一位有名的醫師西厄爾‧莫寧，在 1685 年首次將咖啡歐蕾當做一種藥物推薦。他是這樣準備的：將 1 碗牛奶放在火上加熱。當牛奶開始上漲，將 1 碗咖啡粉、1 碗溼潤的糖投入其中，並讓它滾煮一段時間。

我們讀到，在 1669 年時，「咖啡在法國是一種熱的黑色湯汁，由混濁的粉末製成，並加上糖漿使其濃稠。」

安傑羅‧蘭博蒂在他寫作的《阿拉伯珍饈》中如此描寫1691年義大利與其他歐洲國家的咖啡製作：

製作熬煮之湯汁的瓶子、所需粉量及水量，還有滾煮時間的說明

2 個大的大肚容器必須放在火邊，另外有 2 個長頸且窄小的附蓋容器，蓋子能夠讓它們的酒精性及易揮發粒子在被熱能釋放出來時，不會輕易地流失。這些容器在阿拉伯被稱為 Ibriq，它們是銅製的——裡外都鍍成白色。我們並沒有具備製作這些容器的工藝，因此，應該選用陶磁土、硫酸銅，或是任何被用來製作廚房用具的材料；甚至可以使用銀製的。

水和粉的量沒有特別的規則，這是由於我們的天性與口味的差異，而每個仿效某些經驗談的人都會用自己的判斷將其調整到合乎自己喜愛。

馬龍尼塔將 2 盎司的咖啡粉浸泡在 3 公升水中。科托維科在他前往耶路薩冷的旅程中堅稱他曾看過將 6 盎司咖啡粉放進 20 公升水中，滾煮至剩下一半的水量。特維諾聲稱土耳其人在每 3 杯量的水中放進滿滿 1 匙的咖啡粉。然而，我在非洲、法國和英國觀察到的，是在大約 6 盎司的水（這樣是 1 杯的分量）放進 1 打蘭的咖啡粉浸泡，這個比例合乎我的口味——不過，有時候我會希望能改變劑量。

其他人將水放進瓶中，而當它開始沸騰時加入咖啡粉，但因為其中富含酒精，在一開始接觸熱源時會升高並沸騰

超過瓶子的邊緣。將其從火源移開直到沸騰的情況平息，然後再次放回火源上，並在蓋子蓋著的情況下讓它滾煮一小段時間。將其放置在溫熱的灰燼中，直到液體澄清下來。

液體澄清後慢慢地將一點點湯汁倒進一個陶製、陶瓷或任何其他材質的器皿中，以容器所能承受最大熱度為限，並啜飲一口；如果合乎你的口味，加上一份小荳蔻、丁香、肉荳蔻或肉桂，並將一些糖溶在水中；然而由於這些物質會改變這份單純的口感，它們並不被太多的專家稱道。

現在的阿拉伯、巴薩、土耳其、亞洲那些正在旅行或在軍隊中的人，會將咖啡粉浸泡在冷水中，然後用如上所述的方法煮沸，足證其功效。

所有時間都適合飲用這種有益健康的飲品。土耳其人當中甚至還有晚上飲用的，也沒有任何商業會面或談話是沒有喝咖啡的。

若咖啡沒有伴隨著香菸一併供應，在亞洲人當中是一種無禮的表現，也沒有人會將白天光顧販售咖啡的市場當做可恥的事。

當我身在倫敦時，那個有 300 萬人口的城市中有小酒館會有提供咖啡的特別服務。

它是強力的興奮劑，清醒之人藉飲用它來激勵胃部，患有淋巴結結核的人對它深惡痛絕，因為他們認為它會擾動空虛的胃裡的膽汁——但是經驗法則卻證明恰巧相反，他們和其他人一樣享受飲用咖啡。

▶ 浸泡法製作咖啡

1702 年，咖啡在美國的殖民地中被當做兩餐之間的提神飲料飲用，「就像酒精性飲料一樣。」用浸泡方式製作咖啡的概念是 1711 年出現在法國的，以放在咖啡濾器中裝有咖啡粉的棉亞麻混紡（布質）布袋的形式登場，而熱水會被倒在布袋上。

這無疑是一項法國的新事物，但在英國和美國的進展卻十分緩慢，英美兩地有些人還是會煮沸完整的烘焙豆，並飲用所得到的汁液。

早在 1722 年的英國，出現了對滾沸咖啡的認真反對者——亨弗瑞·布洛德本，布洛德本是一位咖啡商人，他撰寫了一篇題為「準備和製作咖啡之真正方法」的專論，譴責當時倫敦咖啡館很常見的「愚蠢」咖啡製作法：將「1 盎司咖啡粉放進 1 夸特水中滾煮」。他鼓吹大眾使用浸泡法。

以下是他喜愛的作法：

將咖啡粉放進你的壺裡（材質應該是石質的或銀質的，這會比錫或銅製的要好得多，後兩者會減少咖啡大部分的風味和精華），然後將滾燙的熱水倒在咖啡粉上，讓它在火源前靜置浸泡 5 分鐘。這是最棒的方法，遠遠勝過常見的煮沸法。

但無論你用煮沸或此處所說的方法準備咖啡，它有時候在煮製好以後，都還是會保持黏稠和混亂，除非你倒入 1 或 2 湯匙的冷水，這會立刻讓更重的部分沉澱在底部，使咖啡澄清到可供飲用。

有些人會用泉水煮製咖啡，但沒有用河水或泰晤士河水來得好，因為前者會讓咖啡變得較為烈性，而且味道變差，其餘的水則會使咖啡滑順且宜人，輕柔地棲息在胃裡面。

如果你希望在家裡煮製出好咖啡，我無法想像你要如何將少於 2 盎司的咖啡粉放進 1 夸特水中，或把 1 盎司咖啡粉放進 1 品脫水裡；有些人會用 2 盎司咖啡粉和 1 夸特水。

到了 1760 年的時候，熬製（即煮沸法），在法國已經普遍被浸泡（也就是泡製法）所取代。

1763 年，一位法國聖班迪特的錫匠唐馬丁發明了一種咖啡壺，壺的內裡「被一個細緻的麻布袋整個填滿」，還有一個閥門可以倒出咖啡。大約在這個時期，法國出現了許多發明，讓咖啡 sans ebullition（不用煮沸）。直到 1800 年，採用了原始法式滴漏方法的德貝洛依咖啡壺出現，標示出咖啡製作向前邁進的另一步——滲濾法！

▶ 滲濾法

德貝洛依的咖啡壺可能是用鐵或錫所製成的，之後是瓷製的；在接下來的百年間，它被當做所有滲濾器具的原型。它似乎並未被註冊專利，對它的發明人也所知不多。

大約在這個時期，以傳統方式將咖啡煮沸，並用魚膠「純化」（使其澄清）在英國是很常見的作法；這促使倫福德伯爵（班傑明·湯普森）——一位

當時居住在巴黎的美裔英籍科學家，對科學化製作咖啡的方法進行研究，並製作出改良式的滴濾器具，這器具被稱為倫福德滲濾壺。一般都將發明滲濾式咖啡壺的榮譽歸給倫福德；但如同上一章中所指出的，這份榮譽似乎應該屬於德貝洛依才對。

倫福德伯爵將他的觀察和結論收錄在 1812 年〈關於咖啡的絕佳品質及以最完美的方式製作咖啡的藝術〉這篇冗長的論文中，他在當中描述並圖解說明了倫福德滲濾壺。

法國著名的美食家布瑞拉特－薩伐侖在他寫作的《對美食的沉思》中關於咖啡的段落也曾提到德貝洛依壺：

我終於試過所有方法，還有至今天為止建議給我的全部方法（1825 年），而以我手中所握有的完整知識，我更喜歡德貝洛依的方法，此法是將熱水倒在有著非常細小孔洞的瓷製或銀製器皿中的咖啡上。我曾嘗試在高壓下用燒水壺製作咖啡，但是我得到的是充滿萃取物和苦味的咖啡，和哥薩克人一樣刮嗓子。

布瑞拉特－薩伐侖對研磨咖啡這個主題也有話說，他對此的結論是：「最好是將咖啡搗碎，比用研磨的好。」

他提到巴黎大主教 M. Du Belloy，「他喜愛美好的事物，而且是位相當講究飲食的人。」並說拿破崙曾向他表達出敬意與尊重。此處所說的可能是尚·巴提斯特·德貝洛依，根據迪多的說法，他出生於 1709 年，並於 1808 年去

世，同時他也被認為可能是德貝洛依壺的發明人。

倫福德伯爵在 1753 年出生於麻薩諸塞州沃本，他於 1766 年在塞勒姆的一位商店主人處當學徒。他在以美國自由為理想的朋友間成了不被信任的對象；在 1776 年，皇家部隊由波士頓撤軍時，他被新罕布夏的溫特沃斯州長選中，將公文急件送往英國。他在 1802 年離開英國，並定居於法國，從 1804 年直到 1814 年他去世為止。

1772 年他結婚，或不如說，就像他自己講的，被一位富孀結婚，這位富孀是一位極受尊敬之牧師的掌上明珠，也是第一批定居在新罕布夏倫福德（即現在的康科特）的殖民者。當他在 1791 年被神聖羅馬帝國授與伯爵爵位時，他的頭銜——倫福德——便是由此地名而來。他的第一任妻子已經去世，他在巴黎與著名化學家拉瓦節的富有遺孀結婚；和她在一起過著極度不自在的生活，直到他們同意分開為止。

在他關於咖啡及咖啡製作的論文中，倫福德伯爵為我們很好地描繪出十九世紀剛開始時，在英國準備這種飲料的情景。他說：

咖啡首先用鐵製的平底鍋或鐵皮做的空心圓筒在旺盛的火上烘焙，從豆子在烘焙過程中產生的顏色還有特殊的氣味判斷，在咖啡已被充分烘烤時，從火源上移開，讓它冷卻。當咖啡冷卻好，在研缽內將其搗碎；或是用手磨研磨成粗粉，存放起來以供利用。

在從前，磨好的咖啡會被放進一個咖啡壺內，加上足量的水，然後咖啡壺會被放在火上加熱，而在水已經被煮滾一段時間後，將咖啡壺從火源處移開，並讓咖啡渣有時間沉澱，或用魚膠將其澄清，澄清的液體被倒出，並立刻放進杯中供人飲用。

倫福德伯爵認為在煮製過程當中攪動咖啡粉是錯誤的，而在這一點他是和德貝洛依意見相同的。

《關於咖啡的一切‧八百年風尚與藝文》中，將會敘述他對後者咖啡壺所做的改良。他是一位咖啡鑑賞家，而做為一位鑑賞家，他是第一批主張在製作理想的咖啡飲品時使用奶油及糖的其中一人。雖然沒有指名道姓，但他曾提到德貝洛依的滲濾法，並說：「它的用處已經被普遍承認。」

▶ 重要名詞定義

在此，為了確保對這個議題有更好的理解，我將對滲濾、過濾、熬製、浸泡等等名詞做出清楚的定義，這對釐清與這些名詞相關的誤解是很適合的。

熬製的汁液是將一種物質滾煮到水溶性成分都被萃取出來而製成的溶液。因此咖啡一開始是一種熬製汁液；而在今日，當咖啡以傳統方法煮沸時——就像「老媽以前做的一樣」，你得到的便是熬製汁液。

泡劑是浸泡的加工步驟——即在未經煮沸的情況下萃取。這是一種在沸騰以下的任何溫度都能進行的萃取，而且是能夠再進一步細分的程序中最常見的

類別。依照普遍且正確的作法來說，在這種操作法中熱水單純地被倒進散置在壺中、或被裝進容器放在壺底的咖啡粉上。以這個術語最嚴格的意義來說，只要水和咖啡接觸時並未沸騰，泡劑也可以用熬製和過濾的方式製作。

滲濾的意思是滴漏穿過陶瓷或金屬製的尖細裝置，就像德貝洛依法式滴漏壺一樣。

過濾的意思則是滴漏穿過一種有孔洞的物質──通常是布或紙。

滲濾和過濾基本上是同義字，儘管它們在意義上會產生細微的區別，以至於後者在邏輯上經常被認為是接續前者的步驟。藉由讓液體緩慢地穿過某種物質來達到萃取的目的其實是滲濾，而過濾得到萃取液的作用方式則是藉由在其路徑中插入某些介質，以去除萃取液中的固體或半固體物質。咖啡製作的步驟本質上就如此採用了這些術語，而兩者皆被視為完整的工序。因此，在浸泡製劑由咖啡粉中倒出後，會立即進行滲濾，滴漏穿過由陶瓷或金屬製成的細緻滲濾壺。

真正的滲濾法汁液無法用泵浦式「滲濾器」製作出來，在泵浦式「滲濾器」中，加熱過的水會向上升高並噴灑於放在咖啡壺上層金屬籃裡磨好的咖啡粉上；汁液會不斷循環，直到達到令人滿意的萃取程度。倒不如說，這個工法介於熬製法和泡製法之間，因為稀薄的汁液為了提供足夠引起泵浦作用的蒸氣而在過程中被煮沸。

當磨好的咖啡粉被包裹在布或紙內，過濾法便得以實施，包著咖啡粉的布或紙通常會以煮製器具的某個部分做為支撐，而萃取是藉著將水由包好的團塊頂端注入，讓液體能滲濾穿透，過濾的媒介則能夠留住咖啡渣。

專利與器具

打從一開始，法國人就比其他國家的人投注了更多的注意力在咖啡的煮製上。咖啡濾器的第一個法國專利，是在 1802 年核發給了德諾貝、亨理恩，以及胡許；他們獲得專利的項目是：「使用泡製方法的一種藥理學－化學咖啡製作器具。」

1802 年，查爾斯・瓦耶特以一種蒸餾咖啡的器具獲得一項倫敦的專利。

第一項法國專利「以無須煮沸的過濾法」製作咖啡的改良版法式滴漏壺在 1806 年被核發給阿德羅。嚴格說來，這並不是一種過濾器具，因為它裝配了一個錫製過濾器，或說格柵。它與倫福德在 6 年後發表的滲濾式咖啡壺非常相似，將 202 頁、203 頁的插圖互相比較就能夠看出這一點了。

1815 年，塞內在法國發明了他的 Cafetière Sené，另一種「無須煮沸」的咖啡製作器具。

1817 年左右，咖啡比金在英國出現。其實那只是一個矮胖的陶製水壺，上層附加了一個可移動的錫製過濾器零件，仿照了法式滴濾壺的形式。後來的樣式採用了從壺的邊緣吊掛下來的布袋。

據說是由一位比金先生所發明；一位素有「活字典」美譽的莫瑞博士似乎變得對這位先生的存在深信不疑——即便其他人對此抱持懷疑，並認為比金之名乃是源自荷蘭，而這件物品最早是為荷蘭製造的。

有一說認為，比金之名極有可能是由荷蘭文的 beggelin 而來的，意思是細細流淌或順著流下。有一點可以確定，那就是咖啡比金起初是來自於法國的；那麼就算有比金先生這一號人物，他也只不過是將此器具引進英國罷了。

美國人最熟悉的咖啡比金包括了一個用來盛裝咖啡粉的法蘭絨布袋或圓筒狀金屬絲網過濾器，而熱水就是由此倒入。「馬里恩‧哈蘭德」咖啡壺是改良版的金屬製咖啡比金。而「凱旋」咖啡過濾器則是一種布袋器具，能讓任何咖啡壺都變身為咖啡比金。

▶ 以蒸氣真空原理製作的器具

1819 年，巴黎的一位錫匠莫里斯發明了一種雙重滴漏、可翻轉咖啡壺。這個器具有兩個可移動的「過濾器」，而且以底部朝上的方式放在火上直到水被煮沸，當水沸騰時，咖啡壺便被翻轉，好讓咖啡「濾出」或滴漏出來。

1819 年，勞倫斯因最早的泵浦式滲濾器具而獲得了一項法國專利，水在這個器具中會被蒸氣壓推高並滴流在磨好的咖啡上。另一位巴黎錫匠格德，在 1820 年發明了一種採用布製過濾器的過濾器具。

1822 年，路易斯‧伯納‧拉鮑特

獲得一項英國專利，專利內容是用蒸氣壓力壓迫滾沸的水向上穿過咖啡團塊，逆轉了一般法式滴漏步驟的咖啡製作器具。巴黎的卡澤納夫在 1824 年因一項類似的器具獲得專利。

1825 年，第一項咖啡壺的美國專利被核發給路易斯‧馬爹利「凝結蒸氣和精油並將它們送回浸泡液中」的機器。

依照我們現在對泵浦滲濾壺此名稱的認知，1827 年，巴黎的一位鍍金珠寶製造商 Jacques Augustin Gandais 發明了第一臺真正能實際使用的泵浦滲濾壺。滾水經過一根手柄內的管子被拉高，並噴灑於裝在過濾籃內懸掛著的咖啡粉上，不過無法被返回進行進一步的噴灑。

1827 年，香檳沙隆的一位製造商 Nicholas Felix Durant 被核發一項「滲濾式咖啡壺」的法國專利，專利內容是將內部管路的設計首次應用於把滾水拉高來噴灑在磨好的咖啡粉上。

1839 年，詹姆斯‧瓦迪和莫理茲‧普拉托因一種採用真空步驟製作咖啡、且上層器皿為玻璃製作的甕形滲濾式咖啡壺，而被核發了一項英國專利。

到現在，藉由蒸氣壓力和部分真空操作的泵浦式滲濾壺在法國、英國，還有德國被廣泛使用。然後，咖啡製作開始邁入下一個階段的動作——過濾。

在大約 1840 年，著名羅伯特‧納皮爾父子克萊德造船公司的蘇格蘭航海工程師羅伯特‧納皮爾（1791～1876 年）發明了一種藉由蒸餾和過濾來製作咖啡的真空咖啡機。此器具從未被註冊專利；但 30 年後，湯瑪斯‧史密斯父子

（艾爾金頓有限公司繼承人）在年邁的發明人納皮爾先生的指導下製造出此一器具的成品。這項器具是由一個銀質的球體、虹吸式沖煮器，以及過濾器所構成（見下圖）。

它的運作方式如下：

將半杯水放進球體裡，然後將瓦斯爐點燃。乾的咖啡被置入容器中，隨後以滾水裝滿此容器。咖啡會立即被擾動，而且會持續數分鐘的擾動狀態。當混合物靜止下來，瓦斯爐被關閉，而澄清的咖啡藉著虹吸作用經虹吸管吸進球體中，因為被擱在咖啡液中，因此在虹吸管的末端會有一個包了濾布的過濾器。

納皮爾式咖啡機在英國大受歡迎。機器的設計原理在隨後幾年被納入供飯店、船舶、餐廳等地使用的納皮爾－李斯特蒸氣咖啡機中。蒸氣被當做熱源使用，但不會與咖啡混合。李斯特的專利

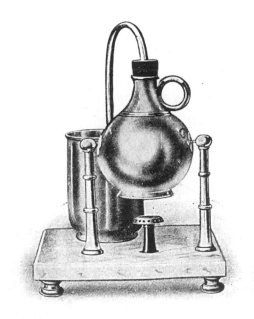

納皮爾真空咖啡製作機。

是對納皮爾式系統的改良，並在 1891 年獲得核發。

據說在他過世前不久，老納皮爾先生在與位於格拉斯哥、負責在他的指示下製造蒸氣咖啡機的史密斯股份有限公司工廠之間的爭端終結時，對老史密斯先生說：「或許你是一位傑出的銀匠，但我可是個更屬害的工程師。」

1841 年，威廉·沃德·安德魯斯因改良的咖啡壺獲得一項英國專利，專利內容是：採用泵浦將沸水擠壓穿過研磨好的咖啡，而在此同時，此步驟被控制在一個用螺絲鎖在咖啡壺底部的滲濾圓筒中。

1842 年，第一個玻璃製咖啡製作器具的法國專利被核發給里昂的瓦雪夫人。

隨之而來的，是法國和英國為數眾多的雙重玻璃咖啡製作器具專利的核發。這些器具最早被稱為雙重玻璃氣球，同時這些器具大部分都採用金屬過濾器。

從此之後，法國、英國，以及美國出現了許多「滲濾式咖啡壺」的專利，其中部分專利改良了德貝洛依器具所使用的原始滴漏法。其他的則是核發給被稱為「滲濾式咖啡壺」的那一類機器，之所以如此稱呼，乃是源自於它們採用的原理：將加熱過的水拉高並以連續的方式噴灑在咖啡粉。海外和美國也生產了為數眾多的過濾器具。

在眾多滲濾式咖啡壺中，曼寧鮑曼公司及蘭德斯福拉利及克拉克公司的產品在此地變得廣為人知。在過濾法的領域中獲得相當多好評的產品羅列如下：哈維·里克的半分壺，採用底部加

強過的棉布袋，在大約 1881 年引進市場；1900 年的金喜壺；Cauchoi 私產咖啡機，使用日製濾紙，於 1905 年引進市場；芬利・埃克滲濾式咖啡壺是在同一年被引進市場的，同樣在兩個有側邊滲濾功能的圓筒間使用一層濾紙；「Tricolator」出現於 1908 年；使用濾紙的國王滲濾式咖啡壺出現於 1912 年；以及 1911 年的「Make-Right」及其於 1920 年出現的改造版本「Tru-Bru 壺」。

「Make-Right」是紐約市的愛德華・阿伯恩的發明成果，是由兩個套疊在一起的開放式金屬線框或籃所組成，金屬框之間夾了一塊攤平的棉布。「Tru-Bru 壺」採用了相同的概念，但其金屬框是為了提供 4 個滴漏點而製造的，這樣的構造能讓水在咖啡粉上的分布更為均勻，同時減少過濾所需的時間。它還有一個陶瓷製的蓋子，用來容納並將過濾器具抬高，在咖啡上方有一個開口，可在不讓咖啡粉暴露出來的情況下讓沸水注入其中。

以正統滲濾式咖啡壺的原理為基礎所發展出來的眾多類型中，真正引起美國大眾的興趣、值得一提的是「Phylax」咖啡濾器與「Galt」咖啡壺。

▶ 真空型玻璃咖啡濾器

在 1914 年到 1916 年間，美國的雙重玻璃球，也就是以真空方法製作咖啡的方式，再次引起大眾的興趣，十九世紀前半葉以「雙重玻璃氣球」之名被引進法國。心靈手巧的美國人生產出數個聰明的改版產品及改良方案。這些真空型玻璃咖啡濾器在餐廳與家用兩方面發展出極大的廣告需求——如同它們在今天普遍為人所知一般。

起初，如何在飲料製作完成後適當加熱以維持溫度，是影響餐廳業者使用真空型玻璃咖啡濾器意願的重大障礙，但是大眾喜愛觀看咖啡機運作，也喜愛它們製作出來的咖啡，因此很快便發展出特殊的瓦斯和電氣加熱器。

這些加熱器能快速煮製咖啡，然後將咖啡的溫度維持在不低於 175 ℉ 且不高於 190 ℉ 之間。咖啡在這個溫度範圍內能保持一段時間的新鮮，而且沒有因煮沸引起的香氣流失。這是極大的優點，因為這容許餐廳在繁忙時刻來臨前預先製備咖啡。

真空型玻璃咖啡濾器也廣泛銷售給一般家庭使用，做為家庭用，它們並未遭遇像是在公共場合那樣製備上的障礙，這是因為通常在家庭中，不需要長時間讓熱咖啡保持隨時可供應的狀態；家用型的咖啡濾器採用瓦斯或電力做為加熱的媒介。真空型玻璃咖啡濾器著名的家用及商用製造商包括了：Silex、Vaculator、Vis-a-Vac、Thermex 等等。

在過去幾年內，在美國以「煮製咖啡的工藝」或「咖啡製作工藝」來獲取專利蔚為風尚。

以核發給卡爾金和穆勒兩位先生的專利為例。在卡爾金的專利中（「Phylax」咖啡壺），所謂的「工藝」在於以灑水器孔洞的數量與間隔距離來控制熱水的流動，以便限制水量與流速，以達到快速的初萃取速度；接著，藉由浸煮器裡

新的孔洞間距延遲滴漏,「以便獲得延長萃取能得到的單寧及其他慢速萃取出的物質,同時將初萃取與其後煮製階段中所得到的汁液結合,以獲得平衡的萃取液。」

穆勒的「工藝」在於在一個甕裡面,以如此供應和維持咖啡粉的方式,使咖啡粉在隨著第一次的加水暴露於空氣和蒸氣中後,再也不需要經過「熬製」的步驟。

近年來,美國家用咖啡壺的製造已經有了相當大的進步,尤其是滴漏或過濾類型的咖啡壺。咖啡濾器的外觀也有大幅的改良,同樣有所改善的,還有它們的沖煮效率。

這段咖啡煮製演進的簡短回顧顯示,咖啡的製作一開始是用煮沸的,接著變成一種浸泡汁液。在那之後,最好的實行方式分為兩派:單純的滲濾還有過濾,而且一直持續到現在。煮沸法在每個國家也繼續擁有擁護者——即使在美國也是一樣,無論為了敗壞它的名聲做了多少努力,煮沸法在美國似乎很難消失。滲濾式咖啡壺進一步被細分為單純的滴濾壺以及連續滲濾的機器,像是那些市場上為數眾多的複雜且價格高昂的器械。然而漸漸地,真正的咖啡愛好者開始了解,最好的結果都是用簡單的滲濾式咖啡壺或單純的過濾法達成的。兩種方式都有很好的論據。

1932 年,一項美國咖啡習慣的調查顯示,美國全境 50% 到 75% 之間的家庭使用的是泵浦滲濾式咖啡壺;17% 到 32% 使用煮沸法製作咖啡;5% 到 20% 使用滴漏法。調查結果顯示在下方的表格中。這項調查也顯示,在國內不同地區接受調查的家庭中,只有極小百分比每杯咖啡會使用 1 滿匙咖啡粉,這是權威人士普遍認同要得到 1 杯好咖啡所應使用的比例,與煮製所用的用具類型無關。大約 75% 的家庭使用中度研磨的咖啡粉,20% 用的是細研磨,而 2% 用的是粗研磨。

結論指向推廣工作在提高美國家庭中咖啡的品質,還有隨之而來的消費成長上有很大的潛在價值。

商用煮咖啡壺

公眾外燴承辦商對有用且外觀漂亮的咖啡製作和分配設備的需求,已經被美國和歐洲國家大型咖啡壺的製造商大大地滿足。

煮製方法 (由 1932 年進行的一項調查,美國 3 個具代表性地區的家庭所使用之方法,以百分比表示)			
方法	東北部地區(%)	中西部地區(%)	美國西岸(%)
滲濾式咖啡壺	75.51	52.31	58.48
煮沸	17.54	32.16	18.50
滴漏	5.43	12.79	20.11
其他	1.52	2.74	2.91

在美洲，不論是單一一個或者一組數量從 2 到 5 個、互相連接的大型咖啡壺，一般都會有一個下部——或者說主要的部分，在一臺大型瓦斯爐的協助下，這個部分用來做為將水加熱的燒水壺之用，而在水煮滾之後，水便會被抽走並倒在被細緻研磨好、放在咖啡壺上方布質或紙質過濾器的咖啡粉上。接著瓦斯爐的火焰便會被調小，到足夠讓被過濾回到下層容器的咖啡浸泡汁液維持在大約 175 ℉ 的溫度，隨時準備好在需要時被抽出使用。這套系統在美國有許多的變化類型。

舉例來說，有些是 2 或 3 個大型咖啡壺組合使用，有些會將煮水的壺與煮製咖啡的壺隔離，並分別供應熱水到一個內部煮製容器和後者的外部水冷套。另一項近期的改良是為咖啡容器設計的非吸收性玻璃內襯。

義大利用完全不同的系統發展出大容量咖啡沖煮壺，利用壺本身做為提供蒸氣和加壓後熱水給多個過濾和分流出水口的燒水壺，而不是和美式機器類似的單一塞拴。每個分流裝置都有一個可拆卸的過濾器，製作 1 杯咖啡所需正確分量的咖啡粉會在計量後被放進過濾器內。一個局部迴轉的零件將過濾器固定在分流裝置的下方，之後開啟閥門會迫使熱水和蒸氣穿過咖啡粉，並在即時沖煮時，流進等待的咖啡杯中。

這些機器在歐洲大陸被廣泛採用，從每小時供應 150 杯咖啡的較小型機器，到每小時能供應超過 1000 杯的大型機器都有。

英國人偏愛的是一臺自動化裝置，燒水壺放在桌面下，而桌面上的煮製裝置配有一或多個接收咖啡液的壺；還有一個龍頭用以供應泡茶專用的新鮮沸水。最著名的品牌中包括史提爾、斯托特，以及傑克森。瓦斯或電力被用來將水加熱到沸點，這隨時可以在打開桌面上煮製裝置的開關後自動進行。可動式萃取器被用來盛裝咖啡粉，方便傾倒萃取完的咖啡渣以及重新裝填新鮮咖啡和新的濾紙。

十九世紀時歐洲的咖啡製作

▶ 英國

我們已經提過倫福德伯爵在十九世紀初期改革英國咖啡製作方面的努力。

其他科學人士也加入了這個運動。這當中就有唐納文教授，他在 1826 年 5 月號的《都柏林哲學期刊》中講述了他「確立萃取漿果中所有固有功效最佳方法」的實驗。

1834 年 6 年 14 日的《竹籬雜誌》在譴責過「在英國經常被誤稱為咖啡而被如此介紹的稻草色液體」之後，如此領會唐納文教授的發現：

唐納文先生發現存在於咖啡中、我們所謂的藥用性質其實與其芳香風味無關——因此，人們仍舊有可能在未得到口感滿足的情況下，獲得咖啡那令人振奮的效果。

而在另一方面，也可以在對動物經

濟學方面沒有產生任何效果的情況下享受所有的芳香性質。他的目標是將兩者互相結合。

咖啡的烘焙對生成上述兩種性質必不可少；不過，為了確保它們的水準完整無缺，在執行烘焙工序時是需要一些技巧的。

第一件事就是將生咖啡放在開放式容器中，並使其處於溫和火源的熱力之下，持續不斷地攪拌，直到豆子呈現出微黃的色澤。

接著，咖啡豆應該被粗略地打碎，讓每顆漿果在放進烘焙裝置時，分為大約 4 或 5 塊。

最常見被使用的烘焙裝置是鐵皮製成的，形狀則是圓筒形：無疑是烘焙這個目的的最佳解決辦法，而且是一點也不昂貴的機器，不過用常見的鐵製或陶製的壺也能夠將咖啡烘焙得非常好。需要觀察的主要事項是烘焙的程度，並藉由持續攪拌防止不完全燃燒。要獲得好咖啡的一項必要條件是咖啡必須是近期內烘焙的。

咖啡應該被研磨到極為細緻以供使用，而且在需要的時候才進行研磨，否則芳香風味會有一定程度的流失。要萃取出咖啡所有的優良性質，咖啡粉需要兩種獨立且稍微有點矛盾的處理方法，不過解釋起來並沒有任何困難。

一方面，細緻的風味可能會因煮沸而流失，而同時在另一方面，又需要將咖啡置於那種程度的熱度之下，以萃取出它的藥用性質。

在經過許多的實驗之後，唐納文先生發現以下這種能同時達到兩邊目標最簡單且有效的處理方法：

所有會用到的水一定要分成均等的兩份。

一半一定要在「冷」的時候先加進咖啡中，加好後一定要放到火源上加熱，直到「剛好沸騰」，這時一定要立即移開。然後讓咖啡沉澱一陣子，一定要儘可能地將流出的澄清液體倒出來。

在上述這段時間中，放在火源上的剩下那一半水接下來一定要在「沸騰的熱度」加進咖啡粉中，並放在火源上，務必要保持煮沸大約 3 分鐘時間。此舉會萃取出藥用功效，然後再次讓此液體沉澱，同時澄清的汁液被加進第一份汁液中，這樣調製出來的咖啡會兼具此漿果所有最盡善盡美的優良特性。

如果要使用任何澄清劑原料，那麼應該在整個工序一開始的時候就將其與咖啡粉混合。

有數種不同的種類裝置，其中一些在結構上非常精巧的被推薦用來準備咖啡，不過它們全都是根據只能萃取芳香風味的原理製造而成。然而，唐納文教授的建議不僅讓我們得以萃取咖啡的芳香風味，還為我們提取並製備出那些具藥用功效、較不明顯但同樣不可或缺的物質。

當韋伯斯特和帕克斯在 1844 年於倫敦出版《國內經濟百科》時，他們提出以下「在英國製作咖啡最常用的方法」：

將新鮮研磨的咖啡粉放進咖啡壺

中，加入足量的水並將其放置在火源上直到沸騰，滾煮 1 或 2 分鐘；然後將其由火源移開，倒出一滿杯，這在之後會放回咖啡壺中，讓可能還漂浮在咖啡中的咖啡渣沉澱；重複這個步驟，並讓咖啡壺在接近火源處靜置，但不要放在太熱的地方，直到咖啡渣都沉澱到壺底。

不需要任何其他調製品，咖啡在數分鐘之內便會澄清，然後就可以倒進杯子裡。

用這種方法，加上足量的優良物質和適當的小心謹慎，就能製作出極為出色的咖啡。

咖啡最有價值的部分很快便會被萃取出來，無疑地，長時間煮沸會讓細緻的香氣與風味逐漸消失。有些人將不任憑咖啡滾沸當成一項規定，而是只將咖啡煮到剛好到沸點；但唐納文先生說，咖啡需要滾煮一小段時間，以便完整萃取其中的苦味。

他認為，苦味物質中存在了許多令人振奮的性質。

清的部分，這在當時是一個受到廣泛討論的問題：

咖啡的澄清是一件需要特別注意的事項。在咖啡渣最重的部分沉澱下來後，仍然會有細微的顆粒懸浮一段時間，而如果在這些顆粒沉澱前將咖啡倒出，所得到的液體就會缺乏透明度，而透明度是咖啡完美程度的一項測試指標；沒有好好澄清的咖啡總是會有一種令人不愉快的苦澀口感。

就像我們陳述過的，通常藉由保持靜置數分鐘就能讓咖啡澄清；但那些急著想讓咖啡變得愈澄清愈好的人會採用某些人工的方式來幫助澄清。加入些許魚膠、鹿角薄片、鰻魚皮或比目魚皮、蛋清、蛋殼等等，都曾被建議用在咖啡的澄清上；顯然地，在遵循與精製啤酒與紅酒相同的原理下，這些物質若要發揮它們的作用就應該被事先溶解，若未經過溶解就加入，需要的溶解時間會如此之長，導致咖啡的風味消失不見。

這篇文章還談到下列關於使咖啡澄

這段時期英國的咖啡製作器具，除

十七及十八世紀的白鑞製咖啡壺。由左至右分別是收藏於紐約大都會藝術博物館中德製、法蘭德斯製、英國製，以及荷蘭製咖啡壺的樣本。

早期歐洲與美國的咖啡製作器具。1：英國改版的法式燒水壺。2：英式咖啡比金。3：改良版倫福德滲濾壺。4：瓊斯外部管路滲濾壺。5：帕克蒸氣噴泉咖啡濾器。6：普拉托過濾壺。7：布雷恩真空過濾壺，或稱氣動過濾壺。8：Beart滲濾壺。9：美式咖啡比金。10：布袋滴漏壺。11：維也納咖啡壺。12：勒布朗煮咖啡壺。13：可翻轉波茨坦煮咖啡壺。14、15：哈欽森將軍的滲濾壺及甕，結合了德貝洛依和倫福德的構想。16：伊特拉斯坎比金。

了倫福德型式的滲濾式咖啡壺以及廣受歡迎的咖啡比金之外，還有伊凡的咖啡機，配備有附加了盛裝咖啡之過濾袋的錫製氣墊；瓊斯的咖啡器具，是一種泵浦式滲濾壺；帕克的蒸氣噴泉咖啡濾器，能壓迫熱水向上穿過研磨好的咖啡；普拉托獲得專利的過濾式咖啡壺，先前已經提過，是單一一個真空玻璃滲濾壺與一個大型咖啡壺的組合；布雷恩的真空、或者說氣動過濾式咖啡壺，採用了「棉布、亞麻，或羚羊皮革」過濾，以及一個排氣泵浦，是為廚房使用設計的；還有有著類似構造的帕瑪及 Beart 的氣動式過濾咖啡機。

冷泡法也很常見，這種方法是讓浸泡液靜置過夜，早晨進行過濾，並且只有加溫而非煮沸。

供這些各種不同類型咖啡濾器所使用的咖啡粉是用鐵製磨豆機研磨的；攜帶型盒式磨豆機是最受歡迎的家用機型。「它包括一個以桃花心木或上過漆的鐵所製成的方形盒子，盒子內部包含了一個空心且內側帶有銳利溝槽的鋼製圓錐；圓錐內部安裝了一個以硬化的鐵或鋼製成、表面刻有螺旋形溝槽的圓錐形零件，而且此零件可由把手控制加以轉動。」並備有一個抽屜可以容納被細緻研磨出來的咖啡粉。較大型的壁掛式磨豆機採用的是相同的研磨機制。

1855 年，約翰・多蘭博士在他的著作《餐桌的特色》中寫道：

關於製作咖啡，對我們來說，用土耳其式方法在研缽中將咖啡豆敲碎遠比用磨豆機研磨好得多。但不論採用兩者當中的哪一種，由 M・索爾推薦的處理方法或許是最有幫助的改良版本；意即：「將 2 盎司咖啡粉放進長柄燉鍋中，將鍋子放在火源上，以 1 支湯匙循環攪拌直到徹底變熱，然後倒入 1 品脫的滾水；將蓋子蓋緊等 5 分鐘，讓汁液流過一層布，再次加熱以供飲用。」

根據 1883 年倫敦的 G・W・波爾醫師的觀察，我們得以一窺十九世紀後期英國的咖啡製作。他說：

那些想要享受真正好咖啡的人一定要使用新鮮烘焙的咖啡豆。在歐洲大陸，每個正常家庭中每日供應的咖啡都是每天早上烘焙的。但這在英國很少發生。

如果要保存烘焙好的咖啡，一定要貯存在一個密閉的容器中。在法國會用以上蠟皮革製成的包裹布來存放咖啡，並緊緊地綁好。如此一來，就能阻隔咖啡發生任何空氣接觸。

維也納人說，咖啡應該被保存在以塞子封口的玻璃瓶中，而且無論如何，咖啡都絕不能貯存在錫製的罐子裡。

現在咖啡已經被烘焙好，接著它必須在進行浸泡前被弄碎成粗糙的粉末。咖啡的研磨和粉碎應該在即將使用前才進行，如果連完整咖啡種子的香氣都很容易迅速流失，那麼已經被弄碎成細粉的咖啡，香氣流失的速度又會增快到何種地步？關於咖啡磨豆機沒有必要再多說些什麼，它們足夠普遍、足夠多樣化，而且足夠廉價以符合任何審美。

要確保能沖煮出 1 杯真正的好咖啡，以下幾點需要注意：

(1) 確保咖啡的品質是優良、新鮮烘焙並新鮮研磨的。

(2) 使用分量足夠的咖啡。針對這一點我曾經做過一些實驗，而我所得到的結論是：1 盎司的咖啡加上 1 品脫的水會做出差勁的咖啡，1½ 盎司的咖啡加上 1 品脫的水則能做出相對還不錯的咖啡，2 盎司咖啡加上 1 品脫的水就會做出非常美味的咖啡。

(3) 至於咖啡壺的形式我沒有什麼好說的。各式各樣的咖啡機為數相當眾多，而且其中有許多都是無用的累贅。在最好的情況下，它們也不能被視為絕對必要。巴西人堅持無論如何，咖啡壺都不能以金屬製造，只有瓷製或陶製的是可以容許的。我近來的習慣是用一個裝配有過濾器的普通水壺煮製我的咖啡，而且我相信沒有比這更好的了。

(4) 將水壺燒熱，把咖啡放入壺中，將水煮沸，並將煮好的水倒在咖啡上，然後咖啡就泡好了。

(5) 咖啡一定不能煮沸，或者最多只能讓咖啡如同廚師所說的，剛好「接近沸騰」。如果發生劇烈的沸騰，咖啡的香氣就會消散，這份飲品就毀了。

製作咖啡最經濟的方式是將咖啡放進一個水壺中並倒入冷水。這應該在需要咖啡的幾個小時之前就進行——舉例來說，如果早餐需要咖啡的話，可以浸泡隔夜。咖啡輕飄飄的顆粒會吸收水分，並最終沉降於壺底。當需要飲用咖啡時，將水壺放置在裝好水的平底深鍋或雙層蒸鍋中，將外層容器放在火源上加熱直到其中的水沸騰。這種方式能讓咖啡在不經過暴力沸騰的狀態下溫和地加熱到沸點，同時能在沒有任何香氣流失的情況下，得到最大量的萃取物。

隨時將你的咖啡沖煮得濃烈。用 ¼ 份的濃咖啡加上 ¾ 份牛奶做出來的咖啡歐蕾會比用一半淡薄的咖啡加一半牛奶做出來的更好；這是很明顯的。

認為沒有一大堆昂貴且麻煩的器具就無法煮製咖啡是錯誤的認知。

▶ 歐洲大陸

羅希庸為我們描繪出十九世紀中葉歐洲大陸製作咖啡的普遍觀點：

從前是用以粗呢製成的小袋子來滲濾咖啡。水被倒在咖啡上，在袋子還很新的時候，咖啡能很好地由其中滲濾出來，但當它們已經使用過數次之後，它們會變得油膩膩的，而且不管用任何方法，想把它們弄乾淨都很困難。油膩的粗呢袋子會讓咖啡的品質發生改變，咖啡黯淡的樣子看起來實在非常令人不愉快。現在很少有人使用它了。

滲濾咖啡最常用的器具是由兩部分零件所組成的錫製咖啡壺。上半部有一個可供咖啡粉放置的過濾器或篩網，過濾出的咖啡必然會由此穿過。沸騰的水會被倒在咖啡上。滲濾出的汁液會落進第二部分。接著上半部會被移開，而做為飲品的咖啡就準備好了。

咖啡壺有許多不同的系統。其中最好的一種是俄羅斯式的，由兩個半雞蛋形的容器旋在一起所組成。一部分裝有熱水，另一部分則裝了研磨好的咖啡，中間有一個過濾器。將咖啡壺上下顛倒，滲濾作用便會非常緩慢地進行，不會發生香氣的流失。

通常被用來製作咖啡壺的馬口鐵片有許多缺點。其中之一就是在使用一小段時間後，鐵會發生溶解的問題。

做為一種飲品，咖啡的品質主要取決於水的熱度。

經驗法則顯示，在適當熱度下準備的中等程度咖啡能帶來相當不錯的汁液，而將滾燙的水倒在最棒的咖啡上卻無法產生好喝的汁液。因此，與其在瓷製或銀製的咖啡壺中倒入 100℃ 的滾水，那些想要製作 1 杯完美咖啡的人必須將溫度控制在 60～75℃ 之間。

▶ 法國
也是在大約十九世紀中葉，法籍自然學家 Du Tour 如此描述在法國製作咖啡的一種方法：

讓咖啡粉以 2½ 盎司比 2 磅或 2 英制品脫水的比例被倒進滾沸的水中。將混合物以湯匙加以攪拌，而咖啡壺隨即便迅速由火源處拿開，但容許它保持緊閉的狀態，維持至少約 2 小時，放在木炭燃燒後的灰燼中。

在泡製過程中的汁液應該要用巧克力起泡器或類似的器具攪動數次，並靜置約 15 分鐘使其沉澱。

咖啡歐蕾一開始是做成黑咖啡——只不過更為濃烈；然後將這咖啡按照所需要的分量倒進杯中，再將杯子用煮滾的牛奶裝滿。奶油咖啡則是將煮滾的奶油加進濃烈清澈的咖啡中，並把它們一起加熱。

在十九世紀後半葉的法國，咖啡是放在陶盤或平底深鍋中、放在炭火上進行烘焙，攪拌使用的是抹刀或木匙，或

比利時、俄羅斯和法國的白鑞咖啡供應壺：收藏於紐約的大都會藝術博物館，屬於十九世紀的設計。

者咖啡會放進鐵製的小型圓筒或球狀烘
豆器中進行烘焙。當進行大量烘焙時，
豆子會被放在柳條筐內、在空氣中拋甩
冷卻。研磨最好在研缽或金字塔形狀、
帶有接收抽屜的盒式磨豆機中進行，不
要磨得太細。

　　現在法國較優渥階級平常製作咖啡
的方法是使用改良版德貝洛依滴漏器具、
雙重玻璃真空過濾壺、泵浦式滲濾壺（雙
循環裝置）、俄羅斯蛋形壺，還有維也
納咖啡機。最後提到的器具是有玻璃蓋
子的金屬製泵浦式滲濾壺，通常在一個
傳送裝置的支撐柱間來回擺盪，傳送裝
置的底部裝有一個酒精燈。

　　在眾多法式咖啡機中，為人所知的
包括：

　　Reparlier 的玻璃「過濾器」。伊
格羅特的蒸氣濾布咖啡機以及馬倫的滲
濾式咖啡壺具，兩者都是為軍營和船舶
使用設計的──在此之前，這些場所的
咖啡是在湯鍋裡煮製的。布雍・穆勒的
蒸氣滲濾壺。羅蘭的笛音咖啡壺是一個
會提醒咖啡已經準備好的蒸氣滲濾壺。
Ed Loysel 的快速過濾器，這是一個利用
流體靜力學的滲濾壺。還有那些以莫里
斯、勒馬雷、葛蘭汀、Crepaux 和格蘭戴
斯等人之名命名的咖啡壺。

　　1892 年，法國戰爭大臣指示，軍中
咖啡烘焙和研磨作業產生的咖啡外殼廢
料不應該再被丟棄，因為它被發現富含
咖啡因以及芳香物質。

　　「隨叫即做咖啡」於十九世紀時出
現在法國，是用熬製或以泡製的方法，
讓咖啡流經內裡覆蓋了一層吸墨紙或羊

毛濾布的有孔漏斗。根據賈丁的說法，
這個系統讓人聯想到經濟型咖啡壺。

　　一款在十九世紀晚期受到歡迎的德
製咖啡滴漏壺在壺嘴處用了一個塞子，
這提供了阻擋泡製汁液的空氣壓力（見
下圖）。

　　1787 年，波蘭國王的醫師皮耶・約
瑟夫・布克霍茲經營起一門生意：將烘
焙咖啡填裝在小包裝中，每包足夠 1 杯
咖啡的用量。他的交易量逐漸增加，直
到某天，他被逮到將咖啡偷偷替換成烘
烤過的裸麥。以下是布克霍茲製作咖啡
的方法，這方法在下層階級中十分受到
吹捧，他被這些人視為權威人士：

　　在 1 個咖啡壺中將水煮滾。當水沸
騰時，將其由火源移開足夠長的時間，
以便將 1 盎司的咖啡粉加進 1 磅的水中。
以湯匙攪拌。將咖啡壺放回火源上，同
時在沸騰時把壺稍微從熱源處撤回來，
用文火讓它煮約 8 分鐘。用糖或鹿角粉
使其澄清。

受歡迎的德製滴漏壺。

美國早期的咖啡製作

1668 年，當咖啡飲品首次抵達殖民地時，一開始是被當做富人的飲料。當咖啡在 1700 年經由咖啡館介紹給普羅大眾時，最早是像在英國一樣用小碟子啜飲；沒有人太過仔細地詢問咖啡是如何製作的。

半個世紀過後，當咖啡在早餐當中取代了啤酒和茶的時候，咖啡的正確製作成了被人客氣打聽的問題。直到完全進入十九世紀，才出現了基於科學關注的建議，而直到十九世紀的最後 10 年或 20 年間，煮製出的咖啡才以製作出科學化的咖啡飲品為目的，進行真正的化學分析。

一開始，由於殖民地間相隔遙遠的距離，還有環繞在溝通上的困難，改良的咖啡濾器和咖啡製作方法的消息傳播得非常慢，而早期殖民者由歐洲大陸帶來的咖啡風俗成了無法輕易改變的習慣。有些最糟糕的仍然被堅守不放，對改良的步伐則遭人視而不見。

而確實，儘管美國已經成為所有國家中最大的咖啡消費國達半世紀之久，但直到最近 25 年，才能在主要城市以外喝到正確製作的咖啡。即使到了今天，很可惜地，一般消費者亟需關於正確煮製咖啡的教育。

如果能將推廣宣傳活動的所有資金持續數年地集中在研究咖啡相關的問題，同時將這些建議透過出版的方式公諸於眾，便能將正確煮製咖啡的知識牢牢地刻印在成長中世代的記憶中。一般說來，

實情是在一般美國家庭中，咖啡還是以馬虎隨便的方式製備。然而近年來，有組織的貿易努力改正人們對這個國民飲料的誤解，已有足夠跡象顯示，咖啡製作的持續改革達成的時刻已然不遠。

殖民地時期的咖啡飲料大多都是熬製的。

埃絲特・辛格萊頓告訴我們，在新阿姆斯特丹，咖啡是在一個內裡鍍錫的銅壺內煮沸，並在儘可能熱燙的時候，加糖或蜂蜜與香料飲用。「有時候1品脫新鮮牛奶會被加熱至沸點，然後加入由咖啡中汲取出的酊劑，或者，咖啡會被放進加了牛奶的冷水中，兩者一同煮沸後飲用。有錢人會在咖啡中加入丁香、肉桂，或是混有龍涎香的糖。」

研磨好的小荳蔻種子也會用來為熬製的咖啡增添風味。

早期的新英格蘭經常使用整顆咖啡豆滾煮數個小時，在製作食物或飲料兩方面都無法有完全令人愉快的結果。

在紐奧良，研磨好的咖啡會被放進一個錫製或白鑞製的咖啡滴漏器中——仿照法式作法，藉由緩慢地將滾水倒在滴漏器上達到泡製的目的。除非咖啡確實地將杯子染色，否則不會被認為是 1 杯好咖啡。這個方法在克里奧爾人的家庭中依然通用。

將粗略搗碎的咖啡煮沸 15 分鐘到半小時，在西元 1800 年之前是殖民地常用的方法。

在十九世紀早期，最好的方法是將咖啡放在一個站在壁爐爐火前的鐵製圓筒中烘焙。圓筒以手柄旋轉或如同起

重機一般自行吊起。研磨是用折疊式或壁掛式磨豆機完成的；最好的品牌有Kenrick、威爾森、吳爾夫、約翰・路德、喬治・W・M・范德格里夫特，以及查爾斯・帕克的「最佳品質」。

要在「無須煮沸」的情況下製作咖啡，當代的烹飪書建議家庭主婦們取得「一個咖啡比金，最好的是在法國被稱為Grecque」。

1844年，《廚房指南與美國家庭主婦》以咖啡製作為題，提出下列建議：

咖啡應放進一個鐵製的壺中，並在烘焙（放在壺中於熱炭上進行，並持續攪拌）前放在靠近溫和的火源處數小時。咬開顏色最淺的豆子——如果是脆的，表示全部的豆子都已經被充分烘焙好了。咖啡烘焙機會比不加蓋的壺好得多。用1大湯匙的咖啡粉兌上1品脫的滾水。在錫製的壺中滾煮20到25分鐘。如果滾煮得更久，咖啡嚐起來就不再新鮮和令人神清氣爽。讓它靜置4到5分鐘以沉澱，將咖啡渣倒進1個咖啡壺或甕裡。將9便士大小的魚皮或魚膠放進壺中煮滾，否則就將半個蛋的蛋白及蛋殼放進幾夸脫的咖啡中。

法式咖啡是使用德式過濾器製作的，水是在滾沸的溫度時被打開，而咖啡用量比起一般煮沸方式製作時所需的分量還要多⅓。

1856年，《女士之家雜誌》（現在的《女士之家期刊》）刊載下列文字，完全總結了那時代咖啡製作的習慣：

如果你希望享用咖啡的最佳風味，應該自己在家烘焙；但不是在一個開放無蓋的平底鍋中，因為這會讓大量的香氣逸散。

烘豆器應該是一個密閉的球體或圓筒。而做為咖啡良好口感依據的香氣，只會經由烘焙過程在漿果中發展，而烘焙對於削弱其硬度、使其適合進行研磨也十分必要。

在進行烘焙時，咖啡會流失大約15%到25%的重量，而體積則會增加30%到50%。這更多是取決於恰當的烘焙程序，而非咖啡本身。1或2顆燒焦或烤糊的豆子會大大地毀壞好幾杯咖啡的風味。甚至一點點過度加熱都會減少良好的口感。

當在家進行烘焙時，最好的烘焙方法是先在一個開放式器皿中將咖啡乾燥，直到咖啡稍微變色。這個步驟讓水分得以逸散。然後將咖啡豆密封蓋住並烘烤，保持穩定的搖動，如此讓所有的咖啡顆粒都被均勻加熱。過於低溫和過於溫吞的火源會讓咖啡豆在未產生完整香氣風味的情況下乾燥；反之，過於強烈的熱源會使油性物質消散，只留下苦澀焦黑的顆粒。

咖啡豆應該被加熱到使其能夠得到均勻的深肉桂色，並且有油亮的外觀，但絕不會出現濃重的深棕色。然後它應該由火源處移開並保持密閉直到冷卻，同時維持密封直到要使用的時候。未烘焙的咖啡會隨著時間而變得更好，但若不將烘焙過的漿果非常緊密地蓋好，必將導致其香氣產生流失。那些事先研磨

好、保存在桶子或紙包中販賣的已研磨製品已經不配稱為咖啡。

咖啡應該在直到要使用之前才加以研磨。

如果在前一晚將咖啡磨好，那麼應該將咖啡粉包好；或者，一樣安全的作法是將其放進燒水壺中並加水覆蓋——水不但能保存珍貴的油脂和其他芳香成分，還能夠藉由浸泡使其準備好在早晨就能立即煮沸。

如果將咖啡壺（這裡指的是「Old Dominion 壺」，用普通的燒水壺會因香氣的浪費而毀了整壺咖啡）放在多爐爐灶或做菜用的小爐子上，或接近火源處，以便保溫整晚為早上的煮沸做準備。早晨時分你會發現這飲料變得味道濃厚、圓潤，而且有著最可口的風味。

晚餐的時候所飲用的咖啡應該要在晚餐後立刻放置在火源上或靠近火源的地方，並保持熱度或用文火慢煮（而非沸騰）整個下午。

如果你希望煮製出完美的咖啡，試試這個方法。

伍德的改良式咖啡烘焙機被認為是現在使用中的同類器具中最好的一種。

這臺有專利的咖啡烘焙機已經藉由在每個半球內側採用三角形突緣的方式加以改良，就像在 209 頁的圖片中看到的一樣。這些突緣在烘豆機轉動時，會將咖啡豆鉤住並由內部表面將其拋出，如此可確保燃燒過程中完美的一致性。伍德烘豆機（1849 年）和 Old Dominion 咖啡壺（1856 年）在第十三章已提過。

從《實用食譜百科》一書中，我們學到更多在大約十九世紀中葉時，關於流行在美國「國內第一批廚師當中」的烘焙與製作咖啡的習慣。

舉例來說：

烘焙咖啡豆

將豆子放進烘豆機，將其放置在中等溫和的火源前，緩慢轉動，直到咖啡變成漂亮的棕色；這個過程需要大約 25 分鐘。

打開蓋子確認咖啡是否烘好。如果已經呈棕色，將咖啡豆轉移到一個陶製的罐子中，將罐子緊緊蓋好，當需要時取用。

更簡單、甚至更有效果的方法是用一個錫製烤盤，將底部徹底塗上奶油，將咖啡放進烤盤內，並將其放入設定為中溫的爐子中，直到咖啡豆變成強烈的金黃色，這只需 20 分鐘就足夠。需頻繁地用木質湯匙將咖啡豆鏟起來。

另一個方法是將 1 磅生咖啡豆放進一個小的平底鍋內，將平底鍋放到火源上，間或攪拌並搖動，直到咖啡豆變成黃色；然後將平底鍋加蓋同時搖晃咖啡豆，直到大約變成深棕色。將鍋子從火源移開，蓋子繼續蓋好，在豆子稍微冷卻的時候，打一個蛋在咖啡豆上，並攪拌到咖啡豆徹底被蛋包裹住。然後將咖啡貯存在罐頭或蓋子很緊的罐子中，在需要時研磨使用。

應該選擇購買咖啡豆，並在有需時再研磨，否則很容易被大量摻雜菊苣粉（即苦苣粉）；有些人喜歡這種添加

物，但真正喜愛咖啡的老饕無法容許它的添加。

製作早餐咖啡

　　給每個人 1 滿湯匙的咖啡。在研磨咖啡時，應該要被秤量。將咖啡粉放進咖啡壺中，把滾水以 ¾ 品脫比 1 滿湯匙咖啡的比例倒在咖啡粉上；在沸騰的那一刻將壺移開，打開壺蓋靜置 1 或 2 分鐘；然後再蓋上蓋子，把咖啡壺放回火源上，讓它再次沸騰。將咖啡壺由火源處拿走，並讓它靜置 5 分鐘沉澱。然後，咖啡便準備好可以倒出來了。

　　在這個方法推薦使用的最新和最佳咖啡製作器具中，包括了所有那些由亞當斯父子公司在本國製造或販售的器材；英式咖啡比金；哈欽森將軍的咖啡壺及甕，結合了德貝洛依和倫福德的構想；勒布朗採用蒸餾和蒸氣壓力製作咖啡，將咖啡直接壓進杯子裡的煮咖啡壺——一種維也納咖啡製作機器，還有被稱為「波茨坦」的俄羅斯咖啡顛倒壺（見 236 頁圖之 13）。

　　在 2 份為製作以咖啡調味的各種萃取物、冰品、糖果、蛋糕等等的咖啡食譜中，有一則奇特的咖啡啤酒食譜，這是一位名為普魯哈特的法國人發明的。

　　以 1000 份為單位，所需要的原料和分量是——濃咖啡 300，蘭姆酒 300，以阿拉伯樹膠增稠的糖漿 65，橙皮的酒精萃取物 10，以及水 325。

　　「它看來並沒有達到任何受歡迎的重要程度！」編輯加了這麼一句。

▶ 煮沸咖啡開始遭遇反對

　　1861 年，戈迪的《女士書籍與雜誌》以贊同的態度提到愈來愈多飯店和餐廳的顧客會點咖啡而非酒或烈酒，用以搭配晚餐。在「如何沖煮出 1 杯咖啡」這個主題上，它有下列說法：

　　製作咖啡最好的方法是什麼？這個特定的議題有各自迥異的見解。

　　舉例來說，土耳其人不會自找麻煩、像我們的習慣用加糖來除去咖啡的苦味，也不會試圖用牛奶掩蓋咖啡的風味。他們會在每 1 碟咖啡中加入 1 滴琥珀精華，或在準備咖啡的過程中放進幾顆丁香。我們認為，像這樣的調味並不適合西方口味。

　　如果 1 杯品質絕佳的咖啡以最完美的方式準備並熱燙接近沸騰，接著被放在房間中央的桌子上並任憑它冷卻，在冷卻過程中，房間內會被它的香氣充滿；但變冷之後，咖啡將失去它大部分的風味。被再次加熱後，咖啡的口感和風味將進一步減少，而如果加熱第三次，咖啡會走味而令人作嘔。四散在房間內的香氣證明咖啡已經失去了它絕大多數易揮發的部分，也因此失去它令人愉快的特質和功效。藉由將滾水倒在咖啡上，並在盛放咖啡的容器周圍裝滿沸水，咖啡更為美好的特質將被保留下來。

　　在咖啡壺內滾煮咖啡是一件既不經濟又不明智的事，這種方法浪費了如此大量的香氣。倫福德伯爵（個中權威）表示，1 磅優良的摩卡咖啡在被烘焙和研磨時，將可以製作 56 杯絕佳的咖啡，但

它必須被細緻研磨，否則只有顆粒的表面會被熱水作用，而大部分的精華會被留在咖啡渣裡。

在東方，咖啡據說能使人激動、振奮，並保持清醒、緩和飢餓，並恢復疲勞之人的力量與活力，與此同時會減少舒適與安詳的感覺。當阿拉伯人將咖啡由火源處移開時，會以溼布包裹容器，這能讓液體立刻澄清，並且使咖啡表面乳化。

有一個極重要的要素必須注意，也就是，咖啡不應在使用前先行研磨，因為在粉末狀態，它更為細緻的特質將會很快地揮發消散。

我們不考慮通常用來製作咖啡的方法，因為每個家庭中負責掌管的女士對那些方法都已十分熟悉；同時我們滿足於最新潮且被認可的法式作法，儘管我們可能會加入為獲得 1 杯好咖啡所用的常見配方——2 盎司咖啡加 1 夸脫水。過濾或煮沸 10 分鐘，然後靜置 10 分鐘以待澄清。

法國人製作的咖啡極其濃烈。在早餐的時候，他們飲用的是 ⅓ 泡製的汁液，還有 ⅔ 是熱牛奶。晚餐後飲用的黑咖啡則是咖啡漿果的完全精華之所在。飲用的分量只有 1 小杯，以白糖或糖果增添甜味，有時候糖會放在湯匙裡放置在咖啡表面，少許水果白蘭地會被倒在糖上然後點火；或者在那之後，會立即飲用 1 杯非常小杯、被稱為 chasse-café 的利口酒。

不過，在法國所盛行最好的咖啡製作法（而且泡製出的汁液會很濃烈——或除此之外，口感可能很直接）是使用一個咖啡壺，壺的上層是一個能與壺體緊密相合的容器，容器底部則穿有許多小孔，裡頭包含了 2 個可動式金屬過濾器，咖啡粉便是放這 2 個過濾器中間。將滾水倒在這個上層濾器上，持續和緩地注水；直到冒出氣泡穿過過濾器；然後將器具的蓋子關閉，將其放置在靠近火源處，如此一來，水就會快速流出通過咖啡，重複這個操作直到所有的咖啡分量都流出。無須經過澄清。如此一來，咖啡的全部香味，加上所有香膠及香脂，及咖啡精華中的刺激性影響力都將被保留。這是真正法式的作法，瞧！1 杯傑出完美的咖啡。

這篇文章最有趣的地方在於，它顯示對煮沸咖啡的反感已經開始在美國出現；還有細緻研磨的重要性已被這個國家最傑出的思想領袖承認並強調。

▶ 咖啡的科學探索

美國第一項以咖啡烘焙與沖煮為主題的科學探索，可能是由奧古斯特・T・道森和醫學哲學博士查爾斯・M・威瑟里爾於 1855 年，發表在 7 月和 8 月的《富蘭克林研究所期刊》上的詳細文章。以下是摘要：

飲料可劃分為兩大種類：(1) 酒精性飲料，以及 (2) 含氮飲料。含氮食品能有效替換身體內各種器官因產生活力的步驟所消耗掉的物質。咖啡是其中一種。

除了單寧之外，咖啡漿果還含有 2

種物質，一種是有含氮特質的咖啡因，含量約佔 1%，在烘焙過程中不會改變；另一種則是具揮發性的油脂，在烘焙過程中形成，為咖啡帶來其風味。朱里亞斯‧雷曼博士（《利比希化學紀事》87 期，205 頁）說咖啡會使身體的無用組織受到阻滯，並減少維持生命所需要的食物量；這個效應要歸因於油脂。咖啡許多有營養的部分都在歐洲式咖啡製作方法中流失。

好咖啡十分罕見。這些實驗是為了查明適於飲用的咖啡是否能以生咖啡豆或烘焙豆相同的低價提供給普羅大眾。為達到此一目標，我們需要萃取出比一般家庭萃取所能獲得的更大部分的營養物質。這些實驗被證明是徒然的。

做為我們用不同方法進行烘焙與煮製咖啡的實驗結果，我們發現以下方案是最方便和最好的：每一次的咖啡口味都將相同而且喝起來味道很好。如果好的漿果被適當的烘焙，同時泡製出適當的濃度，結果必然是 1 杯好咖啡。摩卡漿果應該一次被挑選 7 到 8 磅，並在圓筒形滾筒中烘焙。烘焙完畢後，咖啡豆應該放進一個開口直徑為 3 吋的石製罐子裡，罐子應該密封關閉；這能供應為期 6 個月、每天 2 杯咖啡的豆量。一次由罐子中取出 1 夸脫的豆子並研磨，研磨好的咖啡應該保存在有蓋的玻璃罐中。

裝配有底部穿孔、可供咖啡放置之上層隔間的普通咖啡比金被發現是最好的咖啡壺。要用此器具製作出 1 杯泡製咖啡時，將半盎司咖啡粉放進上層，6 盎司的水放進下層。將咖啡比金放到瓦斯燈上。水會在 3 分鐘後沸騰。當蒸氣出現，將比金壺由火源處移開並將水倒入杯子裡，再從那裡立刻倒進比金壺的上層，替換進去的水會接著萃取咖啡漿果。（此處跟著 1 次實驗。）

這個實驗顯示，失重並非咖啡被正確烘焙的評判標準，顏色也不是（只用此點判斷），溫度和時間也不是。

接著我們進行實驗以釐清香氣是否經由烘焙咖啡而產生，而已經流失的香氣無法被收集並隨心所欲地加進咖啡中。我們試圖將從烘焙過的咖啡而來的揮發性油脂以蒸氣驅趕，並將剩餘的咖啡殘渣做成乾燥的萃取物，之後再將油脂加進此萃取物中。我們嘗試了 2 次，2 次實驗都以失敗告終。看起來烘焙過程中，只有少量的香氣流失，流失的這部分香氣與難聞的蒸氣混在一起，不可能將其單獨提取出來。

接著我們嘗試用生咖啡的水溶性萃取物製作咖啡，蒸發到乾燥並烘焙剩餘物質。（此處跟著一次實驗。）

這個實驗也不成功。

這裡最大的問題是一種深色、發亮的殘渣，儘管淡而無味，視覺上看起來卻非常令人不快。相較於比金壺來說，用煮沸法準備咖啡的時候，被萃取出的物質量多了 2.5 倍。

以下是恰當的咖啡烘焙方法：

咖啡豆應該被放進 1 個圓筒中，並在明火上持續轉動。當白煙開始出現，就要仔細觀察內容物。持續檢驗圓筒中的豆子。一旦豆子一下子就能被輕易弄碎，且顏色呈現淺榛果色時，咖啡便烘

好了。藉由以 1 個錫杯把一些咖啡撈起並再扔回去讓豆子冷卻；如果咖啡被堆成一堆冷卻，有極大的危險會發生過度烘焙的情形。只用密封的容器來貯存咖啡。為泡製測量分量，每杯咖啡需要半盎司咖啡兌上 6 盎司水。

所有的「咖啡萃取物」都是毫無價值的。它們大多是由燒焦的糖、菊苣、胡蘿蔔等等物質組成的。

1883 年，當代的權威人士弗朗西斯・T・特伯，因為喝了以古老煮沸法加蛋準備的「1 杯理想的咖啡」，而決定將他的著作《咖啡：從農場到杯中物》題獻給波啟浦夕的鐵路餐廳經營者。這是特伯的配方：

將 1 大杯或 1 小碗咖啡以中等粗細研磨；將 1 個蛋連殼打進咖啡粉中；混和均勻，加入足夠讓咖啡粉溼潤的冷水；在這個混合物上倒入 1 品脫的沸水：讓它慢慢滾煮 10 到 15 分鐘，取決於所使用的咖啡種類以及研磨的粗細度。讓它靜置 3 分鐘沉澱，然後倒出，流過 1 個細緻的金屬篩網後，進入 1 個溫過的咖啡壺中；這樣的量足夠供應 4 個人飲用。

用餐時，先將糖放入杯中，然後裝入煮滾的牛奶至半滿，接著加入你的咖啡，你就擁有 1 杯對許多可憐的凡人來說猶如天啟的可口飲料，這些可憐人對 1 杯理想的咖啡只有模糊的記憶和熱切的渴望。

如果能夠取得奶油那將會更好，在那個情況下，沸水可以加進咖啡壺或杯子中，填補上述作法中牛奶的空間；或者你會發現煉乳是奶油很好的替代品。

1886 年，對實際製作咖啡飲料，還有烘焙及研磨工作都有所了解的傑貝茲・伯恩斯說：

將沸水放在手邊便於取用之處。拿一個清潔乾燥的壺並放入研磨好的咖啡。將足量的沸水倒入壺中，不要超過 ⅔ 滿。在水一沸騰的時候，加入少許冷水並將壺移離火源處。為了萃取出咖啡最大的好處，需要將咖啡磨細並將滾燙的水倒於其上。

紐華克公共圖書館的約翰・科頓・達納講述在他位於佛蒙特州胡士托的老家，他們為何總是在閣樓裡放著一個儲存生咖啡豆的大石罐。這對盛大的慶典日，像是感恩節、聖誕節等節日來說是神聖的。在那些週年紀念日前夕，石罐會被帶上前來並取出適當分量的咖啡豆，放進一個平底的鐵皮鍋中在爐灶上烘焙，豆子會持續被攪拌並被極為用心地觀察。

「由於我的記憶似乎告訴我這並不是經常發生，」達納先生說，「即使在當時，看起來似乎是我那在村裡經營雜貨店的父親，由波士頓或紐約市買進烘焙好的咖啡。」

在世紀結束之時，煮沸咖啡這件事仍然有許多擁護者；但即使咖啡行業還沒有完全準備好宣布徹底獨立於這個方向之外，仍然有許多先驅者大膽地宣告

他們免於陳舊偏見的自由。晚至 1902 年，阿圖・格雷在他的著作《關於黑咖啡》中引證「美國最大咖啡進口商號」是鼓吹使用雞蛋和蛋殼、並將此混合物滾煮 10 分鐘的。

咖啡製作方式的改良史

由合作企業努力推廣的咖啡製作法的改良，在 1912 年全國咖啡烘焙師協會大會中得到最初的刺激。做為會議中和會議之後討論的結果，為了調查與研究的目的而成立了咖啡製作優化委員會。

在 1913 年的全國咖啡烘焙師協會大會中，咖啡行業做出與咖啡煮沸法無關的宣告，當時，在聽過咖啡製作優化委員會由已故的紐約市愛德華・阿伯恩所做的報告後，大會正式決議表示，推薦方法必須獲得大會認可，並指示那些推薦的方法必須被印刷和流通。

委員會完成的工作包括「第一份有正式記錄的煮製咖啡化學分析」是對於研磨以及比較四種煮製方法之結果的研究。委員會的結論和建議都被具體表達在一份由全國咖啡烘焙師協會所印刷、名為「咖啡，從樹上到咖啡杯中」的小冊子裡。委員會在 1914 年提出了進一步的報告，其中一些發現其後被出版在一本叫做「咖啡全書」的協會手冊當中，在 1915 年第二屆全國咖啡週推廣運動中銜接使用。

委員會同時也強調之前的發現，尤其是以下這則：「過濾袋在不用的時候

應該放在冷水中保存。乾燥會造成變質；保持溼潤才能維持良好。使用棉布製作過濾袋，並將粗糙的表面磨平。」

在作者的建議方面，經過 1915 年匹茲堡大學梅隆工業研究所對 9 種不同咖啡製作器具（包括煮沸和滴濾壺、泵浦式滲濾壺、濾布還有濾紙）效能的調查；以及雷蒙・貝肯博士提交的一份報告，其中顯示煮沸法產生的咖啡單寧酸與咖啡因所佔百分比是最高的；法式滴濾法則是最低的。

這項調查也揭露了另一種相較於沸點來說，在 195 ℉ 到 200 ℉ 下、更可口的煮製方法。

對咖啡煮製科學另一項值得注意的貢獻在 1916 年由堪薩斯大學的家政實驗室所達成。實驗時間持續超過 1 年。他們證明，煮製出的咖啡其濃烈程度及顏色和品牌及價格無關，而是將咖啡顆粒研磨粉碎就能以最大程度完全達成，這同時也被發現是最有效率的方法；消費者為風味買單，而過濾法能獲得最好的咖啡。法式滴漏——即真正的滲濾式咖啡壺——並未被包括在這些實驗中。

在 1915 年的全國烘焙師協會大會上，阿伯恩先生報告指出，委員會在咖啡研磨與煮製方面的發現已經發布出去 4000 份小冊子；而關於咖啡的事實在 2 年間發行的 200 萬本小冊子中獲得進一步傳播。

他講述那些測試，證明雖然基於商業上的方便，事先研磨好的包裝咖啡粉有其存在的理由，但卻不能將其辯稱為品質原則；還有磨片式磨豆機能比滾筒

磨粉機產生更有效的拉製造粒作用，以及關於用所謂鋼切工序消除灰塵的主意是無稽之談，因為「最細緻的研磨咖啡並非灰塵，而是處於最有效拉製條件的咖啡。」他接著說，「在這些測試中，我從未對去除糠殼一事給予任何關注，此方法早已多次被證實無用。」

此處的參考資料是他在 1914 年與 1913 年的報告，報告開宗明義就說「在鋼切工序中排除糠殼無法移除任何單寧，以移除單寧這個目的而言，鋼切工序是完全無效的，而且是浪費且沒有必要的成本壓力，」還有「糠殼的移除明顯地影響風味，並使咖啡的杯值降低。」

這份報告重複了之前反對泵浦式滲濾壺的調查結果，因為它會製造出差勁的咖啡，而且是一種有缺陷的器具。阿伯恩先生如此總結他的報告：

為古老過時的煮沸法辯護的人已經愈來愈少，並只能堅守盲目崇拜的立場。因此我將其視為被摒棄的議題而忽略不談……對我來說，「研磨造粒作用是最有效率的造粒作用」這種論點不過是在重複之前的報告；研磨造粒作用能確保咖啡的最高品質，以及在特定的濃度下，最低的咖啡使用比例；它（咖啡）一定要新鮮研磨；過濾法在基本原理上是最正確的，而且在搭配棉布袋一同使用時，能確保消費者獲得最純淨、風味品質最為細緻、健康價值最高，同時確實節約的咖啡。

關於咖啡的教育運動在 1916 年繼續進行，在學校、學院、醫學兄弟會、報社，再加上同業人士及消費者，都產生了令人振奮的結果。這標示了第一個結合實用與科學兩方面之研磨與煮製方法上所進行的大型、具建設性的工作。

▶ 濾紙 vs 綿布

咖啡製作優化委員會在 1917 年發表了一本小冊子《咖啡研磨與煮製》，裡面總結了委員會到目前為止的工作，並提出委員會對於將棉布過濾器做為理想的咖啡製作器具之特別訴求。

此器具引發了相當多的討論，尤其是在那些偏愛濾紙的人和與阿伯恩先生一樣，相信棉布（例如平紋細布）是最有效過濾器的人之間。「棉，」阿伯恩先生辯稱，「是一種理想的、乾淨的過濾器，因為它不含任何化學物質或可疑的製造成分。」

而另一方面，底特律測試實驗室的佛洛伊德・W・羅比森博士指出，儘管像平紋細布這一類的棉布確實能帶來相當清澈的咖啡，但還是沒有使用濾紙的過濾法來得澄清。他說：

2 種方法都有令人討厭的特點。特別是棉布袋，它確實不夠衛生，尤其是在餐廳和飯店中使用的。那很少被維持清潔，而那些經常造訪餐廳和許多飯店廚房的人會知道，棉布過濾袋常屈從於被非常骯髒和不雅觀的方法處理。食品安全檢查員可能必須儘可能地經常檢查這一點，就和檢查關於餐廳的任何一項特點一樣。

對於濾紙的反對，就衛生角度而言根本站不住腳，濾紙在這一方面是十分理想的。反對的主張至少在某種程度上有點道理，那就是濾紙確實阻擋了煮製好的咖啡中那些有價值的成分。

關於過濾器，有許多特點完全沒有被考慮到。卡爾金先生相信，最好的過濾器類型是一層咖啡本身，而我必須說，這個說法有很好的實驗室經驗認可。

攻擊棉布過濾器的 I・D・里奇海默如此說道：

眾所周知，咖啡中的脂肪非常濃厚，而且佔咖啡重量的 12% 到 15%。這些脂肪，由於接觸空氣、溼氣，還有持續發散的熱源時所發生最簡單的化學反應，會在完成的咖啡飲品中開始發酵。在以棉布過濾的過程中，由於水會以幾乎和倒入一樣的速度，快速通過咖啡粉，被帶進飲料中的脂肪百分比是最大的。如果在煮製過程中給予足夠的時間，比水輕的脂肪會浮到水的表面。如果咖啡中沒有脂肪（進行發酵），就沒有需要將布製過濾材料如同所建議的，放在水下防止它們變酸。

在剛才提到的小冊子中，以下是阿伯恩先生表達他對過濾法的看法：

過濾法並沒有任何創新，但被徹底測試過，完全被驗證且長期被使用——雖然經常是錯誤使用。這是被所有世界上一流的飯店，以或多或少正確的方式依循使用的方法。這個方法不受制於任何專利或專賣器具，需要的只有價格最為低廉的用具。要達到完美的結果，只需要正確遵守簡單卻極其重要的原則，偏離這些基礎——即使看起來很微小，都會造成失敗。當這些原則，以及確實遵循它們的需求被清楚地理解，任何人，甚至是一個小孩子，都一定能成功地煮製咖啡。

過濾法所要考慮的第一點就是過濾袋——即盛裝咖啡粉的容器——的尺寸，與所使用的咖啡量及研磨度相關。如果過濾器用的是沒有任何固定的平紋細布袋，過濾的面積是相當可觀的，也能同時滿足「讓水分快速通過咖啡粉」此一必要條件——只要袋子有足夠寬的直徑，這是為了避免咖啡粉的厚度過深，導致水無法快速穿透。過窄的過濾器是常見的錯誤。那會造成過濾的延遲，這代表了水與咖啡的接觸時間過長，還有汁液冷卻的問題，在正確、未受到延遲的過濾法中，濾出的汁液在完成時應該仍是滾燙的。過濾袋也不應該太長，或任其懸垂或浸泡在濾出的汁液中，緊貼著咖啡壺內壁放進壺中的過濾袋會被無法通透的壺壁給環繞，使得過濾表面積大幅減少，過濾速度也因此變慢。

濾材的質地不能像粗棉布那樣粗糙，或像非常厚的平紋細布一樣，太厚且無通透性。中等質量的平紋細布（而非太輕的），便足夠製作過濾袋。

當然，研磨的粗細度會影響流速。研磨度愈粗，流速會愈快，這會容許固定直徑的過濾袋濾出更大量的咖啡。

在使用過濾法時，最為頻繁出現的錯誤是未能了解要達到最佳成果所需要的咖啡研磨度。

當研磨不夠細緻時，理所當然地，萃取程度就會很低。細緻的研磨（像粗玉米粉那樣的）是基本要點。如果過濾器的直徑是正確的，細緻的研磨就不會減慢流速。粉末狀的研磨（像麵粉的粗細）太過於細緻，很容易把自己「糾結」成一層阻力巨大的底部。

許多過濾法的使用者不止一次將濾出的汁液倒在咖啡粉上。這雖會再添加一些顏色，但也加進了令人不快的成分、使風味降低，在研磨度已經足夠細緻的情況下尤其失策。要獲得最好的成果，建議只倒出 1 次。

陶瓷器或有時被稱為法式滴漏壺的上釉陶壺，上層搭配盛裝咖啡粉的陶瓷或陶製篩網，水由此處倒入，完全沒有金屬製品，在純淨和衛生方面的價值很吸引人。搭配過濾袋後，此器具便適用上述關於容積的評論。陶瓷製的篩網無法達到金屬篩網的細密程度，當然也因此無法盛裝棉布袋所能盛裝、研磨度非常細的咖啡粉。因此，要想沖煮出特定濃度的咖啡就需要更多的咖啡粉。上層容器應該要夠寬，可盛裝特定分量的咖啡粉，以提供不受阻礙的水流，同時過濾器的開口愈多愈好。

在任何滴漏、過濾，以及滲濾的方法中，攪拌咖啡粉都會造成水和咖啡的過度接觸，並導致風味受損的汁液過度濾出。如果水無法順暢地通過咖啡粉，問題是出在以上所羅列出的事項，攪拌或擾動咖啡粉不能修正這種情況。許多對於苦味的抱怨都能追溯到進行過濾法時所犯的錯誤。

沒有必要以滴的方式注水。水可以被緩慢倒入，但咖啡粉應該要徹底被水蓋住。水的重量會幫助水流向下穿過咖啡粉。要謹慎注意保持水溫。在沒有進行注水的時候，將水壺放回爐子上。如果水量已經量好，用一個小型的加熱器皿，這個容器要能在不讓水變冷的情況下，迅速地裝滿和倒空。

1917 年，《茶與咖啡貿易期刊》進行了一項咖啡煮製測試的比較，使用了標準煮沸法咖啡壺、泵浦式滲濾壺、雙重玻璃過濾器、使用濾布的濾器，以及使用濾紙的濾器。杯測是由 E·M·范高爾博士與美國農業部的咖啡專家威廉·B·哈里斯進行。煮製出的咖啡會就顏色、風味（適口性、滑順度）、稠度（濃厚程度），以及香氣進行評判。測試結果證明，使用濾紙的濾器能製作出最優良的咖啡。使用濾布的濾器、玻璃濾器、滲濾壺，以及煮沸壺則依序排列在後。

在 1917 年全國烘焙師協會大會上，底特律的約翰·E·金宣布，他曾經主持的一項實驗室研究證明，研磨度愈細，香氣的流失愈嚴重，因此他選擇的研磨度包括了 90% 極細的咖啡粉和 10% 較粗的——這個比例似乎能使香氣得以維持。隨後他因為這種研磨度獲得了一項美國專利。金先生在這場大會中也宣布，他的調查顯示，受到廣泛討論的咖

啡單寧酸有極大的可能性在咖啡中並不存在——它極有可能是綠原酸和咖啡酸的混合物。

▶ 咖啡製備優化報告

　　世界大戰的影響讓咖啡烘焙師建立一個研究機構的計畫受到阻礙；而同時在 1919 年，巴西的咖啡種植者在美國開始了一個百萬元等級的廣告宣傳活動，與代表生豆及烘焙豆利益的聯合委員會一同協作。接下來的一年，該委員會與麻省理工學院開始了咖啡的科學研究，烘焙師所屬咖啡製作優化委員會的文獻被提交給麻省理工學院學院；而麻省理工學院開始「以純分析的方法測試委員會工作的結果。」

　　這項在麻省理工學院進行之研究工作的第一份報告是在 1921 年 4 月，由 S・C・普雷斯科特教授提交給聯合咖啡貿易宣傳委員會。委員會公布了一份聲明，表示普雷斯科特教授的報告中陳述：「咖啡因，咖啡所具有最獨特的構造，在每個喝咖啡的人所攝取的一般分量下，是一種沒有有害後遺症的安全興奮劑。」

　　並未有任何實驗結果出版，但所宣告的發現基本上肯定了前人所得到的結果——尤其是霍林沃斯的工作，報告中引用了霍林沃斯的陳述「當咖啡因以適當的分量與食物一同攝取時，它絲毫沒有危害」做為完全同意的表示。

　　在 1921 年 11 月 2 日的全國烘焙師協會年會上，普雷科斯特教授提出更進一步的報告，在此報告中他陳述在咖啡煮製的調查中顯示，以 185 ℉ 和 200 ℉ 間的水沖煮的咖啡比以沸騰（212 ℉）的水沖煮出的咖啡受歡迎，前者的化學反應遠沒有那麼劇烈，所得到的泡製汁液保留了所有的細緻風味，而且比起用更高溫製作的咖啡，更沒有特定的苦味或澀味。

　　普雷斯科特教授同時也宣稱，咖啡製作器具最好的材質是玻璃（包括仿瑪瑙斑紋之陶器、玻璃化陶器、瓷製品等等），其次依序為鋁、鎳或銀器、銅，以及馬口鐵。

　　聯合咖啡貿易宣傳委員會於 1921 年發行、主題為「咖啡與咖啡製作」的小冊子中，守護著該組織在研磨和煮製上的觀察意見。它避開了所有的爭議點，不過竟然對煮製此一籠統的主題發表了以下言論：

　　化學家已經對咖啡豆做出分析，並告訴我們唯一應該進入咖啡杯中供人飲用的部分是一種芳香油脂。這種芳香成分只有用新鮮煮沸的水才能被有效萃取出大部分。因此，將咖啡粉浸泡在冷水中的作法應該被宣告為不適用。在真正的咖啡風味一旦被萃取出來後，再讓水和咖啡粉一同滾煮也是錯誤的。萃取作用發生的速度非常快，特別是在咖啡被細緻研磨的情況下。研磨度愈粗，咖啡粉需要維持與沸水接觸的時間就愈長。要記住，風味，唯一值得擁有的風味是藉由沸水與咖啡粉的短暫接觸萃取而來的，在那之後風味被萃取，而咖啡粉便成了無用的殘渣。

這份報告還包括了下列關於咖啡服務以及美國境內常用的各種咖啡煮製方法的一般性問題：

儘管上述規則在製作1杯好咖啡中絕對是基本，它們的重要性卻鮮少被體會，以至於在某些家庭中，早餐剩下的枯燥無味的咖啡渣被留在咖啡壺裡，並在下一餐時，加上少量的新鮮咖啡後重複浸泡。在咖啡製作中，用過的咖啡粉的價值甚至沒有火焰燃燒後的灰燼高。

在咖啡煮製完成後，已由咖啡豆中被萃取出來的純正咖啡風味應該被小心守護。當煮製好的汁液被留置在火源上或使其過熱，風味就會被煮掉，同時，咖啡飲品的整體特徵也被改變。任憑咖啡飲品變冷一樣會造成無可挽回的結果，如果可能的話，咖啡應該在煮製出來後立刻端上。如果供應有所延遲，咖啡應該要保持熱度，但不能過度加熱。基於這個目的，細心的廚師喜歡用隔水加熱勝於文火慢煮。杯子應該要先預熱，供應壺也應該比照辦理。煮製好的咖啡一旦被冷卻作用所破壞，是無法藉由重新加熱恢復的。

令人不甚滿意的咖啡沖煮結果經常能追溯到器具欠缺維持清潔。咖啡製作器具在每一次使用後都應該以一絲不苟的細心謹慎加以清潔。如果使用的是滲濾式咖啡壺，要特別注意供熱水通過、使其噴灑在咖啡粉上的小管。這應該用有金屬線柄的刷子用力擦洗。

在清理滴漏或過濾袋時要用冷水。熱水會將咖啡漬「煮進」器具中。在過濾袋被沖洗過後，將其浸入冷水中，直到要再次使用的時候。絕對不要讓它乾掉。這個處理方式能保護布料免於被空氣中會發酵造成酸味的細菌汙染。新的過濾袋在使用前應該先清洗，以去除粉漿或漿料。

滴漏（或過濾）咖啡。這個方法背後的原理是：讓處於沸騰狀態下的水與研磨至最細緻程度的咖啡粉進行快速接觸。過濾的媒介可以是布或紙，或者是有孔的陶瓷或金屬。研磨度的粗細被過濾媒介的種類控制，顆粒大小要足夠大到不會從孔洞中滑出。

研磨好的咖啡用量可能會從每杯咖啡要求滿滿的1茶匙到圓形大湯匙1滿匙不等，取決於研磨度、沖煮使用的器材，以及個人的口味。一般規則是，愈細的研磨所需要的乾燥咖啡的量愈少。

供布質滴漏袋使用、最令人滿意的研磨度與粉狀的糖大小一致，而且在以大拇指和食指摩擦時，會有輕微的砂礫感。以這個研磨度而言，以未漂白的平紋細布製成的過濾袋可說是最佳選擇。至於要滴濾碎成像麵粉或糖粉一樣的咖啡，應使用絨毛面向內的棉絨。然而，變成粉末狀的咖啡需要謹慎的操作，無法推薦給一般家庭每日使用。

將研磨好的咖啡放進袋子或篩網中。將新鮮的水煮到完全沸騰，並以穩定、平緩的流速倒出，使其穿過咖啡粉。如果使用的是布質的滴濾袋加上研磨十分細緻的咖啡，那麼注水一次就足夠。不需要特殊的壺或器具。液態的咖啡可以滴濾進任何手邊可用的器皿，或直接

滴入杯子中。不過，並不建議直接滴濾進咖啡杯中，除非滴濾器在杯子與杯子間移動，如此沒有任何 1 杯會獲得比應有分量還多的頭一道咖啡，那是最濃烈也最好的。

當咖啡由咖啡粉中滴濾下來，沖煮就完成了，進一步的烹煮或「加熱」會使品質受損。因此，既然沒有必要將咖啡放在火源上，這便使得玻璃製品、瓷製品或陶製咖啡供應壺的衛生優點有了被應用的可能。

煮沸（或浸泡）咖啡。煮沸（或浸泡）咖啡用的是中等研磨度。配方是每杯咖啡 1 滿大圓湯匙的咖啡粉或——像某些廚師寧願記得的——每杯咖啡 1 湯匙，還有「給咖啡壺的 1 湯匙。」將乾燥的咖啡放進壺中並倒入新鮮的、劇烈沸騰的水。在文火上浸泡 5 分鐘或更久，取決於想要的口味。加少許冷水後靜置，或使其過濾通過平紋細布袋或粗棉布袋並立即上桌。

滲濾式咖啡。用 1 滿大圓湯匙中等研磨度的咖啡兌 1 滿杯的水。倒進滲濾式咖啡壺的水可以是冷的或是來到沸點的。在後者的情況中，滲濾會立刻開始。讓水滲透通過咖啡粉 5 或 10 分鐘，取決於火源的強度和想要的風味。

▶ 法朗克博士的觀點

做為在其計畫中對貿易直接實際服務的一步，1934 年，美洲咖啡工業聯合會在會員間出版並流通了一系列囊括咖啡與咖啡煮製研究的工作報告，這些研究工作是由協會的研究機構主任馬里昂·G·法朗克博士帶領、哥倫比亞咖啡種植者聯合會贊助進行的。以非專業性的「正確研磨與咖啡煮製間的關聯性」為題，身為一位合格的食品化學權威人士的法朗克博士探討了咖啡粉顆粒尺寸和正確的咖啡煮製間的關聯性。有一部分他是這麼說的：

如果咖啡完整的風味要被萃取出來，研磨度的正確性便是必要的；就一般家庭中找到的煮製器具而言，都不是用來萃取到最大容量的，研磨的一致性因而變得更加必要……為了證明研磨的重要性，我們對數批研磨至不同平均顆粒尺寸的咖啡進行測試。所使用的磨豆機是一款著名的零售商店機型，研磨效果可由「細粉」調整至「粗粒」。

測試使用的是在調整旋鈕上顯示為 3、4、5、6 和 7 的研磨刻度，數字愈大顆粒的粗糙程度愈高。咖啡飲料以這些研磨度的咖啡粉用 1 個 8 杯份滴漏壺煮製至萃取的最大容量。實驗用另一個 6 杯份的壺，以同樣的製作方法重複。第三次實驗則是以這些研磨度的咖啡粉用 6 杯份的壺煮出 4 杯咖啡。咖啡與水的比例固定在每 1 杯 150 毫升的水使用 8 克咖啡。咖啡是同一品牌且徹底烘焙。烘焙在每次測試即將開始前進行。至於煮製咖啡的風味強度，則是藉由比較不同分量的咖啡粉所泡製的汁液來決定。舉例來說，如果某一壺煮製咖啡的風味與泡製咖啡的風味相等（均由相同分量的水及咖啡粉所製成），那麼這一壺咖啡的風味便被評為百分之百……

實驗結果顯示：(1) 隨著研磨粗度的增加，風味強度會減少，(2) 風味強度在咖啡壺的最大萃取容量縮減時，會隨著研磨粗度的增加而減少得更快，(3) 當咖啡壺未被使用到最大萃取容量時，完整的風味強度不是那麼可能得以達成，以及 (4) 風味強度在咖啡壺未被使用到最大萃取容量時減少的最快。

Ro-Tap 是一臺用於測試咖啡粉一致性的機器，同時提供研磨設備穩定度的檢測，是一臺能提供完全且精細分析的傑出儀器。不過有配備 Ro-Tap 的工廠並不多，這些工廠大部分使用的是一臺較為簡單廉價、叫做「旋轉分析儀」的機器，這臺機器是為每日例行的粗略測試設計的。

建議每個月取一批咖啡粉的樣品以 Ro-Tap 進行測試，做為對旋轉分析儀的檢測。如果 Ro-Tap 的分析與上一個月的一致，從旋轉分析儀得來的數據便能做為整個月分的每日測試標準。協會以產量為代價，為會員安排確保這些旋轉分析儀的可靠。

或許關於美國家庭咖啡煮製方面，過去 10 年最重大的發展是咖啡磨豆機力圖使自己的品牌與確保能正確沖煮的煮製器具互相配合。各式各樣的咖啡機類型都曾被挑選出來，不過通常受到青睞的是滴漏或過濾類型的器具。在這個運動之前，咖啡師對試圖教導或甚至建議消費者製作咖啡的最佳方法都十分不情願；事實上，咖啡師群體間對這個問題就無法達成共識。然而，他們現在徹底

了解，咖啡有可能會在製作時被毀掉，因此愈來愈關注這項在咖啡最終製備中極其重要的因素。

做為對筆者的答覆，查爾斯・W・特里提供了以下對咖啡製作的討論：

科學化的咖啡煮製

在將其轉換成飲料的形式之前，咖啡一定要經過仔細的篩選和混合，並嫻熟地加以烘焙，到目前為止，都是為了保障能夠獲得最為有效的結果。

無論所有這些步驟如何正確達成，不正確的沖煮烘焙好的咖啡豆仍然會抵銷之前的努力，並毀掉整杯咖啡；因為烘焙過的咖啡是一種需要小心處理的物質，非常容易變壞，而且除非經過適當處理，否則其做為飲料來源的價值是令人懷疑的。

大概從未有任何被生產出的飲品像咖啡一樣，如此契合要求嚴格的人類胃口喜好。正確的製備，咖啡就會是一種令人愉快的飲料；但錯誤的煮製會讓它成為施加在人類味覺上的懲罰。

儘管咖啡對不正確的處理方法十分敏感，但最好的煮製方法也是最簡單的。沖煮適當的廉價咖啡會優於製備拙劣的精品咖啡。

構成觀念。生豆經過烘焙會導致它構成物質發生組成的改變，引發的結果是在生豆中本來為水溶性的化合物被轉變成不溶於水，而某些不溶於水的被轉變成水溶性物質。原始咖啡因含量有一部分因昇華作用而流失。咖啡焦油這種芳香團塊形成，並且產生大量的氣體，氣體

中有一部分在咖啡豆的細胞中累積壓力，令豆子突然爆裂或膨脹，如此讓每一顆豆子的體積增加。烘焙過後，水溶性成分通常會被分類成重的可萃取物和輕的芳香物質。這些物質在烘焙過的咖啡豆中所佔的百分比和性質，會隨著咖啡種類以及使用的烘焙方式不同而發生改變。通常——尤其是為了對煮製方法進行比較，這些物質會被當做是一樣的，而且在所有咖啡中出現的比例大致相同。

　　重的可萃取物有咖啡因、礦物質、蛋白質、焦糖，還有糖分、「咖啡單寧酸」，以及各種各樣不確定成分的有機物質。有些脂肪也會在一般的沖煮咖啡中出現，並非由於它是水溶性的，而是因為熱水融化了咖啡中的脂肪，並被水溶液夾帶出來。

　　咖啡因提供了一般人喝咖啡所尋求的刺激。咖啡因只有些微的苦味，而因為它在 1 杯咖啡中所佔相對少量的百分

比，它對杯值並無貢獻。礦物質，以及粗纖維和綠原酸的某些被分解和水解的產物貢獻了杯中的澀感或苦味。蛋白質存在的量如此稀少，以至於它們唯一的角色，就是稍微提高咖啡泡製汁液中幾乎可忽略不計的食物價值。稠度，或者可被稱為咖啡的類甘草精特質，要歸因於帶有葡萄糖苷主要成分類別的存在，以及焦糖。

　　如同之前所指出的，「咖啡單寧酸」這個名詞是誤稱；因為被這個名字指稱的物質極有可能大部分都是咖啡酸和綠原酸。兩者都不是真正的單寧酸，而且它們只表現出少數具單寧酸特徵的反應。有些中性的咖啡會顯示含有與其他被描述為酸性的咖啡一樣大量的「咖啡單寧酸」成分。由瓦尼耶所進行的仔細工作顯示，某些東印度咖啡真正的酸度在 0.013% 到 0.033% 之間變化。這些數字可以被視為咖啡當中真實酸含量的可靠範例，而即使它們看來含量非常低，但卻一點都不難理解它們代表的酸造成了 1 杯咖啡的酸味。它們可能大部分是具揮發性的有機酸，以及其他因烘焙產生、本質為酸性的產物。

　　我們知道，極為少量的酸在果汁和啤酒很快便會被察覺，而且它們所佔百分比的不同也會被迅速注意到，然而中和此一少量的酸度只會留下 1 杯清淡無味的飲料。

　　這些少許的酸質含量極有可能為咖啡飲料帶來其不可或缺的酸味；少數中和作用的實驗已經證實，用此方法處理咖啡泡製汁液，會製造出 1 杯非常淡而

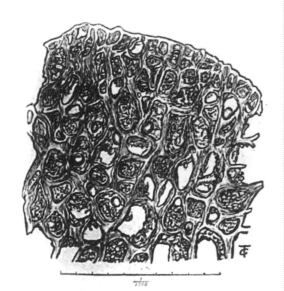

放大 1000 倍的烘焙豆切片。

無味的飲料。如此一來，某些咖啡的酸度明顯應該是由上述化合物所提供的，而不是被誤稱的「咖啡單寧酸」。

輕的芳香物質以及可被蒸氣蒸餾的其他物質——即在咖啡被煮沸過程濃縮時被驅趕出來的物質，是每種咖啡特徵的主要決定因素。這些化合物統稱為「咖啡焦油」，在不同咖啡中所佔百分比差異極大，因此是我們能夠分辨杯中咖啡種類的主要原因。這些化合物提供了咖啡令人愉悅的芳香且令人垂涎的氣味。

所有這些化合物（可能除了蛋白質之外），都能輕易地溶解在熱水和冷水中。1杯以熱水萃取的清澈咖啡在立刻冷卻後，並未顯示有產生任何沉澱的事實證明，冷水能和熱水一樣達成完全的萃取。然而，萃取速度隨著溫度上升而顯著加快，這歸因於物質在水中的溶解速度與程度，還有水擴散穿過咖啡的細胞壁的速度都因升溫而加速。另外，咖啡豆所含脂肪對潤溼咖啡造成的阻力，還有在熱水中脂肪保留咖啡焦油的持續「冷吸」作用比在冷水中少。因此，使用熱水讓萃取速度加快，而每單位時間內，在以水萃取的條件下，所能達到的萃取效率更高。

延長咖啡和水接觸的時間會導致某些不溶物質的水解以及隨後發生的、對這些新生成物質的萃取作用。水解速率也會隨著溫度上升而加快，而因為這些物質的本質是帶澀味或苦味的，在煮沸咖啡時所得到的溶液自然會具有讓鑑賞家的味覺感到不快的風味。

將已經移除咖啡粉的泡製咖啡煮沸也會帶來有害的影響，因為在使用火源將此溶液局部過度加熱的一瞬間就會導致變質發生，尤其是如果此溶液在這時被轉換成蒸氣，留下一層固態的薄膜暫時暴露在熱源破壞性的作用下。某些更為脆弱的成分會因這樣的處理受到不利的影響，並經歷水解和氧化作用。因煮沸的附加作用會導致香氣受蒸氣萃取流失，這樣形成的產物會因而在風味中被突顯出來。

重新加熱煮製好的咖啡會對其造成負面影響是眾所周知的事實。這有一部分可能是因為某些水溶性蛋白質在靜置時發生沉澱，而隨後它們因為在溶液被重新加熱時直接受熱源作用而發生分解。在冷卻過程中，溶液會吸收空氣，伴隨而來的氧化作用也必須加以考慮，而這個問題會因再次加熱時使用火源而更明顯，還有其他種種煮沸的影響，以及製作咖啡壺的材質對溶液的作用。

自然科學概念。咖啡豆由數量眾多的細胞所組成，這些細胞是咖啡脂肪以及芳香風味物質的天然容器和保留者。為使得可溶性固體能徹底被接觸到，這些細胞對萃取用的水所造成的阻力必須藉著研磨來克服，這是為了讓它們全部破開。用這種方法得到的咖啡粉，能最大限度地排除重的萃取物。

然而當所有的細胞都被破壞，咖啡焦油有很大的機率會藉機逸散，而這會因通常伴隨著如此細緻的研磨所產生的些微加熱而進一步增加。逸散的咖啡焦油如此之多，甚至連我們最有經驗的杯測師在盲測中辨認被研磨成粉的咖啡時，都

遭遇困難。事實上，哪個杯測師會在他們杯選時使用咖啡粉呢？

　　試想，將咖啡粉與研磨度較粗的新鮮研磨咖啡相比較。前者和用它煮製出來的咖啡，其可被歸因於咖啡焦油的標誌性風味或香氣含量，都明顯遠低於後者。對此情況的解釋是，研磨度愈細，咖啡中的可溶性成分愈容易與水相溶。

　　然而，咖啡焦油除了是水溶性的之外，還極度難以捕捉，因此當研磨度被推進到每顆細胞都被破壞的細緻程度時，大部分的咖啡焦油都在水進入與它接觸前揮發掉了。

　　因此最為理想的，是使用所有細胞尚未被破壞的研磨度，但又足夠細緻，使有效的萃取能夠發生。按照這種認知，這種被金所提倡的研磨度似乎是合乎邏輯的，因為隨之而來——即使未能獲得最大量的非揮發性萃取物和最大量的咖啡焦油——所獲得的是每杯咖啡的最高品質。

　　在研磨的時候，這些揮發性香氣以及給予咖啡特色之風味成分的逸散，使得烘焙豆在萃取前馬上進行研磨這一點成為基本要點。

不同的萃取方法。用來準備咖啡所採用的方法，可在一般的煮沸、浸泡、滲濾，以及過濾的標題下進行分類。真正的滲濾法在同業人士間被稱為過濾法；但在這個類別中，這個名詞指的是以用泵浦式滲濾壺為例的萃取種類。

　　煮沸過的咖啡通常都是混濁的，這是由於劇烈的沸騰使得咖啡粉碎裂崩解，產生的細微顆粒懸浮在咖啡中所造成的。

通常用來澄清熱製汁液的方法是加入一顆蛋的蛋白和一些蛋殼，蛋白中的白蛋白藉由溶液的熱度與微粒凝結，使微粒因此增加重量並沉至底部。即使是這個需要大量注意力的步驟，也無法帶來像某些其他萃取方法所能得到一樣澄清的溶液。

　　在煮沸過程中，咖啡處於最糟糕的條件下，因為咖啡粉和咖啡溶液同時經歷水解、氧化作用，還有局部過熱，與此同時，咖啡焦油因蒸氣蒸餾的關係而從這杯咖啡中散失。許多人早就習慣飲用以此方法煮製、苦味相當重的飲料，對用任何其他方法沖煮的咖啡都不滿意；但這完全是口味上的扭曲，因為那樣的咖啡完全不具有咖啡之所以被老饕如此重視的特質。

　　在浸泡法中，冷水被加入咖啡中，然後此混合物被加熱至沸騰，並未將咖啡置於像上述那樣激烈的環境。局部過熱和水解會發生，但程度不會像煮沸時那麼嚴重；而且大部分的氧化作用和咖啡焦油的揮發都不存在。然而萃取作用相當不完整，這是因為水和咖啡並未完全混合的緣故。

　　當咖啡在最佳環境下製作時，所使用的水溫和萃取過後的萃取液溫度不應有變動。在泵浦式滲濾壺中，就像使用浸泡法一樣，溫度從萃取開始到整個程序完成的變化非常大；這會造成危害。還有，局部過熱在泡製汁液接觸熱源的那一刻就會發生；而因為水被帶往與咖啡粉接觸的方式，萃取作用的程度顯示萃取效率不佳。將水噴灑在咖啡上永遠

無法讓咖啡粉在任何時間都完全被水覆蓋，且極有可能發生通道效應。完全萃取的原理需要物質在被萃取的過程中逐漸消耗掉愈多，新鮮的溶劑應該要與被萃取物接觸。在泵浦式滲濾壺中，被泵送到咖啡粉上的溶液隨著咖啡粉的消耗而變得更加濃縮；因此要達到理想的萃取程度會耗時更久，而分量可觀、非常濃縮的液體會被保留在咖啡粉中。

最簡單的方法就是將熱水注入懸掛於過濾媒介中的咖啡粉上，注水的方式要能夠讓水緩慢穿透咖啡，並流進一個接收容器中，這能避免做好的飲料進一步與咖啡粉接觸。當水接觸到研磨好的咖啡時，會萃取出可溶性物質，而溶液會被重力帶走。新鮮的水取代本來溶液的位置；如此一來，如果濾材的細緻度適宜的話，水會以正確的流速穿過，而隨著清澈液體的產生，正確的萃取作用便達成了。如此便能在短時間內、在水解程度、氧化作用，還有咖啡焦油的流失都最少的情況下，達到最大的萃取量；而如果立即飲用泡製出的汁液，或將其保溫在隔水加熱的裝置上，局部過熱的影響就能夠被排除。此外，由於使用了適當的濾器，就可以使用研磨度比其他器具所需更為細緻的咖啡粉，而不至於得到混濁的咖啡。上述所有步驟都是為了製作出 1 杯令人滿意的飲料而努力。

市場上有數種不同的器具，有些用紙、有些用布做為濾材，這些器材都遵循上述原理，能夠製作出非常優良的咖啡。使用濾紙的優點是每次沖煮時用的都是嶄新乾淨的濾紙，而濾布在不同次沖煮之間，必須小心浸泡在水中以避免汙染變髒。

按照過濾原理運作、搭配大型咖啡壺一起使用的大容量裝置，已經被設計出來投入使用，並且也已被證實能成功地讓全部的水在不發生通道效應的情況下，以慢速流經咖啡，如此完成近乎完整的萃取。

大多數的大型咖啡壺仍然搭配過濾袋使用，在這些過濾袋中，側面所用製作材料比底部厚實的類型能獲得最令人滿意的結果，因為大部分的水必然會穿過咖啡，而不是由過濾袋的側面流出。在使用過濾袋時，最大的萃取效率會藉由重複注水直到所有的液體流經咖啡 2 次而達成；更進一步的重複注水會萃取出太多帶有澀味的水解產物。

不使用時，不應該任憑過濾袋乾燥，而應該存放在罐子或冷水中。配有冷水套管的大型咖啡壺能使咖啡保持幾乎恆定的溫度，同時避免伴隨著溫度波動而發生的劣化。

咖啡液的成分。不同沖煮方法比較值的真正檢驗標準是風味與適口性，連同所煮製出特定濃度咖啡的杯數，或咖啡在同樣杯數總體積下的相對濃度。化學分析還沒有發展到能由其結果獲得具指示性價值的階段。咖啡焦油存在的量非常少，以至於未能獲得任何比較結果。而測定「咖啡單寧酸」實際上是沒有意義的，這種化合物的組成和生理作用如此不明確，而且所採用的測定方法模糊到無法解讀，在任何試圖對相對含量百分比進行比較時，提出的資料都是無用的。

能夠進行的分析中，唯一正確的是對咖啡因的分析。

　　大量的廣告宣傳重點被放在被某些器具所萃取出的少量咖啡因上。飲用咖啡的主要原因為何？當然是裡面含有的咖啡因。這導致了若某一種器材萃取的咖啡因比較少，只憑這一項事實就會對該器材大為不利。如果消費者希望飲料中不含咖啡因，市面上有販售無咖啡因的咖啡。

　　咖啡液對金屬起作用的方式會降低飲料的品質，因此任何種類的金屬——當然還有鐵，都應盡可能避免使用。做為替代，製造咖啡製作器具時，應該在盡可能的範圍內使用等級更為良好的陶製器具或玻璃。

▶ 關於咖啡煮製

　　回應作者的要求，劍橋麻省理工學院科學院院長兼生物及公共衛生學系主任 S・C・普雷斯科特博士提供了以下關於咖啡更近期的討論：

咖啡飲料的煮製

　　許多研究熱衷於找出煮製這種令人愉快且有刺激作用飲料最令人滿意的方法，因為事實上，能夠被種植出來並被適當烘焙的最出色的咖啡，會被上桌前的錯誤煮製摧毀。只有擁有細緻的香氣、優雅的風味、充分的稠度，以及溫暖又具刺激性之特徵的咖啡會被公認為品質最令人滿意的咖啡，而這只有在特別注意某些細節的情況下才能得到保障——新鮮烘焙的咖啡，還有能獲得快速並有

效萃取作用的細緻研磨度可以產生清澈且出色的泡製汁液，這是一種需要時間、溫度，還有器材的方法，選用的器具要能保留新鮮烘焙咖啡豆中具有的、需要小心處理的揮發性成分，但要避免總是會在咖啡中發現的木頭味及發苦的風味，這是因為磨碎的材料處於水的溶劑作用下的時間過久。

　　烘焙過的咖啡豆能維持其特有的新鮮度只有相對稀少的寥寥數天。當被暴露在空氣中，它的風味會逐漸染上乏味與平淡，而最終走味，在口感上也被剝奪其原本能取悅嗅覺及味覺的效果。確切發生的變化仍然未知，但一項顯著的特徵就是二氧化碳含量的減少，這些二氧化碳原來是被包含在烘焙豆內部的封閉或環境中。這種流失至少有一部分是基於二氧化碳和氧氣間的氣體交換，而在咖啡被暴露於空氣中時，口感的改變在烘焙後的 2 到 3 天內就已經開始，而在第 4 或第 5 天，能被輕易察覺的風味改變就會產生。

　　顯然，如果咖啡是被密封的——例如在真空袋中，這些顯著的變化就不會發生，直到包裝被打開，咖啡被暴露在空氣中為止。

　　3 種常用的咖啡煮製方法如下：

(1) 傳統過時的煮沸製作法。
(2) 使用所謂的滲濾式咖啡壺，咖啡粉被連續數份的水重複噴灑，而由於長時間持續作用的緣故，隨後還會被泡製出的汁液噴灑。
(3) 使用不同種類能製作出過濾或「滴

濾」咖啡的器具；也就是藉由單次或有時是重複，讓熱水通過咖啡粉團塊，泡製出的汁液會流進下方的儲存容器。

在這些方法中，以要獲得好的結果來說，第一和第二種的溫度太高，而且處理時間太長。揮發性成分會流失，而且咖啡會變得「濃烈」，這不是由於咖啡因含量增加，而要歸因於大量溶解的色素物質、木頭味的萃取物，還有其他慢慢溶解的成分。

至於第三種方法，則有助於控制溫度、水和咖啡接觸的時間，以及保留想要的物質，並且將那些比較不想要的物質排除在外。

以下是由筆者所進行咖啡調查的報告，並提出了一些和咖啡煮製相關更重要的特徵：

由於咖啡液是一種浸泡汁液，因此泡製後溶液的成分會取決於各種在浸泡過程中，被水處理帶出的可溶性成分，也因此與浸泡的持續時間、浸泡所用的溫度，或所使用之咖啡粉與水的量，以及所使用器材與其製作材料的特性直接相關。

所以，與其將咖啡煮製視為混合或化合無趣成分的機械步驟，倒不如說是一種複雜的化學反應。

要決定製作咖啡飲料「最好」的方法需要研究調查煮製過程中每一項相關的因素或條件，而所得結果不只要用化學與生物學加以解釋，還要從消費者角度去理解。

需要考慮的因素包括：

(a) 咖啡本身──包括新鮮度、烘焙度及研磨度。
(b) 水的特性。
(c) 水的溫度。
(d) 用於浸泡之容器的特性。
(e) 浸泡時間。
(f) 泡製出汁液的濃度。
(g) 加入其他物質的影響。

儘管這些因素有一些能夠直接被量測出來，比如說，在固定時間與溫度的條件下，特定比例咖啡與水混合浸泡所得萃取物的量，像這樣的結果對一般咖啡消費者的意義不大，而且也無法反應出這杯飲料的品質如何。

關於煮製咖啡最重要的因素，似乎是用來萃取的溫度，或者換句話說，咖啡被製作出來的溫度。品質合適之中研磨度或細研磨度的咖啡被加進正達到沸點的水中，溫度會有些微的下降──總計可能有約 3 或 4 度。如果咖啡是新鮮現磨的，會發生一種稱為模擬霧化的作用。會發生劇烈冒泡泡的情況，氣泡生成而且使咖啡顆粒漂浮起來，然後消失在空氣中，接著咖啡粉會平息下來或靜靜地滾沸，可溶性物質便或多或少萃取完成了。

儘管在一開始，冒泡的原因無法確定，但後來發現這個現象是因為封閉在烘焙過咖啡豆內的二氧化碳被排出所造成的。也有可能是豆子中的蛋白質物質同樣發生改變，而將氣體驅趕出來。改變最為劇烈的情況似乎出現在 95℃ 和稍微低幾度的範圍間，因此便被用來做為

溫度的一般指示之用。如果我們在低於
這個溫度時製作咖啡泡製液，絕對不要
讓溶液發生沸騰，這樣產生的氣體排放
劇烈程度會大幅減少，而製作出的咖啡
比起用較高溫度製作的，會更少了一些
苦或澀的風味。

　　為了決定溫度是否會造成咖啡飲料
品質的明顯改變，我們進行了一系列延
伸的實際測試，利用不同組的個體做為
決定公共意見的方法。一般來說，有百
分比相當高的人偏愛的，不僅是未被加
熱到沸點，而且還是用低於沸點相當多
的溫度所製作的咖啡。舉例來說，我們
比較在 85℃和 90℃到 93℃、95℃以上
但未沸騰所製作的咖啡，還有被煮到沸
騰的咖啡，以及短時間間隔煮沸，比如 1
分鐘和 1.5 分鐘的咖啡。受到喜愛的是以
較低溫製作的咖啡，反之在沸點製作的
咖啡，或是真的被煮沸一小段時間的咖
啡被以相對不喜歡的態度對待。

　　這對家庭主婦、飯店，還有餐廳的
重要性不言而喻，因為許多測試的結果
顯示，維持較低的溫度能確保咖啡對一
般消費者來說適口性更好。另外可能還
有生理方面的問題，因為可能是加熱到
沸騰時所發生的複雜改變或化學作用，
使咖啡豆裡的某些物質分解並釋放出來，
這些物質不僅有礙於咖啡的口感，還可
能直接帶來不良的生理影響。

　　另一件似乎比原先的假設還具有深
遠重要性的事情，就是金屬對咖啡口感
或風味造成的影響。理論上，這也會衍
生出另一個更重要的問題，就是是否咖
啡的生理作用可能未被同樣影響。

以金屬容器煮製的咖啡會得到各種
不同的形容，從「有澀感」、「有金屬
味」、「讓人討厭」、「很苦」，一直
到「味道很澀」都有，有別與用玻璃容
器製作出來更為滑順、風味更加細緻的
咖啡。口感上的差異很容易就被那些不
習慣喝咖啡，還有那些不是習慣性用金
屬壺製作早餐咖啡的人辨識出來。對後
者來說，由容器給予的味道有時候會被
當做咖啡本身口感不可或缺的一部分，
而以玻璃或陶瓷容器製作的飲料，一開
始可能嚐起來會感到「單調」。

　　換句話說，個人所習慣的口味很可
能被消費者視為正常的口感，然而，無
論一個人的個人經驗為何，只需要一點
點訓練，就能夠察覺真正風味間的區別。
當進行分組測試時，結果具有非常明確
的意義。

　　按照我們所知關於金屬的化學知識
來思考，結果似乎指出這兩者間有直接
的關連性。有機化學家已證明，有機物
質與金屬之間經常會發生結合。咖啡因
和汞會形成化合物這件事已被指出，還
有許多其他已知的例子。「金屬改變了
無數食物原本的風味」是相當常見的經
驗。顯而易見地，在與有機的溶液——
例如咖啡的泡製汁液——一起烹煮後，
許多金屬會產生明顯的味道。

　　很久以前就已知鐵會出現這種情
況，而我們在錫、鋁、馬口鐵、銅，以
及鎳都發現類似的情形。據說銀會在咖
啡中產生獨特的味道。

　　在不詳述所有細節的情況下，咖啡
製作的研究結果可以濃縮成以下總結：

(1) 非常硬或非常鹼的水會施加不利因素在咖啡飲料的特性上。通常可以使用軟水或硬度較低的水,對飲料的品質不會造成明顯的差異。

(2) 水的溫度在咖啡製作中扮演重要的角色。真正的沸騰會使苦味增加。最適宜的溫度似乎是從85℃到95℃,因為在這些溫度下,咖啡因幾乎全部溶解,提供風味的油脂或醚類大部分都還未被汽化損耗,而某些造成苦味和木頭味的變化並不存在或可忽略不計。

(3) 泡製的時間應該要短暫。一般說來,在上述的溫度下不應該超過2分鐘。甚至1分鐘更好。即使在較低的溫度下,長時間的浸泡也會增加苦味的口感並讓風味及香氣減少。

(4) 2分鐘內,大約80%的咖啡因會在沸點被溶解,而95℃的咖啡因溶解量幾乎於沸騰時相同。

(5) 煮沸1分鐘的咖啡明顯比在攝氏95度煮製的咖啡更苦。

(6) 咖啡泡製液對金屬的作用十分明顯,可能會產生苦味、澀味,或金屬味。

(7) 馬口鐵、鋁、銅,還有鎳,全都會影響咖啡的味道,一般來說影響程度依上述順序排列,馬口鐵在這方面是令人不愉快的。

(8) 玻璃、瓷製品、石製品、仿瑪瑙斑紋之陶器,還有其他玻璃化的器具對咖啡的味道沒有影響。

(9) 有些金屬會和咖啡因或者咖啡內的其他成分形成化合物。

(10) 金屬的影響可以稍微用糖和奶油掩蓋。這些附加物從口感的觀點來看是使其平等之物。沒有任何處理的情況下可能非常苦的咖啡,在添加了適量比例的糖和奶油之後,那種苦味或許會減少很多;因此用無添加的咖啡進行這些測試,比用加了糖和奶油的咖啡簡單許多,儘管我們已經二者同時使用,而兩種方法所得到的結果是可以互相比較的。

(11) 新鮮烘焙和新鮮研磨的咖啡對獲得最好的風味是必要的。

(12) 整顆的咖啡豆比磨好的咖啡粉能維持更長時間的風味。

(13) 研磨度對風味會造成影響。一般說來,比起較粗的研磨度,細緻的研磨能得到更豐富的風味,因為後者的風味提供物質能更快且更完整地溶解。然而,研磨度應與選用的煮製方法互相配合。

(14) 如果你希望確保並保留所有能取得的風味和香氣,最好在泡製的前一刻再研磨咖啡豆。

(15) 不同的咖啡有能被專家辨識出的自己的風味特色。即使是廉價的商用等級咖啡,如果經過新鮮烘焙、新鮮研磨,以及恰當的煮製,都會優於未經適當儲存以防止氧化變質、或煮製糟糕的高等級咖啡。

(16) 我們相信,最好的結果是使用新鮮烘焙的咖啡,在185℉到195℉間,用玻璃、瓷製,或玻璃化容器,以浸泡法製作並立即將咖啡粉濾淨而獲得的。

1杯完美的咖啡

比起任何其他那些國家,美國的咖

啡愛好者在獲得 1 杯理想的咖啡飲料這方面，佔據了更好的地位。儘管咖啡生豆進口商不像茶的進口商那樣小心把關，政府還是有很大程度的監察機制用來保護消費者免受雜質之害，與此同時，農業部實施純淨食品法，積極地確保貼錯標籤及狸貓換太子的狀況不會發生。農業部將咖啡定義為「一種用水浸泡烘焙過之咖啡豆製成的飲料，除此再無其他原料。」

今天沒有一個聲譽良好的商人會考慮販賣除了咖啡本身以外、哪怕只是未確切標示的咖啡商品。而消費者會覺得在包裝咖啡的事例中，標籤上陳述的就是內容物的實情。

由超過數十個生產國所生產、百種以上不同的咖啡進入這個市場，有如此之多可能的組合，以至於任何口味都保證會有適合的未經攙雜的咖啡或調和咖啡。而那些可能曾經不敢喝咖啡的人，應該讓自己在處於飲用咖啡替代品惡習的危險之前做點小小的嘗試。

很久以前的觀念是，爪哇和摩卡是唯一有價值的調和咖啡，但我們現在知道，各種不同產物的組合能製作出令人滿意的飲料。

而如果某人恰好對咖啡因敏感，市面上也有咖啡因含量低到可以忽略的咖啡，例如一些波多黎各所生產的咖啡能夠克服這個缺點；同時還有其他將咖啡因以特殊處理法去除的咖啡。任何喜愛咖啡的人都沒有理由放棄飲用它。改寫馬卡洛夫的話：要謙遜、良善、少食，並多思，為服務他人而生，工作並玩樂

還有歡笑與愛──這樣就已足夠！如此你就能在不為你永恆的靈魂帶來危險的情況下飲用咖啡。

有些鑑賞家仍然堅持於傳統的 ⅔ 爪哇及 ⅓ 摩卡的調和咖啡，但筆者已經有很長時間從 1½ 麥德林、¼ 曼特寧和 ¼ 摩卡的調和咖啡中獲得極大的樂趣。然而這種調和或許不是能吸引其他人的口味，組成調和咖啡的各種咖啡粉也並不總是容易取得。

另一種讓人滿意的調和咖啡是由高等級的哥倫比亞、水洗馬拉卡波，以及聖多斯以相同比例混合而成。在其中一家大型連鎖系統的商店內，可能會有一種由 60% 波旁聖多斯和 40% 哥倫比亞組成的調和豆。

如果你是一位美食主義者，你可能會想要鑽研和嘗試新奇的墨西哥、古巴、蘇門答臘產、梅里答，還有某些夏威夷「可納端」產的咖啡豆。

那麼，要準備 1 杯完美的咖啡，咖啡豆本身的等級要夠好，並且要新鮮。如果可能的話，咖啡豆應該在使用的前一刻再進行研磨。筆者發現細研磨，也就是大概和細緻顆粒狀的糖一致的顆粒是最符合要求的。對一般家庭使用來說，最好的是採用濾紙或濾布的器材；對老饕來說，改良式的瓷製法式滴漏壺或改良的布製濾器能讓人獲得咖啡所帶來歡愉的極致。你可以隨自己喜好的要求飲用黑咖啡、加糖或不加糖、加或不加奶油或熱牛奶。

要記得，製作出 1 杯好咖啡並不需要特殊的咖啡壺或器具。好的咖啡能用

任何陶瓷器皿和一塊平紋細布做出來。但如果要使它臻於完美，從烘豆機到咖啡杯的整個過程中，每一步都要花費心力完成。

霍林沃斯指出，不可能單只透過味覺分辨奎寧和咖啡，或分辨蘋果及洋蔥。

咖啡並不單純只有做為興奮劑的咖啡因和它對味蕾及口腔的作用，嗅覺和視覺也扮演了重要角色。要享受1杯咖啡全部的樂趣，在你說它嚐起來味道很好之前，它看起來和聞起來一定都很好。它必須藉著鑽進我們鼻腔、以形成絕大部分咖啡誘惑力的美妙香氣引誘我們。

這正是為什麼在準備咖啡飲料時，應該將最多的心力花在保留香氣、直到它為我們帶來心靈層面的釋放。這只能藉著在需要小心處理的風味被萃取出之同時讓香氣出現而達成——過早在真正開始製作咖啡飲料前進行烘焙和研磨會讓這個目的無法達成。將萃取液煮沸能為房屋薰香；但流失的香氣永遠無法回到那個被稱為咖啡、死氣沉沉的液體中，由咖啡壺中倒出供應的時候，香氣會因此逸散。

概括以上，下列是製作咖啡的正確方法：

(1) 購買等級優良的咖啡豆，並確保對選用的煮製器材類型來說，咖啡豆經過適當的研磨。
(2) 每1杯使用1大圓湯匙咖啡。
(3) 製作時，使用法式滴漏壺或用某些過濾裝置，將新鮮煮沸的水倒入——只需要倒一次，使其流經咖啡粉。

(4) 避免使用泵浦式滲濾壺或任何將水加熱並使其重複壓迫通過咖啡粉的器具。絕對不要煮沸咖啡。
(5) 讓咖啡飲料保持溫度，並以「黑咖啡」加糖和熱牛奶、或加奶油，或兩者都加的形式供應。

其餘的咖啡產品

個人咖啡包。1935年，紐約市的黑門製造公司開發出一種「即溶」或者說半水溶性的咖啡，他們將其包裝在個別的紗布袋中，加上棉線和標籤，看起來就像在美國被廣泛使用的個人茶包，而這個設計的目的正是要讓咖啡以相同的方式被使用。

每個袋子裡有製作2杯咖啡所需的正確分量。這個工序被包括在美國第一五二七三〇四號專利中（1925年）。

據稱以此工序製作出的顆粒含有2倍於一般咖啡的可溶性咖啡物質，而且加上熱水就能立即飲用。此飲品的濃度取決於袋子被容許在水中停留的時間。此商品所宣稱的好處包括了省時、消除了咖啡「渣」的產生，還有不用清洗咖啡壺。

片狀咖啡。由美國大陸製罐公司所贊助梅隆工業研究所進行咖啡研究的偶發事件中，發展出一道製作片狀咖啡的工序，被包含在美國基礎專利第一九〇三三六二號專利中。

片狀咖啡是經由在高壓下滾動特製的顆粒狀咖啡，生成極薄的薄片而製成

的。在這個過程中，幾乎所有的細胞都被破壞或碾碎，而且所有的顆粒都被壓平，壓縮成圓形或橢圓形的小片，顏色通常比一般咖啡粉還要深一些，這是因為密度的增加，還有稍微可在表面看見之油脂的緣故。細胞間距的減少讓顆粒的體積縮小至原來體積的一半。所有的薄片尺寸都相同，而且只有 1 吋的幾千分之一厚。薄片厚度的一致性與它們的極致細薄是想要能夠確保萃取作用的均等和快速。

10 盎司片狀咖啡的濃度等同於 1 磅一般咖啡粉的濃度。薄片型態可搭配任何煮製法和任何類型的咖啡壺使用。

製造後的咖啡保存是藉由製造商所謂的「循環」過程，以只含有微量空氣的純二氧化碳填充在罐頭裡而達成。除了少量重新溶解進片狀咖啡的二氧化碳之外，罐頭會被密封並維持在大氣壓力下。半自動控制的機器被使用在片狀咖啡的製造上。一間小型工廠每分鐘可生產 20 到 24 罐 10 盎司裝的片狀咖啡。

這項產品到目前為止尚未達到可上市的程度，因此沒有多少機會能弄清楚消費者可能會有的反應。

做為調味劑的咖啡

艾達・C・貝利・艾倫女士介紹了一本她在 1919 年到 1923 年巴西咖啡推廣運動期間，為聯合咖啡貿易宣傳委員會準備的小冊子，在將咖啡做為調味劑使用方面，她做出以下的評論：

儘管咖啡是我們的全國性飲料，但只有相對少數的廚師認識到它做為調味劑的可能性。咖啡可以與各式各樣數量繁多的食材菜色搭配，特別適合和甜點、醬汁，還有糖果配合。以這種方式使用的咖啡特別吸引男性和所有喜愛濃郁明顯風味的人。

做為調味使用的咖啡應該以如同打算將其做為飲品飲用時，同樣的謹慎細心進行製作。

使用新鮮製作的咖啡能獲得最好的成果，不過基於經濟的理由，理想情況下可以利用用餐時所剩下的咖啡液，必須注意不要任憑咖啡液留在咖啡渣上，以免變苦。

當食譜需要加入其他液體時，應將此液體的量按照比例減少到與已經加入的咖啡等量。當在蛋糕或餅乾食譜中使用咖啡取代牛奶時，每 1 杯應該少放 1 湯匙咖啡，因為咖啡並不具有和牛奶相同的稠化性質。

在某些情況下，若能將食譜內原有的液體拿來製作咖啡（加入正確比例的咖啡粉，再以加熱或烹煮的方式處理），再加入菜品中，會得到更好的結果。這個意思是能夠得到完整的咖啡風味，而最終成品味道的濃厚程度不會因加水而減少──使用已泡製好的咖啡液常會出現這種情況。這個方法在以牛奶為基礎製作的各種甜點中尤其適合，還有那些以卡士達醬、某些巴伐利亞奶油、冰淇淋，以及同樣類型材料為基底的。通常咖啡的正確比例是每杯一湯匙，應該與冷牛奶或奶油在隔水加熱的內鍋中混合，

隨後應該在熱水上增稠，混合物應使其通過極為細密的篩網或粗棉布，以去除所有的咖啡渣。

咖啡可做為調味劑使用於幾乎任何一種採用調味劑的甜點或西點中。以下是一則製作咖啡糖漿的好食譜：

咖啡糖漿。 2 夸脫非常濃烈的咖啡；3½ 磅糖。咖啡必須非常濃烈，因為糖漿將會被大幅稀釋。1 磅咖啡兌上 1¾ 夸脫水的比例會是符合要求的。咖啡可以用任何喜歡的方法製作、澄清和過濾，然後跟糖混合，煮到沸騰後，再滾煮 2 或 3 分鐘。應該趁沸騰時用消毒過的瓶子裝罐。將瓶子裝到滿溢，並用像處理葡萄汁或任何其他罐裝飲料一樣的方法密封。

咖啡年表

提供在傳說、旅遊、文學、栽種、莊園處理方法、貿易，以及從最早到現在製備與飲用咖啡的歷史相關日期與事件。（以下日期均為西元記年）

* 大約（或傳說中）的日期

900 年*：拉齊，著名的阿拉伯醫師，是第一位提及咖啡的作家，稱咖啡為 bunca 或 bunchum。

1000 年*：阿維森納，穆罕默德教派醫師兼思想家，第一位解釋咖啡豆藥用性質的作者，他也將其稱為 bunchum。

1258 年*：謝赫·奧馬，Sheik Schadheli 的門徒、摩卡的守護聖者兼傳奇的奠基者，在阿拉伯擔任教長時偶然發現做為飲料的咖啡。

1300 年*：咖啡是一種用烘烤過的漿果，在研缽中以杵搗碎後，將粉末放進沸水中熬製成的飲料，飲用時連同咖啡渣與其他物質一同喝下。

1350 年*：波斯、埃及，以及土耳其的陶製大口水壺首次被用來供應咖啡。

1400～1500 年：有小孔的圓形漏杓狀陶製或金屬製咖啡烘焙盤在土耳其及波斯開始被置於火盆上方使用。常見的土耳其圓筒狀咖啡磨臼和原始的金屬製土耳其燒咖啡壺也大約在這個時期出現。

1428～1448 年：以四隻腳站立的香料研磨器首度被發明；隨後被用在咖啡研磨上。

1454 年*：亞丁的穆夫提 Sheik Gemaleddin 在前往阿比西尼亞的旅途中發現咖啡漿果的效用，並認可咖啡在南阿拉伯的使用。

1470～1500 年：咖啡的使用擴展到麥加及麥地那。

1500 年～1600 年：有長手柄和小腳墊的鐵質長柄淺杓開始在巴格達和美索不達米亞被使用在咖啡烘焙上。

1505 年*：阿拉伯人將咖啡植株引進錫蘭。

1510 年：咖啡飲料被引進開羅。

1511 年：麥加總督凱爾·貝在諮詢過由律師、醫師，以及模範市民所組成的委員會之後，發布了譴責咖啡的公告，並禁止這種飲料的使用。禁令隨後被開羅蘇丹下令撤銷。

1517 年：蘇丹塞利姆一世在征服埃及後，將咖啡帶到君士坦丁堡。

1524 年：麥加的下級法官基於擾亂秩序的理由關閉了公共咖啡館，但允許咖啡在家中及私底下飲用。他的繼任者准許咖啡館在獲得許可的前提下重新開業。

1530 年*：咖啡的飲用被引進大馬士革。

1532 年*：咖啡的飲用被引進阿勒波。

1534 年：一群開羅的宗教狂熱分子譴責咖啡，並領導一群暴民攻擊咖啡館，許多咖啡館都受到破壞。城市分裂為兩派，支持咖啡與反對咖啡的；但在諮詢學者之後，首席法官在會議中供應咖啡，自己也飲用了一些，並以這樣的方式平息了爭端。

1542 年：蘇里曼二世在誘惑一位宮廷女士時，禁止了咖啡的使用，但完全沒有效果。

1554 年：第一間咖啡館由大馬士革的森姆斯及阿勒波的 哈克姆 在君士坦丁堡設立。

1570～1580 年*：因咖啡館日漸受到歡迎，君士坦丁堡的宗教狂熱分子宣稱烘焙過的咖啡是一種炭，並且穆夫提決意用法律禁止咖啡。基於宗教立場，穆拉德三世隨後下令關閉所有的咖啡館，將咖啡分類歸於《可蘭經》禁止的酒類當中。這項命令並未被嚴格遵守，咖啡的飲用仍在關閉的店門後及私人住宅中繼續。

1573 年：德國醫師兼植物學家勞爾沃夫，是第一位提到咖啡的歐洲人，他曾經旅行至黎凡特。

1580 年：義大利醫師兼植物學家帕斯佩羅‧阿爾皮尼（Alpinus）旅行至埃及，並帶回咖啡的消息。

1582～1583 年：關於咖啡的第一篇出版參考文獻以 chaube 之名出現在勞爾沃夫的著作《旅程》中，該書在德國法蘭克福及勞英根出版。

1585 年：擔任君士坦丁堡城市地方行政官的吉安法蘭西斯科‧莫羅西尼向威尼斯元老會報告土耳其人使用的一種「黑水，是用一種叫做 cavee 的豆子浸泡製成的」。

1587 年：第一則關於咖啡起源真實可靠的紀錄由阿布達爾‧卡迪寫下，記錄在一份收藏於巴黎法國國家圖書館的阿拉伯文手稿中。

1592 年：第一份關於咖啡植株（稱為 bon）與咖啡飲料（稱為 caova）敘述的出版品出現在帕斯佩羅‧阿爾皮尼的作品《埃及植物誌》中，以拉丁文寫就，在威尼斯出版。

1596 年*：貝利送給植物學家 de l'Ecluse 一種「埃及人用來製作他們稱為 cave 這種飲料的種子。」

1598 年：將咖啡稱為 chaoua 的第一篇關於咖啡的英文參考文獻是巴魯丹奴斯作品《林斯霍騰的旅程》中的註釋，由荷蘭文翻譯而來，於倫敦出版。

1599 年：安東尼‧雪莉爵士是第一位提到東方咖啡飲用的英國人，他由威尼斯航行至阿勒波。

1600 年*：大口咖啡供應壺出現。

1600 年：設計為站立在明火中使用、以足支撐的鐵蜘蛛被用來烘焙咖啡。

1600 年*：咖啡種植被一位穆斯林朝聖者巴巴布丹引進南印度的麥索爾奇庫馬嘎魯爾。

1600～1632 年：木製和金屬製（鐵、青銅，還有黃銅）研缽與杵開始在歐洲被廣泛用來製作咖啡粉。

1601 年：第一篇以更近代形式單字稱呼咖啡的英文參考文獻出現在 W‧派瑞的著作《雪莉的旅程中》，其中敘述「一種他們稱做咖啡的特別飲料。」

1603 年：英國探險家兼維吉尼亞殖民地奠基者約翰‧史密斯上尉，在他於同年出版的遊記中，提到土耳其人的飲料「coffa」。

1610 年：詩人喬治‧桑德斯爵士造訪土耳其、埃及，還有巴勒斯坦，並記錄下土耳其人「以可忍受範圍內最熱燙的溫度，由陶瓷小盤中啜飲一種叫做 coffa（即製作該飲料的漿果）的飲料。」

1614 年：荷蘭貿易商造訪亞丁，探查咖啡種植及咖啡貿易的可能性。

1615 年：皮耶羅‧德拉瓦勒由君士坦丁堡寫信給他在威尼斯的友人馬利歐‧席帕諾，說他會在回程時帶上一些咖啡，他相信此物「在他的故鄉是一種未知的事物」。

1615 年：咖啡被引進威尼斯。

1616 年：彼得‧范‧登‧布盧克將第一批咖啡帶到荷蘭。

1620 年：裴瑞格林‧懷特的木製研缽及杵（用來「搗碎」咖啡的）由搭乘五月花號的懷特雙親帶到美國。

1623～1627 年：法蘭西斯‧培根在他的著作《生與死的歷史》（1623 年）中談到土耳其人的「caphe」；同時在他的《木林集》（1627 年）中寫道：「在土耳其，他們有一種叫做 coffa 的飲料，是用一種同名的漿果

製作的，和煤煙一樣漆黑，而且有強烈的氣味……這種飲料能撫慰頭腦和心臟，並有助於消化。」

1625 年：在開羅，糖首次被加進咖啡中使其變甜。

1632 年：伯頓在他的著作《憂鬱的解剖》中說：「土耳其人有一種叫做 coffa 的飲料，由一種黑如煤煙且同樣苦澀的漿果命名。」

1634 年：亨利・布朗特爵士航行至黎凡特，並在土耳其獲得飲用「cauphe」的邀請。

1637 年：德國旅行家兼波斯學者亞當・奧利瑞爾造訪波斯（1633～1639 年）；同時在他回歸後講述在這一年中，於波斯人的咖啡館內對他們飲用 chawa 的觀察。

1637 年：牛津貝里奧爾學院的納桑尼爾・科諾皮歐斯將咖啡的飲用帶進英國。

1640 年：帕金森於他的著作《植物劇院》中，發表了對咖啡植株的首篇英文植物學描述：談到咖啡是「Arbor Bon cum sua Buna，土耳其漿果飲料。」

1640 年：荷蘭商人 Wurffbain 在阿姆斯特丹拍賣第一批從摩卡經商業運輸進口的咖啡。

1644 年：P・德・拉羅克由馬賽將咖啡引進法國，他還從君士坦丁堡帶回了製作咖啡的器材與用具。

1645 年：咖啡開始在義大利被普遍飲用。

1645 年：第一家咖啡館在威尼斯開張。

1647 年：亞當・奧利瑞爾以德文出版了他的著作《波斯旅途記述》，當中包括對 1633 年到 1639 年間波斯咖啡禮儀及習慣的說明。

1650 年*：荷蘭在奧圖曼土耳其宮廷的常駐公使瓦爾納發表了一本以咖啡為主題的專門著作。

1650 年*：單人手搖式金屬（馬口鐵或鍍錫銅）烘焙器出現；形狀與土耳其咖啡研磨器類似，用於開放式明火。

1650 年：英國的第一家咖啡館由一位名叫雅各伯的猶太人在牛津開設。

1650 年：咖啡被引進維也納。

1652 年：倫敦第一家咖啡館由帕斯夸・羅西開設在康希爾聖馬丁巷。

1652 年：英國的第一份咖啡廣告印刷品以傳單形式出現，由帕斯夸・羅西製作，稱讚「咖啡飲料的功效。」

1656 年：大維其爾庫普瑞利在對坎迪亞的戰爭期間，基於政治因素，對咖啡館展開迫害，並對咖啡下達禁令。首次違反禁令者所受的刑罰是用棍棒鞭打；再犯者會被縫進皮革口袋中，丟進博斯普魯斯海峽。

1657 年：咖啡的第一則報紙廣告出現在倫敦的《大眾諮詢報》。

1657 年：咖啡被尚・德・泰弗諾祕密地引進巴黎。

1658 年：荷蘭人開始在錫蘭種植咖啡。

1660 年*：第一批法國商業進口的咖啡由埃及成包運抵馬賽。

1660 年：咖啡首次在一國法規書籍中被提及，每加侖被製作並販售的咖啡要課徵 4 便士的稅，「由製造者支付」。

1660 年*：荷蘭派往中國的大使紐霍夫首先嘗試將牛奶加進咖啡，模仿加牛奶的茶。

1660 年：Elford 用來烘焙咖啡的「白鐵」機器在英國被大量使用，這個機器「用一個插座點燃火焰。」

1662 年：歐洲的咖啡烘焙是用沒有火焰的炭火，在烤爐中及火爐上進行烘焙；「在無蓋陶製塔盤、舊布丁盤、還有平底鍋中使其變成棕色。」

1663 年：所有的英國咖啡館被要求要獲得許可證。

1663 年：荷蘭阿姆斯特丹開始定期進口摩卡咖啡豆。

1665 年：改良式的土耳其長型黃銅咖啡磨豆器組合（包括折疊手柄及放置生豆的杯型容器——可供煮沸及供應咖啡）最早在大馬士革被製造出來。大約在這個時期，包括了長柄燒水壺和放置於黃銅杯架上之瓷杯的土耳其咖啡組合開始流行。

1668 年：咖啡被引進北美洲。

1669 年：咖啡被土耳其大使蘇里曼·阿迦公開引進巴黎。

1670 年：大量咖啡烘焙在有鐵質長手柄的小型密閉鐵皮圓筒中進行，手柄的設計讓它們能在開放明火中旋轉。此裝置首先在荷蘭使用。其後在法國、英國，以及美國。

1670 年：在法國第戎的首次歐洲咖啡種植嘗試得到失敗的結果。

1670 年：咖啡被引進德國。

1670 年：咖啡首度在波士頓販售。

1671 年：法國第一家咖啡館開設在馬賽，鄰近交易所處。

1671 年：第一篇專為咖啡所做的權威性專論是由羅馬東方語文教授安東·佛斯特斯·奈龍以拉丁文撰寫而成並在羅馬出版。

1671 年：第一篇以法文寫作，大部分專門敘述咖啡的專論，《關於咖啡、茶與巧克力的新奇論文》，是由菲力毗·西爾韋斯特·達弗爾所著，於里昂出版。

1672 年：一位名為巴斯卡的亞美尼亞人是第一位在巴黎聖日耳曼市集公開販賣咖啡的人，同時他開設了第一家巴黎的咖啡館。

1672 年：大型銀質咖啡壺（伴隨著屬於它們、以同樣材質製成的所有用具）在巴黎聖日耳曼市集中使用。

1674 年：《女性反對咖啡訴願書》在倫敦出版發行。

1674 年：咖啡被引進瑞典。

1675 年：查理二世簽署了一份公告，以煽動叛亂的溫床為由關閉所有倫敦咖啡館。這項命令在 1676 年因貿易商的請願而撤銷。

1679 年：一次由馬賽醫師站在純粹飲食營養立場所發起敗壞咖啡名聲的企圖並未奏效；咖啡的消耗以如此驚人的速度增加，使得里昂和馬賽的貿易商只能開始由黎凡特進口整船的生豆。

1679 年*：德國的第一家咖啡館由一位英國商人在漢堡開設。

1683 年：咖啡在紐約公開販售。

1683 年：哥辛斯基開設了第一家維也納的咖啡館。

1685 年：法國格勒諾布爾的一位著名醫師西厄爾·莫寧首次將咖啡歐蕾當做一種藥物推薦使用。

1686 年：約翰·雷是最早在科學專論中頌揚咖啡功效的英國植物學家之一，於倫敦出版了他的著作《植物編年史》。

1686 年：德國雷根斯伯格開設了當地的第一家咖啡館。

1689 年：普羅可布咖啡館是第一家真正的法式咖啡廳，由來自佛羅倫斯的西西里人弗朗索瓦·普羅可布所開設。

1689 年：波士頓開設了第一家咖啡館。

1691 年：口袋型便攜式咖啡製作裝置在法國廣受歡迎。

1692 年：有著圓錐體壺蓋、壺蓋按壓片，手柄與壺嘴呈直角的「提燈型」平直外觀咖啡

壺被人引進英國，接替了有曲線的東方式咖啡供應壺。

1694 年：德國萊比錫的第一家咖啡館開張。

1696 年：第一家在紐約開張的咖啡館（國王之臂）。

1696 年：首批咖啡幼苗是從馬拉巴海岸的坎努爾而來，並從鄰近巴達維亞的克達翁引進爪哇，但在不久之後被洪水摧毀。

1699 年：第二批由亨德里克·茨瓦德克魯從馬拉巴運送到爪哇的咖啡植株成為所有荷屬印度咖啡樹的祖先。

1699 年：最早關於咖啡的阿拉伯文手稿由加蘭德翻譯的法文版本出現在巴黎，書名為《咖啡的緣起及發展論述》。

1700 年：耶咖啡館是費城的第一家咖啡館，由山繆·卡本特建造。

1700～1800 年：以鐵皮製成的小型攜帶式焦炭或木炭爐具，搭配用手轉動的水平旋轉圓筒開始在家庭烘焙中使用。

1701 年：有著完美半球形壺蓋、壺身沒有那麼尖細的咖啡壺在英國出現。

1702 年：第一家「倫敦」咖啡館在美國費城開設。

1704 年：可能將煤炭首次應用在商業烘焙上的布爾咖啡烘焙機在英國獲得專利。

1706 年：阿姆斯特丹植物園接收了爪哇咖啡的第一份樣本，以及一株原本生長在爪哇的咖啡樹。

1707 年：第一本咖啡期刊《新興及奇特的咖啡館》由西奧菲爾·喬其在萊比錫發行，是第一個咖啡茶話會的某種機關刊物。

1711 年：爪哇咖啡第一次在阿姆斯特丹公開拍賣。

1711 年：一種將研磨好的咖啡粉裝在粗斜條棉布（亞麻）袋中，用浸泡方式製作咖啡的新方法被引進法國。

1712 年：德國斯圖加特當地的第一家咖啡館開張。

1713 年：德國奧格斯堡當地的第一家咖啡館設立。

1714 年：一株由在 1706 年被阿姆斯特丹植物園所接收咖啡植株的種子培育出的咖啡樹，被獻給法國國王路易十四，並在巴黎植物園中培育。

1715 年：尚·拉羅克在巴黎出版了他的作品《歡樂阿拉伯之旅》，當中描述了許多關於咖啡在阿拉伯，以及它被引進法國的許多珍貴資訊。

1715 年：咖啡種植被引進海地及聖多明哥。

1715～1717 年：咖啡種植被一位聖馬洛的船長引進波旁大島（現在的留尼旺），他遵照法屬印度公司的指令，將咖啡植株從摩卡帶出來。

1718 年：咖啡的種植被引進蘇利南（荷屬圭亞那）。

1718 年：Abbé Guillaume Massieu 的《Carmen Caffaeum》，關於咖啡最早且最著名的詩作，以拉丁文譜寫完成，並在法蘭西文學院朗誦。

1720 年：弗洛里安諾·法蘭西斯康尼在威尼斯開設弗洛里安咖啡館。

1721 年：德國柏林的第一家咖啡館開幕。

1721 年：梅瑟發表了一本探討咖啡、茶及巧克力的專論。

1722 年：咖啡種植從蘇利南被引進開宴。

1723 年：葡萄牙殖民地開始在巴西帕拉以從開宴（法屬圭亞那）運來的植株首次進行咖啡種植，結果以失敗告終。

1723 年：諾曼步兵團的海軍上尉加百列‧狄克魯帶著獻給路易十四的其中一株爪哇咖啡樹幼苗由法國啟航，並在前往馬丁尼克的漫長旅程中，與它分享了自己的飲水。

1727 年：咖啡的種子與幼苗從法屬圭亞那開宴，被帶進位於亞馬遜河口的葡萄牙殖民地帕拉，開啟了咖啡種植第一次成功引進巴西的開端。

1730 年：英國人將咖啡種植引進牙買加。

1732 年：英國國會藉由減少內陸賦稅，試圖鼓勵英國在美洲的殖民地種植咖啡。

1732 年：巴哈著名的《咖啡清唱劇》在萊比錫出版。

1737 年：貿易商咖啡館在紐約創建；有些人稱其為美國自由精神真正的搖籃及美國的誕生之地。

1740 年：咖啡文化由西班牙傳教士從爪哇引進菲律賓。

1740 年：瑞典頒布了一條皇家敕令，反對「茶與咖啡的濫用與過度飲用。」

1748 年：咖啡種植由唐‧荷西‧安東尼奧‧吉列伯特引進古巴。

1750 年：咖啡種植由爪哇引進蘇拉威西。

1750 年：在英國，平直外觀的咖啡壺開始被偏愛滾圓壺身與彎曲壺嘴的藝術反動運動取代；壺的側邊近乎是平行的，壺蓋的半球被壓平到在壺邊緣非常低的高度。

1750～1760 年：咖啡種植被人引進了瓜地馬拉。

1752 年：葡萄牙殖民地的密集咖啡種植在巴西帕拉及亞馬遜州重新展開。

1754 年：在送往駐紮於馬賽的國王軍隊的貨物中，提到有一個 8 吋長、直徑 4 吋的白銀製烘焙器。

1755 年：咖啡種植由馬丁尼克被引進到波多黎各。

1756 年：咖啡飲用在瑞典被皇家命令禁止，但是非法咖啡製作販賣和稅收的損失最終迫使禁令被解除。

1760 年：熬製——即煮沸咖啡，在法國普遍被泡製法所取代。

1760 年：朱奧‧亞伯特‧卡斯特羅‧布朗庫種下一棵從葡屬印度果阿邦帶到里約熱內盧的咖啡樹。

1761 年：巴西豁免咖啡的出口關稅。

1763 年：一位法國聖班迪特的錫匠唐馬丁發明了一種咖啡壺，壺的內裡「被一個細緻的麻布袋整個填滿」。還有一個閥門可以倒出咖啡。

1764 年：皮特羅‧維里伯爵在義大利米蘭創立一本哲學與文學期刊，刊名為《Il Caffè》（咖啡）。

1765 年：龐巴杜夫人財產目錄中的金磨臼被提及。

1770 年：英國咖啡供應壺風格的徹底改革；回歸到土耳其大口水壺的流暢線條。

1770 年：荷蘭首次將菊苣與咖啡一同使用。

1770～1773 年：里約、米納斯，以及聖保羅開始進行咖啡種植。

1771 年：John Dring 因複合咖啡而獲得一項英國專利。

1744 年：一位名為 Molke 的比利時修士將咖啡植株由蘇利南引進里約熱內盧的卡普欽修道院花園中。

1744 年：一封由通訊委員會從紐約貿易商咖啡館發出，送往波士頓的信函中，做出組建美利堅合眾國的提議。

1775～1776 年：威尼斯十人議會以不道

德、邪惡，還有貪腐為由，對咖啡館下達禁令。然而，咖啡館從所有打壓它們的企圖中存活了下來。

1777 年：普魯士的腓特烈大帝發表他著名的咖啡與啤酒宣言，建議社會下層階級飲用後者以取代前者。

1779 年：理查‧迪爾曼因一項製作研磨咖啡磨豆器的新方法被核發英國專利。

1779 年：咖啡種植被西班牙航海家納瓦洛從古巴引進哥斯大黎加。

1781 年：普魯士的腓特烈大帝在德國創辦了國營咖啡烘焙工廠，宣布咖啡業為皇家獨占事業，並禁止一般人自己烘焙咖啡。「咖啡好鼻師」則讓違背法律者的日子極不好過。

1784 年：咖啡種植被引進委內瑞拉，使用的是從馬丁尼克來的種子。

1784 年：科隆選侯國的統治者馬克西米利安‧弗里德里希頒布了一項禁令，禁止富人階級之外的所有人使用咖啡。

1785 年：麻薩諸塞州的州長詹姆斯‧鮑登將菊苣引進美國。

1789 年：美國開始徵收咖啡的進口關稅，每磅 2½ 美分。

1789 年：喬治‧華盛頓以美國總統當選人的身分，在 4 月 23 日於紐約市的貿易商咖啡館被正式迎接。

1790 年：咖啡種植由西印度群島被人引進了墨西哥。

1790 年：美國第一家批發咖啡烘焙工廠在紐約市大碼頭街 4 號開始營運。

1790 年：第一則美國的咖啡廣告出現在《紐約廣告日報》中。

1790 年：美國的咖啡進口關稅被提高到每磅 4 美分。

1790 年：第一份粗糙的包裝咖啡被放在「窄口粗陶壺和粗陶罐中，」由紐約商人販賣。

1791 年：一位名為約翰‧霍普金斯的英國貿易商將里約熱內盧的第一批咖啡出口至葡萄牙里斯本。

1792 年：通天咖啡館於紐約市創建。

1794 年：美國的咖啡進口關稅上漲到每磅 5 美分。

1798 年：湯瑪斯‧布魯福二世因改良的咖啡研磨磨臼獲得了第 1 項美國專利。

1800 年*：菊苣在荷蘭開始被當做咖啡替代品使用。

1800 年*：後來改為瓷製的錫製德貝洛依咖啡壺出現——最原始的法式滴漏咖啡壺。

1800*～1900 年*：在英國，手柄與壺嘴呈直角的咖啡供應壺風格有回歸的趨勢。

1802 年：第一項咖啡濾器的法國專利被核發給德諾貝、亨理恩和胡許——發明了「以浸泡方式的藥物學：化學咖啡製作器具」。

1802 年：查爾斯‧瓦耶特以一種蒸餾咖啡的器具獲得一項倫敦的專利。

1804 年*：第一批由摩卡送出的咖啡貨運以及其他東印度出產物，被放置於船艙底層，送往麻薩諸塞州塞勒姆。

1806 年：詹姆斯‧亨克被核發一項咖啡乾燥機的英國專利，「一項由一位外邦人傳達給他的發明。」

1806 年：無須煮沸，以過濾方式製作咖啡的改良法式滴漏咖啡壺所獲得的第一項法國專利被核發給阿德羅。

1806 年：居住在巴黎，被流放的美籍科學家倫福德伯爵（班傑明‧湯普森）發明咖啡滲濾壺（即改良後的法式滴漏咖啡壺）。

1808 年：咖啡在哥倫比亞庫庫塔附近小規模

種植，這裡的咖啡是在十八世紀後半葉由委內瑞拉引進的。

1809 年：美國第一批由巴西進口的咖啡抵達麻薩諸塞州塞勒姆。

1809 年：咖啡在巴西成為貿易商品。

1811 年：一位倫敦食品雜貨商兼茶葉商華特・洛克弗德因壓縮咖啡塊在倫敦獲得了一項專利。

1812 年：英國的咖啡是在鐵鍋或在以鐵皮製作的空心圓筒中烘焙；然後再用研缽搗碎，或用手搖磨臼研磨。

1812 年：安東尼・施依克獲得一項關於烘焙咖啡法（或者說步驟）的英國專利，但規格說明書從未被提出。

1812 年：咖啡在義大利是被人放在配有鬆鬆的軟木塞的玻璃瓶中烘焙的，玻璃瓶被保持在木炭燃燒的澄澈火焰上，並且被不間斷地進行攪動。

1812 年：美國的咖啡進口關稅由於戰爭稅收措施的原因，上漲到每磅 10 美分。

1813 年：一項研磨和搗碎咖啡的磨豆機美國專利被核發給康乃狄克州紐海文的亞歷山大・鄧肯・摩爾。

1814 年：戰爭時期茶和咖啡投機生意的狂熱，令費城的居民組成了一個不消費協會，每個立誓加入的人都必須保證不會為每磅咖啡付出比 25 美分還高的價格，還有不喝茶，除非是已經運進國內的。

1816 年：美國的咖啡進口關稅下降到每磅 5 美分。

1817 年*：咖啡比金（據說是由一位名叫比金的人所發明的）在英國開始被普遍使用。

1818 年：供咖啡現貨交易及取得咖啡的利哈佛咖啡市場被創建。

1819 年：巴黎錫匠莫里斯發明了一種雙重滴漏、可翻轉咖啡壺。

1819 年：勞倫斯因最早的泵浦式滲濾器具而獲得了一項法國專利，水在這個器具中會被蒸氣壓推高並滴流在磨好的咖啡上。

1820 年：巴爾的摩的佩瑞格林・威廉森因在 1820 年對咖啡烘焙做出的改良而被核發了在美國的第一項專利。

1820 年：另一種早期的法式滲濾壺由巴黎錫匠格德獲得專利。

1822 年：緬因州的內森・里德被核發咖啡脫殼機的美國專利。

1824 年：理查・伊凡斯因烘焙咖啡的商用方法獲得了英國專利，此項專利包括了裝有供混合用的改良式凸緣的圓筒形鐵皮烘焙器；在烘焙的同時為咖啡取樣的中空管子及試驗物；以及將烘焙器徹底翻轉以便清空內容物的方法。

1825 年：藉由蒸氣壓力和部分真空原理作用的泵浦式滲濾壺在法國、德國，奧地利以及其他地方開始流行。

1825 年：第一項咖啡壺的美國專利被人核發了給紐約的路易斯・馬多利。

1825 年：咖啡種植由里約熱內盧被人引進了夏威夷。

1827 年：巴黎一位鍍金珠寶製造商 Jacques Augustin Gandais 發明了第一臺真正能實際使用的泵浦滲濾壺。

1828 年：康乃狄克州梅里登的查爾斯・帕克開始著手研究最初的帕克咖啡磨豆機。

1829 年：第一項咖啡磨豆機的法國專利被核發給法國莫爾塞姆的 Colaux & Cie。

1829 年：Lauzaune 公司開始在巴黎製作手搖式鐵製圓筒咖啡烘焙機。

1830 年：美國的咖啡進口關稅調降至每磅 2 美分。

1831 年：大衛・塞爾登因一臺有鑄鐵製研磨錐的咖啡磨豆機而被核發一項英國專利。

1831 年：英國的約翰・惠特莫公司開始製造咖啡種植機械。

1831 年：美國的咖啡進口關稅調降至每磅 1 美分。

1832 年：康乃狄克州梅里登的愛德蒙・帕克與赫曼・M・懷特帕克因一種新式的家用咖啡與香料研磨器，被核發了 1 項美國專利。（查爾斯・帕克公司也在同年奠定基礎。）

1832 年：由強制勞動力進行官方咖啡種植的方式被引進爪哇。

1832 年：咖啡被列在美國的免稅清單上。

1832～1833 年：康乃狄克州柏林鎮的 Ammi Clark 因改良家用咖啡及香料研磨器獲得美國專利。

1833 年：康乃狄克州哈特福的阿莫斯・藍森在1833年獲得一項咖啡烘焙器的美國專利。

1833～1834 年：詹姆斯・威爾德在紐約建立了一家全英式咖啡烘焙及研磨工廠。

1834 年：這一年標示著哥倫比亞最早有紀錄的咖啡出口。

1834 年：約翰・查斯特・林曼因將裝配有金屬鋸齒的圓形木盤用在咖啡脫殼機上而獲得一項英國專利。

1835 年：波士頓的湯瑪斯・迪特森獲得脫殼機的美國專利。隨後還有另外十項專利。

1835 年：爪哇及蘇門答臘開始出現最早的私人咖啡莊園。

1836 年：第一項咖啡烘焙機的法國專利核發給了巴黎的 François RenéLacoux 的陶瓷製複合式咖啡烘焙研磨機。

1837 年：里昂的 François Burlet 因法國第一種咖啡替代品獲得專利。

1839 年：詹姆斯・瓦迪和莫理茲・普拉托因一種採用真空步驟製作咖啡、且上層器皿為玻璃製的甕形滲濾式咖啡壺，而被核發了一項英國專利。

1840 年：咖啡種植被引進薩爾瓦多。

1840 年：中美洲開始將咖啡運往美國。

1840 年*：羅伯特・納皮爾父子克萊德造船公司的羅伯特・納皮爾發明了一種藉由蒸餾和過濾來製作咖啡的納皮爾真空咖啡機，然而，此器具從未被註冊專利。（見 1870 年條目。）

1840 年：紐約州波蘭的阿貝爾・史提爾曼獲得1項美國專利，專利內容是在家用咖啡烘焙器上加上讓操作者得以在烘焙過程中觀察咖啡的雲母片視窗。

1840 年：英國人開始在印度種植咖啡。

1840 年：威廉・麥金能開始製造咖啡農莊種植機械。（他的公司創立於 1798 年）

1842 年：第一個玻璃製咖啡製作器具的法國專利被核發給里昂的瓦雪夫人。

1843 年：巴黎的 Edward Loysel de Santais 因改良式咖啡製作機器獲得專利，機器的原理隨後被體現在一個 1 小時沖煮 2000 杯咖啡的流體靜力滲濾壺上。

1846 年：波士頓的詹姆斯・W・卡特因他的「拉出式」烘豆機而被核發 1 項美國專利。

1847 年：巴爾的摩的 J・R・雷明頓獲得 1 項咖啡烘焙機的美國專利，專利內容是採用以箕斗輪將咖啡生豆用單一方向推送穿過一個以木炭加熱的槽，生豆在通過轉動的箕斗輪的同時被烘焙。

1847～1848 年：威廉和伊莉莎白・達金因

一個有金、銀、白金，或合金內襯的烘焙圓筒，還有架設在天花板軌道上，將烘豆器由烘爐中移進和移出的移動式滑動臺架設計的烘豆機在英國獲得專利。

1848 年：湯瑪斯・約翰・諾里斯因鍍有琺瑯的有孔滲濾式烘焙圓筒獲得 1 項英國專利。

1848 年：咖啡研磨機器的第一項英國專利被核發給路克・赫伯特。

1849 年：利哈佛的 Apoleoni Pierre Preterre 將咖啡烘焙機架設在秤重器具上，以顯示烘焙過程中的重量流失並自動中斷烘焙過程，因而獲得 1 項英國專利。

1849 年：辛辛那提的湯瑪斯・R・伍德因改良一臺為廚房爐具設計的球形咖啡烘焙機獲得1項美國專利。

1850 年：約翰・戈登有限公司開始在倫敦製造咖啡農園機械。

1850 年*：咖啡種植被引進瓜地馬拉。

1850 年*：約翰・沃克為咖啡種植事業引進他的圓筒碎漿機。

1852 年：愛德華・吉因一款烘焙改良式複合烘豆裝置在英國獲得 1 項專利；烘豆機有一個打有孔洞的圓筒，並裝配了供烘焙時翻轉咖啡豆之用的傾斜凸緣。

1852 年：Robert Bowman Tennet 因一臺雙圓筒式碎漿機在英國獲得 1 項專利。隨後還有其餘專利

1852 年：塔維涅因一種咖啡塊獲得了 1 項法國專利。

1853 年：拉卡薩涅與 Latchoud 因製作咖啡的固態及液態萃取物獲得 1 項法國專利。

1855 年：紐約州 Fishkill Landing 的 C・W・范・弗利特在 1855 年因一臺採用了上層為斷裂錐、下層是研磨錐的家用咖啡磨豆機而被

核發了1項美國專利。此專利被讓渡給了康乃狄克州梅里登的查爾斯・卡特。

1856 年：偉特和謝內爾的老自治領式咖啡壺在美國註冊專利。

1857 年：諾威公司咖啡清洗機械的專利在美國提出專利申請。隨後還有 16 項其他專利。

1857 年：喬治・L・史奎爾於紐約州水牛城開始製造咖啡農園機械。

1859 年：約翰・戈登因咖啡碎漿機而獲得 1 項英國專利。

1860 年*：包裝式研磨咖啡的先驅奧斯彭的馳名調製爪哇咖啡，由路易士・A・奧斯彭投放至紐約市場上。

1860 年：一位在哥斯大黎加聖荷西的美籍機械工程師馬可斯・梅森發明梅森咖啡碎漿清潔機。

1860 年：約翰・沃克獲得為去除阿拉伯咖啡豆果肉所製作圓盤式碎漿機的英國專利。

1860 年：Alexius van Gülpen 開始在德國埃默里希生產咖啡生豆分級機器。

1861 年：由於戰爭稅收措施的原因，美國的咖啡進口關稅來到每磅 4 美分。

1862 年：美國第一家為散裝咖啡製作紙袋的公司在布魯克林開始營運。

1862 年：費城的 E・J・海德獲得 1 項美國專利，專利內容是咖啡烘焙機與裝配有起重機的火爐之組合，烘焙圓筒在有起重機的火爐上能夠被旋轉，並可水平迴轉以清空與重新裝填。

1864 年：紐約的傑貝茲・伯恩斯因伯恩斯咖啡烘焙機獲得了 1 項美國專利，這是第一臺在清空咖啡豆時，不需由火源處移開的機器；這在咖啡烘焙裝置的製造方面是一項獨特的發展。

1864 年：詹姆斯・亨利・湯普森、霍博肯及約翰・利傑伍德因一臺咖啡脫殼機獲得 1 項英國專利。

1865 年：約翰・艾伯克將獨立包裝的烘焙咖啡引進匹茲堡的同業中，即名為「Ariosa」包裝咖啡的先驅。

1866 年：美國駐里約熱內盧代理大使 William Van Vleek Lidgerwood 獲得 1 項咖啡脫殼清洗機的英國專利。

1867 年：傑貝茲・伯恩斯獲得一臺咖啡冷卻機、一臺咖啡混合機，以及一臺研磨機——或可說造粒機的美國專利。

1868 年：紐約的湯瑪斯・佩吉開始製造與卡特烘豆機類似的一款拉出式咖啡烘焙機。

1868 年：與 J・H・藍辛及 Theodor von Gimborn 合夥的 Alexius van Gülpen，開始在德國埃默里希製造咖啡烘焙機器。

1868 年：康乃狄克州米德爾頓的 E・B・曼寧在美國註冊他的茶與咖啡兩用壺的專利。

1868 年：約翰・艾伯克因一種烘焙咖啡塗布層配方獲得 1 項美國專利，配方中包括鹿角菜、魚膠、明膠、糖，以及蛋。

1869 年：紐約的 Élie Moneuse 與 L・Duparquet 因一個以銅片製成、內裡有純錫片內襯的咖啡壺獲得 3 項美國專利。

1869 年：紐約的 B・G・阿諾德策劃了第一宗大批生豆投機買賣；他做為操盤手的成功為他贏得了咖啡貿易之王的稱號。

1869 年：費城威克爾&史密斯香料公司的讓與人亨利・H・史麥澤獲得一個可同時供咖啡使用之香料盒的美國專利。

1869 年：倫敦的咖啡販售執照被廢止。

1869 年：咖啡葉斑病侵襲錫蘭的咖啡莊園。

1870 年：費城的約翰・古利克・貝克是賓夕凡尼亞州 Enterprise Manufacturing 公司的創辦人之一，因一臺由 Enterprise Manufacturing 公司以「冠軍一號」研磨機之名引進給同業的咖啡磨豆器而獲得一項專利。

1870 年：Delephine, Sr., Marourme 因一種可在火焰上翻轉的管狀咖啡烘豆器而獲得 1 項法國專利。

1870 年：德國埃默里希的 Alexius van Gülpen 製作出一款有孔洞及排氣裝置的球形咖啡烘焙器。

1870 年：蘇格蘭格拉斯哥的 Thos, Smith & Son 公司（後繼者是艾爾金頓公司）為了以蒸餾方式煮製咖啡，開始生產納皮爾真空咖啡機。

1870 年：俄亥俄州哥倫布的巴特勒，艾爾哈特公司註冊了美國第一個咖啡香精的商標。

1870 年：巴西第一家咖啡穩價企業最終以失敗收場。

1871 年：紐約的 J・W・吉利斯因在咖啡烘焙及處理過程當中，加入了冷卻處理過程而獲得 2 項美國專利。

1871 年：美國第一個咖啡商標被核發給俄亥俄州哥倫布巴特勒，艾爾哈特公司於 1870 年首度開始使用的「Buckeye」。

1871 年：G・W・亨格弗爾德因一臺咖啡清潔磨光機獲得 1 項美國專利。

1871 年：美國的咖啡進口關稅調降至每磅 3 美分。

1872 年：紐約的傑貝茲・伯恩斯因一臺改良式咖啡造粒磨粉機獲得 1 項美國專利。另一項專利於 1874 年取得。

1872 年：瓜地馬拉喬科拉的 J・瓜迪歐拉因一臺咖啡碎漿機及一臺咖啡乾燥機首次獲得他的美國專利。

1872 年：美國取消咖啡進口關稅。

1872 年：紐約的羅伯特‧休伊特二世出版了美國第一本關於咖啡的著作，《咖啡：歷史、種植，與用途》。

1873 年：費城的 J‧G‧貝克是賓夕凡尼亞州 Enterprise Manufacturing 公司的讓與人，他因一臺後來被業界稱為「全球企業冠軍○號」的研磨磨粉機獲得 1 項美國專利。

1873 年：馬可斯‧梅森開始在美國生產咖啡農莊種植機械。

1873 年：第一個成功的包裝咖啡全國性品牌「Ariosa」被匹茲堡的約翰‧艾伯克投放到美國市場上。（於 1900 年註冊）

1873 年：巴爾的摩的 H‧C‧拉克伍德因一種以紙製成，並加上錫箔內襯的咖啡包裝獲得 1 項美國專利。

1873 年：第一個為控制咖啡而成立的國際聯盟在德國法蘭克福由德國貿易公司成立組織，同時此組織成功地運行了 8 年。

1873 年：Jay Cooke 股票市場恐慌導致里約咖啡豆在紐約市場的價格於一天內，從 24 美分降到 15 美分。

1873 年：喬治亞州格里芬的 E‧達格代爾因咖啡替代品獲得 2 項美國專利。

1873 年：設計用來取代小酒吧成為勞工的休閒場所的第一間「咖啡宮殿」——愛丁堡城堡在倫敦開張。

1874 年：約翰‧艾伯克因一臺咖啡清潔分級機獲得 1 項美國專利。

1875 年：咖啡種植被引進瓜地馬拉。

1875～1876～1878 年：賓夕凡尼亞州新布萊頓的 Turner Strowbridge 因首度由 Logan & Strowbridge 公司製造的箱式咖啡磨粉機獲得 3 項美國專利。

1876 年：約翰‧曼寧在美國生產他的閥門式滲濾咖啡壺。

1876～1878 年：水牛城的亨利‧B‧史蒂文斯是水牛城人士喬治‧L‧斯奎爾的讓與人，他因咖啡清潔與分級機器而獲得美國專利。

1877 年：一臺商用咖啡烘焙機的第 1 項德國專利被核發給 G. Tuberman 之子。

1877 年：巴黎的馬尚和伊涅特因一臺圓形，或說球形咖啡烘豆機獲得 1 項法國專利。

1877 年：瓦斯咖啡烘豆機的第一項法國專利被核發給馬賽的魯雷。

1878 年：咖啡種植被引進英屬中非。

1878 年：《香料磨坊》是第一份提獻給咖啡及香料行業的報紙，由傑貝茲‧伯恩斯在紐約創立。

1878 年：康乃狄克州新不列顛的 Landers, Frary & Clark 公司讓與人魯道弗斯‧L‧韋伯因改良家用箱式咖啡研磨器而獲得 1 項美國專利。

1878 年：波士頓的咖啡烘焙商 Chase & Sanborn 是第一家將烘焙咖啡以密封容器包裝及運送的公司。

1878 年：費城的約翰‧C‧戴爾因一臺供店面使用的咖啡磨粉機獲得 1 項美國專利。

1878 年：英國人開始在中非地區種植咖啡。

1879 年：英國蘭卡斯特斯托克波特的 H‧福爾德因第一臺英國燃氣式咖啡烘焙機獲得 1 項英國專利，這臺機器目前由 Grocers Engineering & Whitmee 公司製造。

1879 年：英國的弗勒里與巴克公司發明了一種新的燃氣式咖啡烘焙機。

1879 年：里約熱內盧的 C‧F‧哈格里夫斯因脫殼、光亮，以及分離咖啡豆的機械裝置獲得 1 項英國專利。

1879 年：紐約的查爾斯・霍爾斯特德是第一位生產有陶瓷內襯之金屬咖啡壺的人。

1879～1880 年：康乃狄格州紹辛頓佩克・斯托・威爾考克斯公司的奧森・W・斯托因對咖啡及香料磨粉器進行改良而獲得 1 項美國專利。

1880 年：由於巴西、墨西哥，以及中美洲等地的咖啡種植與採購企業聯合組織的緣故，美國因此在咖啡貿易上遭受到了極為沉重的打擊。

1880 年：配有蓋子、底部有可供澄清與過濾之平紋細布的咖啡壺首次由 Duparquet, Huot & Moneuse 公司在美國製造。

1880 年：英國曼徹斯特的彼得・皮爾森因將一款咖啡烘焙器的燃料由煤炭改為瓦斯而獲得 1 項英國專利。

1880 年：費城的亨利・史麥澤因一臺包裝充填機獲得 1 項美國專利，此機器是秤重包裝機的先驅，約翰・艾伯克因掌控此機器而開啟了與哈弗邁爾的咖啡與糖之爭端。

1880 年：有著花俏外型的咖啡包裝紙袋首次在德國使用。

1880～1881 年：G・W・亨格弗爾德與 G・S・亨格弗爾德因清潔、沖刷與亮光咖啡的機器獲得美國專利。

1880～1881 年：北美以「三位一體」（O・G・金博爾、B・G・阿諾德，以及鮑伊・達許，全都來自紐約）為人所知的第一個大型咖啡貿易聯盟以轟動社會的方式解體，聯盟的失敗是由於巴西、墨西哥，以及中美洲等地的咖啡種植與採購企業聯合組織的緣故。

1881 年：史提爾與普萊斯公司首先引進全紙製（硬紙板）的咖啡罐。

1881 年：布魯克林的 C・S・菲利普斯因咖啡的陳化與熟成獲得 3 項美國專利。

1881 年：德國埃默里希的 Emmericher Machinenfabrik und Eisengiesserei 公司開始製造附有瓦斯加熱器的密封球形烘豆器。

1881 年：傑貝茲・伯恩斯因對他自己的烘豆器進行結構改良而獲得 1 項美國專利，包括了一個可同時供重新裝填及清空使用的可翻轉前端頂部。

1881 年：艾德加・H・摩根與查爾斯摩根兄弟開始製造家用咖啡磨粉機，後來（1885 年）被伊利諾伊州弗里波特的 Arcade 製造公司購得。

1881 年：紐約的弗朗西斯・B・特伯出版了美國第二重要的咖啡著作，《咖啡：從農場到杯中物》。

1881 年：布魯克林的哈維・里克將被稱為「老大」的「1 分鐘」咖啡壺及咖啡甕引進這個行業，「老大」隨後改名為「1 分鐘」，而加以改良後，以「半分鐘」咖啡壺之名註冊專利（1901 年）：它是使用厚底棉布袋的過濾裝置。

1881 年：紐約咖啡交易所成立。

1882 年：紐約的克里斯多弗・阿貝爾因對一款與被稱為 Knickerbocker 初始伯恩斯機型（專利已於 1864 年過期）類似的咖啡烘豆機進行改良而在美國獲得 1 項專利。

1882 年：亨格弗爾德父子製作出一款與最早的伯恩斯機型相似的咖啡烘焙機，與克里斯多弗・阿貝爾競爭。

1882 年：柏林的艾米爾・諾伊施塔特因最早的咖啡萃取液製作機獲得 1 項德國專利。

1882 年：第一個法國咖啡交易——或說集散市場，在利哈佛開幕。

1882 年：紐約咖啡交易所開始營業。

1883 年：伯恩斯改良式樣本咖啡烘焙機由傑貝茲・伯恩斯在美國註冊專利。

1884 年：後來被稱為「馬里昂・哈蘭德」的「星辰」咖啡壺被引進咖啡業。

1884 年：Chicago Liquid Sac 公司將最初紙與錫罐的組合咖啡容器引進美國。

1885 年：F・A・哥舒瓦將一款陶瓷內襯的咖啡甕引進美國市場。

1885 年：紐約咖啡交易所的資產被移轉至紐約市咖啡交易所，經由特殊許可進行合併。

1885 年：咖啡種植被引進比屬剛果。

1886 年：沃克父子有限公司開始在錫蘭實驗一種賴比瑞亞盤狀咖啡碎漿機；在 1898 年徹底完善。

1886～1888 年：「咖啡大爆發」迫使里約第七類咖啡期貨的價格由 7.5 美分上升到 22¼ 美分，其後的恐慌將價格削減到 9 美分。1887 年到 1888 年紐約咖啡交易所的總銷量是 4 萬 7868.75 袋；同時在 1886 年到 1887 年間，價格上揚了 1485 點。

1887 年：倫敦的 Beeston Tupholme 因一臺直火瓦斯咖啡烘豆機獲得 1 項英國專利。

1887 年：咖啡種植被引進東京，印度支那。

1887 年：咖啡交易所在阿姆斯特丹及漢堡開始營業。

1888 年：巴西奴隸制度的廢止令咖啡工業蒙受損害，並為君主政體的衰落鋪路，其後在 1888年被共和體制承接。

1888 年：巴西聖保羅皮拉西卡巴的 Evaristo Conrado Engelberg 因一臺咖啡脫殼機（於 1885年發明）獲得 1 項美國專利；同年，紐約雪城的 Engelberg 脫殼機公司以製造並販售 Engelberg 機器為目的而組織成立。

1888 年：荷蘭海牙的 Karel F. Henneman 因一款直火式瓦斯咖啡烘豆機而獲得 1 項西班牙專利。

1888 年：1 項法國專利因一臺燃氣式烘豆機被核發給 Postulart。

1889 年：1886 年由蘇格蘭格拉斯哥來到美國的大衛・福瑞澤創辦了亨格福德公司，接替了亨格福德的生意。

1889 年：伊利諾伊州弗里波特的 Arcade 製造公司生產出第一臺「磅」級咖啡磨粉機。

1889 年：荷蘭海牙 Karel F. Henneman 的直火式瓦斯咖啡烘豆機獲得比利時、法國，以及英國專利。

1889 年：C・A・奧圖因一臺可在 3.5 分鐘內將咖啡烘好的螺旋線圈加熱瓦斯咖啡烘豆機獲得 1 項德國專利。

1890 年：法國巴勒迪克的 A. Mortant 開始製造咖啡烘焙用機械。

1890 年*：咖啡交易所於安特衛普、倫敦，及鹿特丹開始營運。

1890 年：Sigmund Kraut 開始在柏林生產新式的防油紙質內襯咖啡包裝袋。

1891 年：波士頓的新英格蘭自動度量衡機械公司開始製造將咖啡秤重裝填至硬紙盒或其他包裝的機械。

1891 年：瓜地馬拉安提瓜的 R. F. E. O'Krassa 因一臺為咖啡碎漿的機械獲得 1 項重要的英國專利。

1891 年：英國肯特郡布萊克希思的約翰・李斯特因一臺被描述為納皮爾系統改良版的蒸氣式咖啡甕獲得 1 項英國專利。

1892 年：德國埃默里希的 T・馮・金伯因在旋轉式圓筒中採用無遮罩瓦斯火焰的咖啡烘豆機而獲得 1 項英國專利。

1892 年：德國馬德堡市 Buckau的Fried. Krupp A. G. Grusonwerk 公司開始製造咖啡種植機械。

1893 年：紐奧良的 Cirilo Mingo 因藉由使袋子潮溼的方式，讓咖啡生豆熟成或陳化的加工方法獲得 1 項美國專利。

1893 年：美國第一臺直火瓦斯咖啡烘豆機（Tupholme的英國機械）由 F・T・荷姆斯安裝在紐約 Potter-Parlin 公司的工廠中，他也以日租為基礎的方式，在全美各地安裝類似的機器，將租約限制在一個城市只有一間公司，他由 Waygood, Tupholme 公司——現今倫敦的 Whitmee 機械股份有限公司，取得美國獨家代理權。

1893 年：荷蘭海牙 Karel F. Henneman 的直火式瓦斯咖啡烘豆機獲得美國專利。

1894 年：第一臺能秤量貨品並裝填至硬紙盒中的自動秤重機被裝設在波士頓的 Chase & Sanborn 公司。

1894 年：費城的約瑟夫・M・瓦許出版了他的著作《咖啡：歷史、分類，與性質》。

1895 年：荷蘭海牙的 Gerritt C. Otten 及 Karel F. Henneman 因一臺咖啡豆機獲得1項美國專利。

1895 年：Adolph Kraut 將德國雙層（防油內襯）咖啡紙袋引進美國。

1895 年：紐約馬可斯・梅森公司的讓與人馬可斯・梅森因咖啡碎漿及亮光的機械獲得美國專利。

1895 年：費城的 Thomas M. Royal 是第一位在美國製造新式雙層內襯咖啡紙袋的人。

1895 年：埃德列斯坦・賈丁在巴黎出版了他關於咖啡的作品《咖啡店及它們的店主》。

1895 年：麻薩諸塞州昆西的電子度量衡公司開始製作氣動式秤量機械；生意由麻薩諸塞州 Norfolck Downs 的氣動式度量衡股份有限公司接續。

1895 年：荷蘭機械 Henneman 直火式瓦斯咖啡烘焙機由麻薩諸塞州菲奇堡的 C・A・克羅斯引進美國。

1896 年：天然氣在美國首次被用來做為烘焙咖啡的燃料，於賓夕凡尼亞州與印第安納州將改良式瓦斯爐放置在煤炭烘焙圓筒下方。

1896 年：咖啡在東非肯亞進行實驗性栽種。

1896～1897 年：Beeston Tupholme 因他的直火瓦斯咖啡烘焙機獲得美國專利。

1896 年：咖啡種植被小範圍的引進了澳洲昆士蘭。

1897 年：佛蒙特州的約瑟夫・蘭伯特開始在密西根州巴特爾克里克製造並販賣蘭伯特獨立式咖啡烘豆機，這款機器沒有當時咖啡烘焙機器必備的磚砌鑲嵌底座。

1897 年：一款特殊的瓦斯爐（後成為專利申請的依據）首次被附加在一般的伯恩斯烘豆機上。

1897 年：賓夕凡尼亞州的 Enterprise Manufacturing 公司是第一個習慣性採用以電動馬達經由所安裝之皮帶輪驅動的商用咖啡磨粉機公司。

1897 年：紐澤西霍博肯的卡爾・H・杜林是紐約 D. B. Fraser 的讓與人，他因一款咖啡烘焙機獲得 1 項美國專利。

1898 年：俄亥俄州特洛依的霍博特製造公司將最早接有電動馬達且經由所附加皮帶輪驅動的首批咖啡磨粉機投放到市場上。

1898 年：布魯克林的米拉爾德・F・漢姆斯利因一款改良式直火瓦斯咖啡烘焙機獲得 1 項美國專利。

1898 年：紐約的愛德恩·諾頓因罐裝食物的真空加工步驟獲得 1 項美國專利，此步驟後來也被應用在咖啡包裝上。其後還有其他專利。

1898 年：一位傑出的委內瑞拉男士 J·A·奧拉瓦里亞首先提出限制咖啡生產計畫，以及調節受咖啡生產過剩之苦國家咖啡出口的主張。

1898 年：一項賣空行動迫使里約第七類咖啡期貨在紐約咖啡交易所的價格下跌到了 4.5 美分。

1899 年：黑死病的爆發讓咖啡價格暫時停止下滑。

1899 年：紐澤西菲利普斯堡的瓶罐公司開始為咖啡製造纖維本體、錫底的正方形及矩形罐頭。

1899 年：一位東京化學家佐藤加藤在芝加哥發明可溶性咖啡。

1899 年：紐約的大衛·B·福瑞澤獲得兩項美國專利，其一是核發給一臺咖啡烘焙機，另一項則是咖啡冷卻機。

1899 年：紐約的埃利斯·M·波特因將某些改良體現在 Tupholme 的機器上，改進製作出直火瓦斯咖啡烘焙機獲得了 1 項美國專利，在這臺改良的機器中，瓦斯火焰大範圍地延伸，如此可避免燒焦，並確保更徹底與均勻的烘焙。

1900 年：裝配有獲得專利、位置在正中央，供充填及清空咖啡豆之用的搖擺柵門頂端的伯恩斯直火瓦斯咖啡烘豆機首度被引進咖啡業內。

1900 年：第一臺齒輪傳動電動咖啡磨粉機由賓夕凡尼亞州的 Enterprise Manufacturing 公司引進美國市場。

1900 年：伯恩斯搖擺柵門咖啡試樣烘焙裝備在美國註冊專利。

1900 年：舊金山的希爾斯兄弟是首先在諾頓專利授權下，將咖啡真空包裝的公司。

1900 年：伊利諾伊州弗里波特的查爾斯·摩根因一款配有可拆卸玻璃量杯的玻璃罐咖啡磨粉器獲得1項美國專利。

1900 年：瓜地馬拉安提瓜的 R. F. E. O'Krassa 因咖啡去殼及乾燥的機器獲得英國及一項美國的專利。

1900 年：以化學方法純化及中和後的松香被用做使烘焙咖啡保持新鮮及美味的亮光劑（harz-glasur）在德國首先被發現並應用。

1900 年：查爾斯·路易斯因他的「Kin Hee」過濾式咖啡壺獲得1項美國專利。

1900 年：肯亞開始進行商業規模咖啡種植。

1900～1901 年：咖啡在聖多斯咖啡永久取代里約咖啡，成為世界最大咖啡供應來源時，邁入了一個全新的紀元。

1901 年：佐藤加藤的可溶性咖啡由在水牛城參加泛美博覽會的加藤咖啡公司投放至美國市場。

1901 年：美國瓶罐公司開始在美國製造並販售錫製咖啡罐。

1901 年：改良版全紙質咖啡罐（以硬紙板、純色刨花板，或以馬尼拉紙製成的刨花板製作而成）由聖路易的 J. H. Kuechenmeister 引進美國市場。

1901 年：專門關注茶葉及咖啡貿易的《咖啡與茶貿易期刊》第一期在紐約出現。

1901 年：咖啡種植由留尼旺島被引進英屬東非地區。

1901 年：紐約的羅伯特·伯恩斯因一臺咖啡烘豆機及冷卻機獲得 2 項美國專利。

1901 年：密西根州馬歇爾的約瑟夫・蘭伯特將一款瓦斯咖啡烘焙機引進美國咖啡業界，那是最早採用瓦斯為燃料進行非直火烘焙的機器之一。

1901 年：英國米德爾薩克斯賓福特的 T・C・穆爾伍德因一臺配有可拆卸取樣管的瓦斯咖啡烘焙機獲得 1 項英國專利。

1901 年：F・T・荷姆斯加入位於紐約西爾弗克里克的韓特利製造公司，隨後開始為咖啡業打造「監測者」咖啡烘豆機。

1901 年：Landers, Frary & Clark 的通用滲濾式咖啡壺在美國註冊專利。

1902 年：寇爾斯製造公司（Braun 公司的接續者）與費城的 Henry Troemner 開始製造及銷售齒輪傳動電動咖啡磨粉器，

1902 年：在墨西哥市舉行的泛美會議提議進行研究咖啡的國際會議，於 1902 年 10 月在紐約集會。

1902 年：10 月 1 日到 10 月 30 日於紐約舉辦了一場國際咖啡會議。

1902 年：羅布斯塔咖啡由布魯塞爾植物園被引進爪哇。

1902 年：Union Bag & Paper 公司製造首批使用整捲紙、以機械製作的新式雙層紙袋。

1902 年：Jagensberg 機械公司開始將德國製的一種咖啡自動包裝標籤機引進美國。

1902 年：明尼亞波利斯的 T・K・貝克因一款布質濾器咖啡壺獲得 2 項美國專利。

1903 年：一項關於濃縮咖啡及製作濃縮咖啡步驟（可溶性咖啡）的美國專利被核發給芝加哥的佐藤加藤，他是芝加哥加藤咖啡公司的讓與人。

1903 年：F・A・哥舒瓦將科菲的可溶性咖啡引進美國咖啡業界，此產品乃是將事先研磨好的烘焙咖啡與糖混合在一起，並使其變為粉末。

1903 年：巴西咖啡豆的過量生產使聖多斯第四類咖啡期貨在紐約交易所的價格降至 3.55 美分，是咖啡有史以來的最低價。

1903 年：紐約的約翰・艾伯克因一臺採用風扇強制「熱火氣」進入烘焙圓筒的咖啡烘焙裝置獲得1項美國專利。

1903 年：紐約的喬治・C・萊斯特因一臺電氣式咖啡烘豆機獲得 1 項美國專利。

1904 年：E. Denekmap博士因一種旨在保存咖啡風味及香氣的松香亮光劑而獲得 1 項美國專利。

1904 年：所謂的「棉花群眾」在 D・J・蘇利的領導下，強迫生豆價格上漲到 11.85 美分，所有紐約咖啡交易所的商業紀錄都因 2 月5日超過百萬袋的銷售而崩盤。

1904 年：紐約 S. Sternau 公司的讓與人 Sigmund Sternau、J. P. Steppe，以及 L. Strassberger 因一款滲濾式咖啡壺獲得 1 項美國專利。

1904～1905 年：紐約馬可斯・梅森公司的讓與人道格拉斯・戈登因一臺咖啡碎漿機及一臺咖啡乾燥機獲得美國專利。

1905 年：水牛城的 A. J. Deer 公司（現在位於紐約霍內爾）開始以分期付款的方式，直接對經銷商銷售自家的「皇家」電氣式磨粉機，徹底改革了從前必須透過設備批發商販售咖啡磨粉器的做法。

1905 年：H・L・約翰生獲得了 1 項核發給咖啡磨粉機的美國專利，他的這項專利之後又被讓渡給位於俄亥俄州特洛依的霍博特製造公司。

1905 年：費德利克・A・哥舒瓦引進他的

「私人莊園」咖啡濾器，這是一款採用日製濾紙的過濾裝置。

1905 年：費城的 Finley Acker 因一款採用「有孔或吸水的紙張」做為過濾材料、且有側邊過濾功能的滲濾式咖啡壺獲得了 1 項美國專利。

1905 年：咖啡交易所在奧匈帝國的里雅斯特開始營運。

1905 年：不來梅的 The Kaffee-Handels Aktiengesellschaft 因一種將咖啡因由咖啡中去除的加工步驟而獲得 1 項德國專利。

1906 年：密蘇里州堪薩斯市的 H・D・凱利因「凱倫姆自動測溫」咖啡甕獲得 1 項美國專利，此甕採用了一個底層咖啡在以真空步驟進行滲濾前，會持續被攪動的咖啡萃取器。隨後還有 16 項專利。

1906 年：一位雙親為英國人、出生於比利時的美籍化學家 G・華盛頓在暫住瓜地馬拉市期間，發明精製的可溶性咖啡。

1906 年：韓特利製造公司的讓與人法蘭克・T・荷姆斯因一項對咖啡烘焙機器的改良獲得 1 項專利。

1906 年：發明於 1900 年、Moegling 上尉的電力咖啡烘豆機在德國進行實機展示。

1906 年：聖路易 Essmueller Mill Furnishing 公司的讓與人 Ludwig Schmit 因一臺咖啡烘焙機獲得 1 項美國專利。

1906 年：首屆巴西咖啡生產州大會在 2 月 29 日於聖保羅陶巴特舉行。

1906～1907 年：巴西的咖啡收成達到破紀錄的 2190 萬袋，而聖保羅州展開一項穩定咖啡價格的計畫。

1907 年：純淨食品和藥品法在美國生效，所有咖啡都有義務正確加以標示。

1907 年：米蘭的 Desiderio Pavoni 因對用來快速泡製單 1 杯咖啡的 Bezzara 咖啡製備供應系統所做出的改良而獲得 1 項義大利專利。

1907 年：芝加哥的 P. E. Edthauer（Edthauer 夫人）因一臺雙層自動秤量機獲得 1 項美國專利，這是第一臺用來秤量咖啡簡單、迅速、正確，同時價格中庸的機器。

1908 年：約翰・弗雷德里克・梅爾二世博士、路德維希・羅斯利烏斯，以及卡爾・海因里希・維莫爾因一種去除咖啡豆中咖啡因的加工方法獲得1項美國專利。

1908 年：巴西開始在英國藉由發給為宣傳咖啡之目的而組織起來的英國公司津貼，來進行咖啡宣傳活動。

1908 年：波多黎各咖啡農向美國國會提交一份備忘錄，要求所有外來咖啡都享有每磅 6 美分的保護性關稅。

1908 年：巴西政府透過赫爾曼・西爾肯向英國、德國、法國、比利時，以及美國借貸 7500 萬美金，因此和銀行家建立聯盟，促使咖啡企業物價穩定措施得以恢復。

1908 年：密西根州巴特爾克里克 J・C・普林斯為一項設計給零售商店使用的小容量（50 到 130 磅）瓦斯兼煤炭咖啡烘焙機的波浪狀圓筒改良取得專利。

1908 年：一臺由開放式穿孔圓筒搭配可彎曲後頂部及前部平衡軸承構成的伯恩斯烘豆機改良款獲得1項美國專利。

1908 年：芝加哥的 I・D・里克海姆引進他的「Tricolator」，這是一款使用日製濾紙的改良裝置。

1908～1911 年：瓜地馬拉安提瓜的 R. F. E. O'Krassa 因去殼、清洗、乾燥和分離咖啡的機器獲得數項英國專利。

1909 年：G・華盛頓精製特調可溶性咖啡被投放至美國市場。

1909 年：A. J. Deer 公司取得普林斯咖啡烘豆機，並以「皇家」咖啡烘豆機之名重新引進咖啡業界。

1909 年：伯恩斯傾斜式樣品咖啡烘焙機因瓦斯或電力加熱組件而在美國獲得專利。

1909 年：紐約的費德利克・A・哥舒瓦因一個配有供重複注水使用離心泵浦的咖啡甕獲得1項美國專利。

1909 年：聖路易的 C・F・布蘭克因一個配有過濾袋的陶瓷咖啡壺獲得 2 項美國專利。

1910 年：德國的無咖啡因咖啡首次由紐約的默克公司引進美國咖啡業界，品牌名稱為 Dekafa，後改為 Dekofa。

1910 年：B・貝利在義大利米蘭出版一部關於咖啡的作品《咖啡館》。

1910 年：紐約霍內爾 A. J. Deer 公司的讓與人法蘭克・巴爾茲因平面與凹面的咖啡研磨盤——裝備有以同心圓方式排列的傾斜鋸齒，獲得 2 項美國專利，此研磨盤用於電氣式咖啡磨粉機上。

1911 年：給咖啡使用之全纖維、羊皮紙襯裡的「Damptite」罐頭被美國罐頭公司引進。

1911 年：美國的咖啡烘焙師組織了一個全國性協會。

1911 年：巴爾的摩的羅伯特・塔布特是位於華盛頓 J. E. Baines 的讓與人兼受託管理人，他因一款電氣式咖啡烘豆機獲得了 1 項美國專利。

1911 年：紐約的愛德華・阿伯恩引進他的「Make-Right」咖啡濾器，並因此濾器獲得 1 項美國專利。

1912 年：瓜地馬拉安提瓜的羅伯特・E・O'Krassa 因清洗、乾燥、分離、脫殼以及亮光咖啡的機器獲得 4 項美國專利。

1912 年：聖路易的 C・F・布蘭克茶與咖啡公司生產「Magic Cup」，後來被稱為「浮士德可溶」咖啡。

1912 年：美國政府提起訴訟，強迫在美國的咖啡庫存銷售需依據物價穩定措施協議。

1912 年：底特律的約翰・E・金因一款採用過濾附加裝置的改良式滲濾咖啡壺獲得 1 項美國專利。

1912 年：依合約交付羅布斯塔咖啡被紐約咖啡與糖交易所禁止。

1913 年：加州洛杉磯的 F・F・韋爾完善了一款咖啡製作裝置，此裝置採用了一個可供濾紙鋪設的金屬製有孔夾具，放置於法式滴漏壺的英式陶製改良版咖啡壺的底部。

1913 年：瓜地馬拉市的 F・倫霍夫・懷爾德與 E・T・卡貝勒斯在比利時布魯塞爾組織了「Société du Café Soluble Belna」，將商品名為「Belna」的精製可溶性咖啡投放到了歐洲市場。

1913 年：俄亥俄州特洛依霍伯特電氣製造公司的讓與人赫伯特・L・約翰生因一臺精製咖啡的機器獲得1項美國專利。

1914 年：The Associated Nationale du Commerce des Cafés 在哈佛爾 Place Jules Ferry 五號成立，成立目的是為了保護全法國咖啡貿易的利益。

1914 年：資本額 100 萬美金的 Kaffee Hag 公司在紐約組織成立，目的是繼續在美國以原始德國品牌名稱銷售德國的無咖啡因咖啡。

1914 年：傑貝茲・伯恩斯父子公司的讓與人，紐約的羅伯特・伯恩斯因一臺咖啡造粒磨粉機獲得 1 項美國專利。

1914 年：採用改良法式滴漏原理的「Phy-lax」咖啡濾器由底特律的 Phylax 咖啡濾器公司引進咖啡業界，此公司在 1922 年由賓夕凡尼亞州的 Phylax 公司繼承。

1914 年：首次的全國咖啡週活動在美國由全國咖啡烘焙師協會發起。

1914～1915 年：芝加哥的赫伯特·高特因高特咖啡壺被核發 3 項美國專利，此咖啡壺為全鋁製，分為兩個部分；一部分是採用了法式滴濾原理的可拆卸圓筒，另一部分則是咖啡收集壺。

1915 年：伯恩斯的「Jubilee」內部加熱式瓦斯咖啡烘豆機在美國進行了專利註冊並投放到市場上。

1915 年：全國咖啡烘焙師協會採用了一組以齒輪－棘輪作用原理螺絲的家用咖啡磨粉機被引進業界。

1915 年：第二屆全國咖啡週在美國舉行，由全國咖啡烘焙師協會主辦。

1916 年：Federal Tin 公司開始製造與自動包裝機器使用相關的錫製咖啡容器。

1916 年：密爾瓦基的 National Paper Can 公司將一種供咖啡使用的新型不透氣密封全紙質罐頭引進美國咖啡業界。

1916 年：1 項美國專利被核發給 I·D·里希海姆，因他對自己「Tricolator」進行改良。

1916 年：倫敦的咖啡貿易協會是為了將捐客、商人，以及大盤批發商都囊括在內而成立的。

1916 年：紐約市咖啡交易所更名為紐約咖啡與糖交易所，加入了糖的貿易。

1916 年：紐約 S·布里克曼的讓與人索爾·布里克曼因一項製作並分配咖啡的裝置獲得 1 項美國專利。

1916 年：紐奧良的奧維爾·W·張伯倫因一款自動滴漏咖啡壺獲得 1 項美國專利。

1916 年：印第安納州達靈頓的朱爾斯·勒佩吉因使用切割滾筒對咖啡進行切割（而非研磨或搗碎）而獲得兩項美國專利，後來由芝加哥的 B. F. Gump 公司以「理想」鋼切咖啡磨碎機之名行銷。

1916～1617 年：第一個供咖啡使用的不透氣密封全紙製罐頭被引進美國咖啡業界（由密爾瓦基的 National Paper Can 公司於 1919 年註冊專利）。

1617 年：設在明尼亞波利斯和紐約的貝克進口公司將「Barrington Hall」可溶性咖啡投放至美國市場。

1617 年：紐約的理查·A·格林和威廉·G·伯恩斯是傑貝茲·伯恩斯父子公司的讓與人，因伯恩斯伸縮臂冷卻機（供批量烘焙咖啡用）獲得美國專利，可達範圍內的所有地方皆能連接到冷卻箱，提供最大風扇吸力。

1918 年：密西根州底特律的約翰·E·金因一種咖啡不規律研磨方式獲得 1 項美國專利，產品中包括 10% 粗磨咖啡粉與 90% 細磨咖啡粉。

1918 年：費城的查爾斯·G·海爾斯公司生產海爾斯可溶咖啡。

1918 年：最早的加藤可溶性咖啡推廣者及加藤專利權所有人 L·D·里希海姆組建了美國可溶性咖啡公司，為海外的美國陸軍提供可溶性咖啡的補給；停戰之後，在加藤專利的約束下授權給了其他貿易商，或為貿易商處理他們的自有可溶性咖啡——如果對方願意的話。

1918 年：美國政府將咖啡進口商、捐客、批

發商、烘焙商，以及大盤商納入戰時許可證交易系統中管理，以管控出口及價格。

1918 年：巴西聖保羅州遭受前所未見的霜害，造成咖啡花的嚴重傷害以及後續咖啡豆的減產。

1918～1919 年：美國政府對咖啡的管制造成咖啡在巴西港口堆積了超過 900 萬袋；即便如此，巴西投機商人迫使巴西咖啡評級上升至 75% 到 100%，導致美國貿易商蒙受數百萬美金的損失。

1919 年：Kaffee Hag 公司在外僑財產監管官將公司股票售出 5000 股，而剩餘 5000 股被俄亥俄州克里夫蘭的喬治·岡德買入後，成為一家美國化公司。

1919 年：賓夕凡尼亞州匹茲堡的威廉·A·哈莫爾以及查爾斯·W·特里格是密西根州底特律之約翰·E·金的讓與人，他們因製作一種新式可溶性咖啡的加工步驟獲得1項美國專利。此加工步驟包括讓揮發性的咖啡焦油與凡士林吸收媒材接觸，如此咖啡焦油可保存在其中，直到需要與蒸發的咖啡萃取物結合為止。

1919 年：底特律的佛洛伊德·W·羅比森因藉由以微生物處理咖啡生豆，以增加其風味及萃取物價值的陳化方法獲得 1 項美國專利。所得到的產品被稱為熟成咖啡投放至市場上。

1919 年：費城的威廉·富拉德因一種供烘焙咖啡之用的「加熱新鮮空氣系統」獲得 1 項美國專利。

1919 年：由巴西咖啡農與聯合咖啡貿易宣傳委員會合作的一項百萬美金等級宣傳活動開始在美國進行。

1920 年：第三屆全國咖啡週在美國舉辦，此次的活動是由聯合咖啡貿易宣傳委員會出資贊助。

1920 年：紐約的愛德華·阿伯恩因一款「Tru-Bru」咖啡壺，即體現改良過後之法式滴濾原理的裝置，獲得 1 項美國專利。

1920 年：紐約的阿爾弗雷多·M·薩拉查因一款咖啡甕獲得1項美國專利，咖啡在要供應的同時，於此甕內藉由使用蒸氣壓力，迫使熱水通過龍頭上所附加布袋中的咖啡粉製作咖啡。

1920 年：聯合咖啡貿易宣傳委員會在美國展開了一場以冰咖啡為主打特色的活動。

1920 年：麻省理工學院的 S·C·普雷斯科特教授在聯合咖啡貿易宣傳委員會的贊助下，開始進行對咖啡性質的科學研究。

1920 年：一個總部設在紐約的全國性大盤與零售咖啡商組織──咖啡俱樂部，為了促進聯合咖啡貿易宣傳委員會的工作而成立。

1920 年：舊金山 M·J·布蘭登史坦公司的讓與人威廉·H·皮薩尼因包裝烘焙咖啡的真空加工步驟獲得 1 項美國專利。

1920 年：里約熱內盧咖啡交易所舉行了開幕儀式。

1921 年：為促進咖啡的消費，法國成立了 Comité Français du Café。

1921 年：美國農業部化學局裁定，只有種植在爪哇群島的小果咖啡在販售時可以被稱做「爪哇」咖啡。

1921 年：第一批由巴西直接運往波士頓的 2 萬 3000 袋咖啡是由「自由之光」號所負責載運的。

1922 年：聖保羅的立法機關在 Sociedade Promotora da Defeza do Café 的教唆下，通過了一項將咖啡由聖多斯出口的關稅調整至每

袋 200 雷亞爾的法案，以繼續在美國進行 3 年咖啡推廣活動。

1922 年：由華特·瓊斯、華萊士·摩利、羅伯特·梅爾，以及 Felix. Coste 組成的外交使節團代表全國咖啡烘焙師協會訪問巴西。

1922 年：威廉·H·烏克爾斯的作品《關於咖啡的一切》是 30 年來第一部關於咖啡的重要著作，於 10 月出版。

1922 年：紐約奧辛寧的路易斯·S·貝克在美國註冊了 1 項兩件式真空型自動咖啡機的專利。

1922 年：荷蘭阿姆斯特丹的亨利·羅斯利烏斯因一項由咖啡中移除咖啡因的加工步驟拿到 1 項美國專利；同時，舊金山的路易斯·安傑爾·羅梅羅為製作咖啡萃取液的步驟註冊了 1 項專利。

1923 年：S·C·普雷斯科特教授進向聯合咖啡貿易推廣委員會提出報告，表示他對咖啡性質的研究顯示，咖啡對絕大多數人來說，是一種合乎身心健康、有益的，且會帶來滿足感的飲料。

1923 年：威廉·H·烏克爾斯因他的著作《關於咖啡的一切》獲得一面由巴西百年博覽會頒發的金牌。

1923 年：義大利政府將咖啡種植引進非洲厄利垂亞。

1923 年：紐約的愛德華·艾伯恩因一款過濾式咖啡壺獲得 1 項美國專利，同時，紐約的艾薩克·D·里希海姆為一款咖啡單杯浸煮器註冊專利。

1924 年：全國咖啡貿易協調會在美國組織成立，目的在將生豆商與咖啡烘焙師納入單一指導組織。

1924 年：聖路易的 Cyrus F. Blanke 在美國註冊了 1 個咖啡壺的專利；紐約的咖啡產品公司則註冊了 1 個製備無咖啡因咖啡豆的加工步驟專利；俄亥俄州特洛依的霍伯特製造公司註冊了一臺咖啡磨豆機的專利；而密西根州馬歇爾的艾伯特·P·葛羅漢斯則註冊了兩款咖啡烘豆機的專利。

1924 年：巴西政府將對咖啡的保護轉移到聖保羅州。

1925 年：紐約咖啡與糖交易所准許水洗羅布斯塔咖啡的交易。

1925 年：紐約的威廉·G·伯恩斯和哈利·羅素·麥柯生是紐約傑貝茲·伯恩斯父子公司的讓與人，他們因一款咖啡烘豆機及卸載烘焙豆的方法獲得 1 項美國專利。同時，同為傑貝茲·伯恩斯父子公司讓與人的理查·A·格林註冊了 1 個可以獨立排空之烘焙圓筒多功能性的專利。

1925 年：麻薩諸塞州莫爾登 Silex 公司的讓與人，威廉·A·藍姆在美國註冊一款咖啡機和加熱裝置的專利；英國倫敦的恩尼斯特·H·史提爾註冊的是一款供咖啡使用的加壓式浸煮器的專利；而紐澤西菲利普斯堡的喬治·H·皮爾則是註冊了一款裝配有棉繩與標籤的滲濾式咖啡浸煮器之專利。

1925 年：一個由貝倫特·弗瑞爾、F. J. Ach，以及 Felix Coste 組成的美國咖啡人代表團，為了安排重新在美國進行咖啡廣告宣傳而訪問巴西。

1926 年：聖保羅州在倫敦籌資 1000 萬英鎊貸款。

1926 年：《茶與咖啡貿易期刊》以特刊（9 月號）方式慶祝發行 25 週年。

1927 年：為促進巴西與美國間的商業關係而成立了美國－巴西關係協會。

1927 年：巴西慶祝引進咖啡種植的第 200 年紀念。

1927 年：傑貝茲・伯恩斯父子公司的讓與人 J・L・柯普夫註冊了一種與咖啡造粒方法有關的專利。

1927 年：普羅維登斯的 Gorham 製造公司在美國註冊了一款電氣式滲濾壺的專利；瑞士的 Fritz Kündig 註冊了製作無咖啡因咖啡的加工步驟專利；紐約的司洛斯完美咖啡製造者公司註冊了 1 個複合式咖啡甕的專利；德拉維爾的 Compact Coffee 企業則是註冊了一款咖啡塊的專利。

1928 年：紐約的艾薩克・D・里希海姆因一個非噴灑式咖啡壺壺嘴獲得 1 項美國專利；洛杉磯的查爾斯・E・佩吉因一款滴漏壺獲得專利；而紐約的亞伯特・W・梅爾是因一款單杯咖啡機獲得專利。

1929 年：巴西－美國咖啡推廣委員會在紐約成立，旨在推廣巴西咖啡在美國的銷售。委員會是由法蘭克・C・羅素擔任主席；Sebastião Sampaio 博士擔任副主席；還有伯倫特・弗瑞爾、R・W・馬克里里、約翰・M・漢考克，及 Felic Coste 等其他成員組成。

1929 年：紐約布羅克頓的韓特利製造公司因改良式三滾筒咖啡研磨機而獲得了 1 項美國專利。

1929 年：法屬西非種植第一批咖啡。

1929 年：紐約羅徹斯特 Robeson Rochester 股份有限公司的讓與人蘭威廉・A・藍金因改良的滲濾式咖啡壺被核發 1 項美國專利，同時，同一家公司的另一位讓與人弗雷德里克・J・克羅斯則被核發一項電氣式滲濾咖啡壺底座的專利；芝加哥 B. F. Gump 公司的讓與人威廉・M・威廉斯獲得一臺造粒機的專利；而西雅圖的約翰・N・蕭則因改良式咖啡甕獲得專利。

1930 年：紐約的愛德華・阿伯恩因一款滴漏壺獲得 1 項美國專利；俄亥俄州馬西隆的理查・F・克羅斯因一臺滴漏咖啡機獲得專利；義大利的安傑羅・托利那尼因改良式「快速」咖啡濾器獲得專利；以及紐約的艾薩克・D・里希海姆，因為替自己的「Tricolator」咖啡壺設計的改良式咖啡支撐架獲得專利。

1931 年：俄亥俄州春田市的鮑爾兄弟公司註冊了一臺咖啡研磨磨粉機的1項美國專利；紐約的艾薩克・D・里希海姆因一款改良式咖啡滲濾壺而獲得專利；鮑爾兄弟公司的讓與人 Richard S. Iglehart 註冊了一臺咖啡磨粉機的專利；以及紐約的亞伯特・W・梅爾，註冊了專為咖啡壺設計的滲濾式咖啡儲存器之專利。

1931 年：國際咖啡代表大會在巴西聖保羅市召開。會議中建議成立作物控管、宣傳活動等方面的合作社，以及一個國際性的咖啡辦事處，但並未達成任何實質的成果。

1931 年：美國物價平穩法人（聯邦農場委員會）以 2500 萬蒲式耳小麥以物易物交換了 105 萬袋巴西咖啡，引發對政府與私人企業爭利的抗議。

1931 年：在全國咖啡師協會大會上，為能代表所有美國咖啡同業的目標，制訂了發展「更大且更好」協會的計畫。

1932 年：美國咖啡工業聯合會接替了全國咖啡烘焙師協會及全國咖啡貿易協調會的角色，聯合會中包括了生咖啡、連鎖商店，以及物流等行業，當然還有咖啡烘焙。

1932 年：紐約咖啡與糖交易所以在華爾道夫飯店舉辦紀念晚會及發行《茶與咖啡貿易期刊》特刊（3 月號）的方式慶祝其成立十五週年

1932 年：一份每年經費達 100 萬美金的巴西咖啡美國廣告宣傳 3 年合約在由巴西全國咖啡協調會簽署時公布。

1932 年：紐約布羅克頓的韓特利製造公司因一款改良式咖啡研磨機而獲得了 1 項美國專利。

1932 年：傑貝茲・伯恩斯父子公司讓與人威廉・G・伯恩斯和理查・A・格林獲得一項咖啡攪拌冷卻機的美國專利。此外，傑貝茲・伯恩斯父子公司讓與人喬治・C・赫茲則獲得一臺將石頭等雜物由咖啡中去除之氣動分離器的專利。

1932 年：Landers, Frary & Clark 公司讓與人約瑟夫・F・藍伯獲得一款自熱式滲濾咖啡壺的專利；俄亥俄州馬西隆的理查・F・克羅斯獲得滴漏咖啡機的專利；而芝加哥 B. F. Gump 公司讓與人尤金・G・貝瑞與何瑞斯・G・伍德海德則獲得一款咖啡切割磨粉機的專利。

1933 年：巴西全國咖啡協調會遭到廢除，全國咖啡部取代了它的位置。巴西咖啡在美國可能存在的任何廣告宣傳活動計畫都遭到了擱置。

1933 年：東非的肯亞咖啡理事會成立，總部設在奈洛比。

1933 年：巴西對海外咖啡買家提供了 10% 的特別補助，但隨後又很快因業界的反對而撤銷。

1933 年：由璜安・艾伯托上尉、弗雷德利戈・考克斯先生，以及阿弗列德・里納利斯先生組成的外交使節團為了在芝加哥世界博覽會中安排巴西咖啡的展示，並探討巴西咖啡廣告宣傳在美國重新開始的可能性而訪問美國。

1933 年：為了合作行銷他們的咖啡，烏干達咖啡農組成烏干達咖啡銷售合作社，總部設在坎帕拉。

1933 年：位於紐約康寧、康寧玻璃製品公司的讓與人哈利・C・貝茲在美國註冊 1 項全玻璃滲濾式咖啡壺的專利；舊金山 Geo. W. Caswell 有限公司讓與人約瑟夫・F・昆恩因一種烘焙咖啡的步驟獲得專利；俄亥俄州伍斯特的 Buckeye 鋁業公司讓與人柯克・E・波特因一款滴漏咖啡機獲得專利；康乃狄克州新不列顛 Landers, Frary & Clark 公司的讓與人約瑟夫・F・藍伯獲得一款電氣式滲濾咖啡壺的專利；賓夕凡尼亞州沙勒羅伊馬克白－伊凡斯玻璃公司的讓與人雷蒙・W・凱爾及查爾斯・D・巴斯因一臺真空式咖啡機獲得專利；還有俄亥俄州特洛依利比玻璃製造公司的讓與人亞瑟・D・納許因一款玻璃咖啡壺獲得專利。

1934 年：針對美國咖啡工業的公平競爭法規在全國工業復興法之下訂立。

1934 年：因巴西全國咖啡部的邀請，代表美國咖啡貿易業界的代表團訪問了巴西，並在 3 週的時間內參訪咖啡產區及重要的咖啡貿易城市。

1934 年：布魯克林的美國咖啡合作社讓與人愛德華・J・鄧特，因一種烘焙方法獲得1項美國專利；芝加哥 Batian Blessing 有限公司讓與人厄爾・M・埃弗萊斯獲得 1 項咖啡甕的專利；俄亥俄州馬西隆的 Enterprise 鋁業有限公司讓與人艾伯特・C・威爾考克斯因一

臺自動電氣式滴漏咖啡機而獲得專利；紐約的艾薩克・D・里希海姆則因咖啡固定器及灑水器獲得專利；哈特福 Silex 公司的讓與人法蘭克・E・沃考特獲得一臺真空型咖啡機的專利；紐約美國咖啡合作社的讓與人愛德華・J・鄧特獲得 1 項烘焙裝置的專利；芝加哥 B. F. Gump 公司讓與人何瑞斯・G・伍德海德獲得了一臺咖啡造粒機的專利；匹茲堡馬克白－伊凡斯玻璃公司讓與人喬治・D・馬克白獲得 1 項真空型咖啡機的專利；哈特福Silex公司的讓與人法蘭克・E・沃考特獲得一臺真空型咖啡機的專利；還有巴特爾克里克的家樂氏有限公司讓與人哈洛德・K・懷爾德因去除咖啡豆中咖啡因的加工技術而獲得專利。

1935 年：紐約傑貝茲・伯恩斯父子公司的讓與人 J・L・柯普夫及萊斯利・貝克因一種新式咖啡烘焙法獲得 1 項美國專利。

1935 年：隨著 NRA 的解體，美國聯合咖啡工業公司在於芝加哥召開的年會中採行了公平執業法規。

咖啡同義字

被用於咖啡植株、咖啡漿果及咖啡飲料的頌詞與敘述措辭

咖啡植株

- 珍貴的植物
- 溫和友善的植物
- 摩卡的快樂植物
- 天堂的贈禮
- 有著如茉莉般花朵的植物
- 蒙福的阿拉比最優雅的香氣
- 諸神賜與人類族群的贈禮

咖啡漿果

- 魔法豆
- 天堂之果
- 芳香漿果
- 豐饒高貴的漿果
- 帶來快感的漿果
- 貴重的漿果
- 對健康有益的漿果
- 天堂般的漿果
- 神奇漿果
- 這有萬能療效的漿果
- 來自葉門的芳香漿果
- 嬌小的芳香漿果
- 嬌小的棕色阿拉伯漿果
- 來自阿拉伯啟發靈感思緒的豆子
- 由阿勒波送達、冒著煙的熾熱豆子
- 製作出如此被喜愛飲料的野生漿果

咖啡飲料

忘憂藥	好戰者的飲料
歡宴的 1 杯	被熱愛及偏愛的飲料
天堂來的果汁	殷勤好客的象徵
天上瓊漿	這稀少珍貴的阿拉伯飲品
紅色摩卡	文人作家的啟發之物
男人的飲料	革命性的飲料
討人喜歡的汁液	狂歡的深褐色蒸氣
美味的摩卡	嚴肅且有益身心健康的飲料
魔法般的飲料	聰敏之人的飲料
馥鬱的飲品	才氣煥發智者的補藥
它美妙的蒸氣	其色澤是它純淨的象徵
全家人的飲料	清醒且有益健康的飲料
歡樂的飲料	比一千個吻還要讓人愉快
咖啡乃吾輩之黃金	這真誠且令人愉快的飲料
全人類的瓊漿玉液	沒有任何悲傷能拒絕的美酒
黃金般的摩卡	人類兄弟情誼的象徵
這甜美的瓊漿	既是樂事又是良藥
天堂的神仙美味	諸神之友的飲料
溫和友善的飲料	燒盡我們哀愁的火焰
令人愉快的飲料	家庭問題的溫和萬靈藥
甜美的 1 杯飲品	早餐桌上的獨裁者
天堂般的 1 杯飲品	諸神子嗣的飲料
可喜的汁液	美國早餐桌之王
萬能的飲料	溫柔地撫慰你，使你免於乏味無趣的清醒
美國飲料	
琥珀色的飲料	讓你感到愉悅卻不會沉醉的 1 杯 *
歡樂的飲料	咖啡，讓政客變聰明
所有人的刺激物	它的香氣是所有種類中最令人感到愉悅的
所有香氣之王	
快樂滿杯	快樂及健康至高無上的飲料 *
令人感到撫慰的 1 杯	讓我們得以洗去憂傷的河流
諸神的神仙美味	微風所帶來的迷人香氣
智慧的飲料	全然使我的靈魂被喜悅填滿的受喜愛的汁液
香氣滿溢的 1 杯	
有益健康的飲料	我們倒在友誼祭壇上的美味奠酒
好伙伴飲料	將悲傷憂慮從心中驅除的令人振奮的飲料
民主之飲	
曾享有榮光的飲料	
讓人清醒而文明的飲料	
冷靜清醒之飲	* 一開始是為茶寫下的；被錯誤地聲稱
心理層面的必需品	是為咖啡所寫